中国石油和化学工业优秀教材奖

教育部高职高专规划教材

YAOWU ZHIJI JISHU SHIXUNJIAOCHENG

药物制剂技术实训教程

第二版

张健泓　主　编
王健明　副主编
何国熙　主　审

化学工业出版社
·北京·

本书是高等职业教育技能技术性人才系列培训教材之一。

本书以药品生产企业生产岗位为基本单位，突出技能培养，同时强调对学生GMP意识的强化。全书按生产岗位编写，完全实现与生产实际“零距离”对接，分为十三章，第一章详细介绍药物制剂生产工艺和质量关系，药物制剂生产与GMP关系；从第二章至第十二章，进入具体生产岗位操作介绍，包括：粉碎、筛分、混合、纯化水制备、注射用水制备、片剂制备、丸剂制备、小容量注射剂制备、硬胶囊制备、软胶囊剂制备、滴丸剂制备、无菌粉末注射剂制备、软膏剂制备等操作，第十二章为通用制剂包装操作，第十三章为验证操作。

本教材在每一个实训单元后均有考核标准，考核标准参照药物制剂工要求设置，具有较强实用性、可操作性、标准性。

本教材适用药物制剂专业及药学相关专业的专业实训。同时也可作为药物制剂高级技工技能考核的培训教材；药品生产企业工人岗位培训资料。

图书在版编目（CIP）数据

药物制剂技术实训教程/张健泓主编．—2版．—北京：化学工业出版社，2014.5（2019.8重印）
教育部高职高专规划教材
ISBN 978-7-122-19777-1

Ⅰ．①药… Ⅱ．①张… Ⅲ．①药物-制剂-高等职业教育-教材 Ⅳ．①TQ460.6

中国版本图书馆CIP数据核字（2014）第027349号

责任编辑：于　卉　　文字编辑：赵爱萍
责任校对：吴　静　　装帧设计：韩　飞

出版发行：化学工业出版社（北京市东城区青年湖南街13号　邮政编码100011）
印　　刷：北京京华铭诚工贸有限公司
装　　订：三河市振勇印装有限公司
787mm×1092mm　1/16　印张18¼　字数488千字　2019年8月北京第2版第4次印刷

购书咨询：010-64518888　　售后服务：010-64518899
网　　址：http://www.cip.com.cn
凡购买本书，如有缺损质量问题，本社销售中心负责调换。

定　　价：34.00元

编写人员名单

主　编　张健泓

副主编　王健明

编　者　（按姓氏笔画顺序排序）

王健明（广东食品药品职业学院）

刘亚娟（广东食品药品职业学院）

李　寨（天津医学高等专科学校）

李宗伟（广东食品药品职业学院）

何思煌（广东食品药品职业学院）

邹玉繁（广东食品药品职业学院）

张健泓（广东食品药品职业学院）

秦斯民（广东食品药品职业学院）

黄粤东（广州白云山天心制药股份有限公司）

主　审　何国熙（广州星群制药有限公司）

第二版前言

本教材是在全国医药职业技术教育研究会指导下，根据教育部有关高职高专教材建设要求，以高职高专药物制剂专业学生培养目标为依据进行编写的。

《药物制剂技术实训教程》是药物制剂专业及相关药学专业的一门专业实训课。本课程以药物制剂技术、制药设备等相关理论和技术为基础，在《药品生产质量管理规范》（GMP）指导下，以各制药工序的基本技能要求、岗位标准操作法、制药设备标准操作规程为目标进行岗位前培训的一门综合实训课程。本书强调技能性、实用性、综合性。弥补了以往教材纯理论教学和实践脱节的不足，使学生通过在校的全面训练，将理论和实践有机结合，达到零距离上岗，成为企业欢迎的高技能人才。教材2007年出版以来得到广大师生和用人企业一致好评。

第二版教材根据广大读者要求，编写体例进行适当调整，形式上更方便于学习和教学；同时紧密结合我国2010版GMP实施相关要求进行修订，增加了粉针剂生产岗位操作和验证实施。

全书共十三章。第一章介绍药物制剂和药品生产基本知识，第二、三章介绍药剂生产的基本操作，第四～十一章介绍常用制剂生产基本操作，第十二章介绍固体制剂包装，第十三章介绍验证和设备验证。本教材以药品生产企业生产岗位为基本单位，突出技能培养，同时强调对学生GMP意识的强化。本教材在每一个实训单元后均有考核标准，考核标准参照药物制剂工要求设置，具有较强实用性、可操作性、标准性。

编写人员分工如下：张健泓负责全书编写内容和体例设计和统稿，并编写第一、四章，王健明编写第七、八章，何思煌编写第二、十二章，刘亚娟编写第三章，李宗伟编写第五、六章，邹玉繁编写第九章，秦斯民编写第十三章，王健明、黄粤东合编第十章，王健明、李寨合编第十一章。

本教材适用药物制剂专业及药学相关专业的专业实训。同时也可作为药物制剂高级技工技能考核的培训教材；药品生产企业工人岗位培训资料。

本教材在编写过程中得到了广州星群制药有限公司何国熙副总经理、潮州宏兴制药有限公司研究所赖怀恩工程师的帮助和支持，在此向他们表示感谢。

编者

2014年1月

目 录

第一章 绪论 …… 1
项目一 认识药物制剂剂型 …… 1
任务一 认识药物剂型的重要性 …… 1
任务二 认识药物制剂制备工艺的重要性 …… 2
任务三 了解药物制剂的发展概况 …… 2
项目二 药物制剂生产过程 GMP 管理 …… 2
任务一 认识药品质量的重要性 …… 2
任务二 熟悉 GMP 起源与发展 …… 3
任务三 制剂生产中 GMP 要求与管理 …… 4
第二章 粉碎、筛分、混合操作 …… 17
项目一 粉碎操作 …… 17
任务一 熟悉物料粉碎工艺操作的相关背景资料 …… 17
任务二 训练物料粉碎操作 …… 19
项目二 物料筛分操作 …… 22
任务一 熟悉物料筛分操作的相关背景资料 …… 22
任务二 训练物料筛分操作 …… 24
项目三 物料混合操作 …… 27
任务一 熟悉物料混合操作的相关背景资料 …… 27
任务二 训练物料混合操作 …… 29
第三章 制药工艺用水的制备操作 …… 32
项目一 纯化水的制备操作 …… 32
任务一 熟悉纯化水制备操作的相关背景资料 …… 33
任务二 训练纯化水制备操作 …… 35
项目二 注射用水的制备操作 …… 40
任务一 熟悉注射用水制备操作的相关背景资料 …… 40
任务二 训练注射用水制备的操作 …… 42
第四章 片剂制备操作 …… 46
项目一 湿法制粒工艺操作 …… 46
任务一 熟悉湿法制粒操作的相关背景资料 …… 47
任务二 训练湿法制粒操作 …… 49
项目二 压片工艺操作 …… 55
任务一 熟悉压片操作的相关背景资料 …… 55
任务二 训练压片操作 …… 58
项目三 片剂包衣工艺操作 …… 66
任务一 熟悉包衣操作的相关背景资料 …… 66
任务二 训练包薄膜衣操作 …… 70
第五章 胶囊填充工艺操作 …… 79
任务一 熟悉胶囊填充操作的相关背景资料 …… 80
任务二 训练胶囊填充操作 …… 82
第六章 丸剂制备工艺操作 …… 90

任务一　熟悉丸剂制备操作的相关背景资料 …… 91
任务二　训练制丸操作 …… 93
第七章　软胶囊的制备工艺操作 …… 100
项目一　化胶工艺操作 …… 100
任务一　熟悉化胶操作的相关背景资料 …… 100
任务二　训练化胶操作 …… 103
项目二　软胶囊内容物配制操作 …… 107
任务一　熟悉软胶囊内容物配制操作的相关背景资料 …… 107
任务二　考核软胶囊内容物配制操作 …… 110
项目三　压制软胶囊操作 …… 110
任务一　熟悉压制软胶囊操作的相关背景资料 …… 111
任务二　训练压制软胶囊操作 …… 114
项目四　软胶囊干燥、清洗操作 …… 122
任务一　熟悉软胶囊干燥、清洗操作的相关背景资料 …… 122
任务二　训练软胶囊干燥、清洗操作 …… 126
第八章　滴丸制备工艺操作 …… 134
任务一　熟悉滴丸制备操作的相关背景资料 …… 134
任务二　训练滴丸制备操作 …… 137
第九章　注射剂制备工艺操作 …… 143
项目一　安瓿的洗涤操作 …… 143
任务一　熟悉安瓿洗涤操作的相关背景资料 …… 144
任务二　训练安瓿洗涤操作 …… 145
项目二　小容量注射剂的配液操作 …… 151
任务一　熟悉配液操作的相关背景资料 …… 151
任务二　训练配液操作 …… 153
项目三　小容量注射剂的灌封操作 …… 158
任务一　熟悉灌封操作的相关背景资料 …… 158
任务二　训练灌封操作 …… 160
项目四　小容量注射剂的灭菌、检漏操作 …… 163
任务一　熟悉灭菌、检漏操作的相关背景资料 …… 163
任务二　训练灭菌、检漏操作 …… 164
第十章　无菌粉末分装粉针剂的制备工艺操作 …… 168
项目一　洗瓶操作 …… 168
任务一　熟悉洗瓶操作的相关背景资料 …… 169
任务二　训练洗瓶操作 …… 170
项目二　洗胶塞操作 …… 174
任务一　熟悉洗胶塞操作的相关背景资料 …… 174
任务二　训练洗胶塞操作 …… 176
项目三　无菌粉末分装操作 …… 180
任务一　熟悉无菌粉末分装操作的相关背景资料 …… 180
任务二　训练无菌粉末分装操作 …… 182
项目四　无菌粉末轧盖操作 …… 184
任务一　熟悉无菌粉末轧盖操作的相关背景资料 …… 185
任务二　训练轧盖操作 …… 186
第十一章　软膏剂制备工艺操作 …… 191
项目一　软膏剂配制工艺操作 …… 191

任务一　熟悉软膏剂配制操作的相关背景资料 …… 191
任务二　训练软膏剂配制操作 …… 193
项目二　软膏剂灌封工艺操作 …… 198
任务一　熟悉软膏剂灌封操作的相关背景资料 …… 198
任务二　训练软膏剂灌封操作 …… 200
第十二章　固体制剂的内包装操作 …… 205
任务一　熟悉固体制剂的包装操作的相关背景资料 …… 205
任务二　训练固体制剂的内包装操作 …… 206
第十三章　验证及设备验证 …… 210
任务一　熟悉设备验证的相关背景资料 …… 210
任务二　HLSG-50 湿法混合制粒机的验证操作 …… 213
任务三　ZP-35B 旋转式压片机的验证 …… 215
任务四　0.5t/h 一级反渗透纯水装置的验证 …… 217
附录　药品生产质量管理规范（2010 年修订） …… 227
1. 无菌药品 …… 256
2. 原料药 …… 266
3. 生物制品 …… 273
4. 血液制品 …… 277
5. 中药制剂 …… 279
参考文献 …… 284

第一章　绪　　论

项目一　认识药物制剂剂型

【教学目标】

1. 掌握药物制剂剂型重要性
2. 熟悉药物制剂工艺对药品质量的重要性
3. 了解药物制剂的发展概况

任务一　认识药物剂型的重要性

任何药物在供临床使用前都必须制成适合治疗或预防的应用形式，称为药物剂型（简称剂型）。剂型作为药物应用于人体的最终形式，对药物发挥药效起着极为重要的作用，表现在以下几个方面。

1. 药物剂型适应不同的临床要求

病有缓急，症有表里，药物制成不同剂型，作用速度不同。对于急症，宜采用起效快的剂型，如注射剂、吸入气雾剂、舌下给药片剂（或滴丸剂）等速效剂型；对于慢性病患者，宜采用丸剂、片剂、缓控释制剂、植入剂等；对于皮肤、局部腔道疾病，宜采用外用膏剂、栓剂、贴剂等局部给药剂型，以提高局部治疗效果，减少全身用药的副作用。

2. 药物剂型适应药物性质要求

不同性质药物必须制成适宜的剂型应用于临床。例如青霉素在胃肠道中易被胃肠液破坏，必须制成粉针剂；胰岛素口服，由于消化液含有胰岛素酶而被破坏，因而必须制成注射剂；治疗十二指肠溃疡药奥美拉唑在胃部酸性条件下易被破坏，因而必须制成肠溶性制剂，避免被胃酸破坏。

3. 药物剂型可以改变药物的生物利用度或改变作用性质

同一药物制成不同剂型，其生物利用度不同，应根据药物性质和用途，制成适宜剂型，有利于药物的释放、吸收，充分发挥药物的治疗作用。如解热镇痛药布洛芬制成栓剂比片剂释放速度快，生物利用度高。某些药物当制成不同剂型或采用不同给药方式，在体内作用不同，例如浓度50%硫酸镁溶液制成口服液，具有泻下作用，但25%硫酸镁注射剂10ml，用10%葡萄糖注射液稀释成5%溶液静脉注射，可以抑制中枢神经，起到镇静、解痉作用；又如依沙吖啶（利凡诺）0.1%～0.2%溶液局部涂敷有杀菌作用，但1%的注射剂用于中期引产，有效率达98%。

4. 药物制成不同剂型可以降低或消除药物的毒副作用

例如氨茶碱治疗哮喘效果很好，口服可引起心跳加快，制成气雾剂可以减少这种副作用；又如我国民间草药芸香草是治疗哮喘的有效药，其中有效成分芸香油，将其制成片剂，临床证明治疗支气管哮喘的有效率达94.6%，治疗哮喘性支气管炎的有效率为92.7%，但普通片剂可引起恶心、呕吐等副作用，将芸香油用硬脂酸钠、虫蜡做基质，采用1% Na_2SO_4 做冷凝液制成滴丸，具有肠溶作用，克服了芸香油片恶心、呕吐等副作用，也可制成气雾剂，则起效快、副作用小。控缓释制剂能控制药物在体内释放速度，保持平稳血药浓度，减少副作用。

5. 某些药物剂型具有靶向作用

具有微粒结构制剂例如静脉注射乳剂、脂质体、微球体等，在人体内能被网状内皮系统的巨噬细胞所吞噬，而在肝、肾、肺等器官分布较多或定位释放，减少全身副作用，同时提高治疗效果。

任务二 认识药物制剂制备工艺的重要性

药物制剂是依据药典或药政部门批准的质量标准，将药物制成适合临床需要的剂型。药物制剂生产过程是在 GMP 法规指导下涉及药品生产的各规范操作单元有机联合作业的过程。相同的药物制剂可以因为选择的工艺路线或工艺条件不同而对药物制剂的疗效、稳定性产生影响。一方面，药物制剂过程原料药物的晶型、药物粒子大小等可以直接影响药物体内释放，进而影响药物体内吸收，影响疗效。例如抗真菌药物灰黄霉素，制成普通片剂药物经过一般粉碎成细粉后进行制粒压片，吸收少、疗效低，进行微粉化（粒径 5μm）处理，溶出快，生物利用度高，疗效好；另一方面，由于生产工艺不同而使操作单元有所不同，也可能影响药物制剂质量及进入人体后的释放。例如螺旋藻片剂，由于原料中含有大量黏液细胞，采用一般静态干燥后，难粉碎，同时压片时流动性差，易产生粘冲，造成外观不佳，剂量不准，而采用原料直接喷雾干燥制成粉末，加乳糖直接压片，流动性好，片面佳。再有生产过程工艺条件控制也直接影响药物制剂的质量。

任务三 了解药物制剂的发展概况

药物制剂在传统制剂如中药制剂、格林制剂等基础上发展起来，并随着合成药物及其他科学技术的发展而发展，不断出现适合治疗需要的新药物剂型。因而第一代药物制剂是简单加工供口服或外用的膏、丹、丸、散及液体等制剂。随着工业革命出现，蒸汽机的发明，使药物制剂机械化生产成为了可能，产生了第二代药物制剂，如片剂、胶囊剂、注射剂、乳膏剂、栓剂、气雾剂等剂型。高分子材料科学的发展以及医学研究的不断深入，出现了第三代药物制剂——缓释和控释制剂，这类制剂改变了以往剂型频繁给药、血药浓度不稳定的缺点，提高了病人的治疗依从性，减少了毒副作用，从而提高了治疗效果。固体分散技术、微囊技术等新技术的出现，发展了第四代药物制剂，靶向制剂，可以使药物浓集于靶组织、靶器官、靶细胞，提高疗效的同时降低全身毒副作用。而反映时辰生物技术与生理节律的脉冲式给药，根据所接受的反馈信息自动调节释放药量的自调式给药，即在发病高峰时期体内自动释药给药系统，被认为是第五代药物制剂。正在孕育的随症自动调控个体给药系统可以称为第六代。

项目二 药物制剂生产过程 GMP 管理

【教学目标】

1. 理解药品质量重要性
2. 熟悉现行 GMP 要求
3. 能按 GMP 要求进出 GMP 洁净车间和按要求进行物料传递
4. 能按 GMP 要求正确选择清洁剂并对洁净车间进行清洁
5. 能按 GMP 要求对制剂生产过程进行管理

任务一 认识药品质量的重要性

药品是指用于预防、治疗、诊断人的疾病，有目的地调节人的生理功能，并规定有适应证或者功能主治、用法用量的物质。药品是关系人民生命安危的特殊商品，具有一般商品所没有的特性，就是表现出质量极其重要性。质量好的药品，可以治病救人，劣质的药品，轻则贻误病情，重则危及生命。国家通过法律对药品质量进行严格控制，以保证合格药品应用人体。合格药品必须达到以下要求。

（1）安全性　表现在患者使用药品以后，不良反应小，毒副作用小。

（2）有效性　表现在患者使用药品后，对疾病能够起到治疗作用。

（3）稳定性　表现在药品在有效期内，能够保持稳定，符合国家规定要求。

（4）均一性　表现在药品的每一个最小使用单元成分含量是均一的。

（5）合法性　药品的质量必须符合国家标准，只有符合法定标准并经批准生产或进口、产品检验合格，方可销售、使用。

药品生产是指将原料加工制备成能供医疗应用的形式的过程。药品生产是一个十分复杂的过程，从原料进厂到成品制造出来并出厂，涉及许多生产环节和管理，任何一个环节疏忽，都有可能导致药品质量的不合格。保证药品质量，必须在药品生产全过程进行控制和管理。

任务二　熟悉 GMP 起源与发展

（一）GMP 的产生和发展

GMP 是英文“Good Manufacturing Practice”的缩写。中文译为“药品生产质量管理规范”，也称“最佳生产工艺规程”。GMP 自二十世纪六十年代在美国问世以后，现已被许多国家的政府、制药企业和药学专家所认可。在国际上，已成为药品生产和质量控制的基本准则，它是一套系统、科学的管理制度。

1963 年美国国会颁布了世界第一部 GMP 法令，FDA 经过实践，收到成效。此后经过多次修订，并在不同领域不断充实完善，成为美国药事法规体系一个重要组成部分。1972 年美国规定：凡是向美国输出药品的药品生产企业以及在美国境内生产药品的外国企业都要向 FDA 注册，并符合美国 GMP（现为 CGMP）要求。

1969 年世界卫生组织也颁发了 GMP，并要求所有成员国执行 GMP，经过三次修订（1969 年、1975 年、1992 年），其内容更加充实和全面，已成为国际性 GMP 的基础。

1971 年，英国制定了第一版 GMP，1977 年进行修订，1983 年公布了第三版。

1973 年，日本提出了自己的 GMP，1974 年颁布试行，1980 年正式实施。

英国的 GMP 及其指南的封面是橙色的，也称“橙色指南”，英国是欧洲共同体成员国，现已被 1992 年被欧共体 GMP 所代替。

1988 年欧洲共同体公布了第一版 GMP，1991 年进行修订，于 1992 年 1 月公布了《欧洲共同体药品生产质量管理规范》。

1998 年东南亚国家联盟也制定了 GMP，作为东南亚联盟各国实施 GMP 的蓝本。

到目前为止，已有 100 多个国家实行 GMP 制度。

（二）我国 GMP 推进过程

中华人民共和国成立以来，制药工业有了长足的发展，但药品质量控制一直建立在“三检三把关”检验方法上。“三检”指自检、互检、专职检验，“三把关”指把好材料关、把好中间体质量关、把好成品质量关。

我国在二十世纪八十年代初提出在制药企业推行 GMP。1982 年，中国医药工业公司制定了《药品生产管理规范》（试行本），1985 年经修订后由原国家医药管理局推行颁布，作为行业的 GMP 正式发布执行，并由中国医药工业公司编制了《药品生产管理规范实施指南》1985 年版。

1988 年，根据《中华人民共和国药品管理法》卫生部颁布了我国第一部法定《药品生产质量管理规范》（1988 年版）。

1992年卫生部对GMP进行修订，并颁布了《药品生产质量管理规范》(1992年修订)。

1993年原国家医药管理局制定了我国实施GMP的八年规划（1993～2000年），提出“总体规划，分布实施”的原则，按剂型分先后，在规划年限内，使所有药品生产企业达到GMP要求。

1995年，我国开始GMP认证工作。

1998年，原国家药品监督管理局对1992年修订的GMP进行修订，于1999年颁布了《药品生产质量管理规范》(1998年修订)，并于1999年7月1日正式实施。修订后的GMP更加严谨，更适合中国国情，便于企业执行，也便于与国际接轨。

2001年新修订的《中华人民共和国药品管理法》明确了GMP的法律地位，根据第九条规定：“药品生产企业必须按照国务院药品监督管理部门依据本法制定的《药品生产质量管理规范》组织生产。药品监督管理部门按照规定对药品生产企业是否符合《药品生产质量管理规范》的要求进行认证；对认证合格的，发给认证证书。”企业必须按GMP要求组织生产并申请认证纳入法制要求。

2010年卫生部审议通过《药品生产质量管理规范（2010年修订)》，新修订的GMP于2011年3月施行。新版GMP条款编写、检查方式上都参照了欧盟和WHO（世界卫生组织）的GMP，全面引入风险管理、质量回顾、偏差管理、变更控制等先进管理手段，大大地提升了我国医药行业质量管理水平。

（三）GMP主要内容

GMP是指从负责药品质量控制的人员和生产操作人员的素质到药品生产厂房、设施、设备、生产管理、工艺卫生、物料管理、质量控制、成品储存和销售的一套保证药品质量的科学管理体系。其基本点是保证药品质量，防止差错、混淆、污染和交叉污染等风险，确保持续稳定地生产出符合预定用途和注册要求的药品。

其基本内容包括制药企业机构设立和人员素质、厂房与设施管理、设备管理、物料与产品、确认与验证、文件管理、生产控制与质量保证、委托生产与委托检验管理、产品发运与召回、自检和认证等。GMP适用于药品生产的全过程、原料药生产中影响成品质量的关键工序。主要内容概括起来有以下几个方面，要有：

合适的——生产厂房、设施、设备；

合适的——原辅料和包装材料；

经过验证的——生产方法和生产工艺；

训练有素的——生产人员、管理人员；

可靠的——质量风险控制；

完善的——售后服务；

严格的——管理制度。

任务三　制剂生产中GMP要求与管理

（一）GMP对厂房与设施、设备要求

厂房、设施与设备是药剂生产的手段和物质基础。在厂房的规划、设施、设备设计和选型中要严格按GMP规范要求，以确保其能适应药品生产操作和管理特点，满足工艺、卫生及环境要求，保证生产药品质量。

1. 厂址选择

新建药厂或易地改造项目均需进行此项工作。选择时严格按国家的有关规定、规范执行，遵循有利生产、方便生活、节省投资、环保等原则，厂址应设在自然环境好、水源充足、水质符合要求、空气污染小、动力供应保证、交通便利、适宜长远发展的地区。设置有洁净室（区）的厂房与交通主干道间距宜在50m以上。

2. 厂区总体规划

GMP第七条明确指出，厂区、行政、生活和辅助区总体布局合理，不得互相妨碍。总体原则是：流程合理，卫生可控，运输方便，道路规整，厂容美观。

洁净厂房和与之相关的建筑组成生产区，一般生产区厂房、仓储、锅炉房、三废处理站等组成辅助区，办公楼等行政用房、食堂、普通浴室等生活设施组成行政和生活区。各区布局和设置，除符合相应功能要求外，还应做到划分明确，易于识别，间隔清晰，衔接合理，组合方便，并且所占面积比例恰当。

3. 生产厂房布局

生产厂房包括一般生产区和有空气洁净级别要求的洁净室（区），应符合GMP要求。一般遵循以下原则。

（1）厂房按生产工艺流程及所要求的洁净级别合理布局，做到人流、物流分开，工艺流畅，不交叉，不互相妨碍。

（2）制剂车间除具有生产的各工艺用室外，还应配套足够面积的生产辅助用室，包括有原料暂存室（区）、称量室、备料室，中间产品、内包装材料、外包装材料等各自暂存室（区）、洁具室、工具清洗间、工具存放间，工作服的洗涤、整理、保管室，并配有制水间、空调机房、配电房等。高度一般在2.7m左右。

（3）在满足工艺条件的前提下，洁净级别高低房间按以下原则布置。

① 洁净级别高的洁净室（区）宜布置在人员较少到达的地方。

② 不同洁净级别要求的洁净室（区）宜按洁净级别等级要求的高低由里向外布置，并保持空气洁净级别不同的相邻房间的静压差大于10Pa，洁净室（区）与室外大气的静压差应大于10Pa，并有指示压差的装置。

③ 空气洁净级别相同的洁净室（区）宜相对集中。

④ 除特殊规定外，一般洁净室温度控制在18～26℃，相对湿度控制在45%～65%。

4. 厂房设施

（1）厂房应有人员和物料净化系统。

（2）洁净室内安装的水池、地漏不得对药物产生污染。

（3）洁净室（区）与非洁净室（区）之间应设置缓冲设施，人流、物流走向合理。

（4）厂房必要时应有防尘装置。

（5）厂房应有防止昆虫和其他动物进入的设施。

5. 制剂生产设备

设备是药品生产中物料投入到转化成产品的工具和载体。药品质量的最终形成通过生产而完成，也就是药品生产质量的保证很大程度上依赖于设备系统的支持，故而设备的设计、选型、安装显得极其重要，应满足工艺流程，方便操作和维护，有利于清洁，具体要求如下。

（1）设备的设计、选型、安装应符合生产要求，易于清洗、消毒和灭菌，便于生产操作和维护、保养，并能防止差错和减少污染。

（2）设备内表面平整、光滑，无死角及砂眼，易于清洗、消毒和灭菌，耐腐蚀，不与药物发生化学反应，不释放微粒，不吸附药物，消毒和灭菌后不变形、不变质，设备的传动部件要密封良好，防止润滑油、冷却剂等泄漏时对原料、半成品、成品和包装材料造成污染。

(3) 生产中发尘量大的设备（如粉碎、过筛、混合、干燥、制粒、包衣等设备）应设计或选用自身除尘能力强、密封性能好的设备，必要时局部加设防尘、捕尘装置设施。

(4) 与药物直接接触的气体（干燥用空气、压缩空气、惰性气体）均应设置净化装置，净化后气体所含微粒和微生物应符合规定空气洁净度要求，排放气体必须过滤，出风口应有防止空气倒灌装置。

(5) 纯化水、注射用水的制备、储存和分配应能防止微生物的滋生和污染。贮罐和输送管道所选材料应无毒、耐腐蚀。管道的设计和安装应避免死角、盲管。贮罐和管道应规定清洗、灭菌周期。

(6) 对传动机械的安装应增加防震、消音装置，改善操作环境，一般做到动态测试时，洁净室内噪声不得超过70dB。

(7) 凡生产、加工、包装下列特殊药品的设备必须专用：

① 青霉素类等高致敏性药品；

② 避孕药品；

③ β-内酰胺结构类药品；

④ 放射性药品；

⑤ 卡介苗和结核菌素；

⑥ 激素类、抗肿瘤类化学药品应避免与其他药品使用同一设备，不可避免时，应采用有效的防护措施和必要的验证；

⑦ 生物制品生产过程中，使用某些特定活生物体阶段，要求设备专用；

⑧ 芽孢菌操作直至灭活过程完成之前必须使用专用设备；

⑨ 以人血、人血浆或动物脏器、组织为原料生产的制品；

⑩ 毒性药材和重金属矿物药材。

(8) 制药设备安装、保养操作，不得影响生产及质量（包括距离、位置、设备控制工作台的设计等应符合人体工程学原理）。

(9) 制药设备应定期进行清洗、消毒、灭菌，清洗、消毒、灭菌过程及检查应有记录并予以保存。无菌设备的清洗，尤其是直接接触药品的部位必须灭菌，并标明灭菌日期，必要时要进行微生物学检验。经灭菌的设备应在三天内使用。某些可移动的设备可移到清洗区进行清洗、灭菌。同一设备连续加工同一无菌产品时，每批之间要清洗灭菌；同一设备加工同一非灭菌产品时，至少每周或每生产三批后要按清洗规程全面清洗一次。

(10) 设备的管理　药品生产企业必须配备专职或兼职设备管理人员，负责设备的基础管理工作，建立健全相应的设备管理制度。

① 所有设备、仪器仪表、衡器必须登记造册，内容包括生产厂家、型号、规格、生产能力、技术资料（说明书，设备图纸，装配图，易损件，备品清单）。

② 应建立动力管理制度，对所有管线、隐蔽工程绘制动力系统图，并有专人负责管理。

③ 设备、仪器的使用，应指定专人制定标准操作规程（SOP）及安全注意事项，操作人员需经培训、考核，考核合格后方可操作设备。

④ 要制定设备保养、检修规程（包括维修保养职责、检查内容、保养方法、计划、记录等），检查设备润滑情况，确保设备经常处于完好状态，做到无跑、冒、滴、漏。

⑤ 保养、检修的记录应建立档案并由专人管理，设备安装、维护、检修的操作不得影响产品的质量。

⑥ 不合格的设备如有可能应搬出生产区，未搬出前应有明显标志。

制剂生产的设施与设备应定期进行验证，以确保生产设施与设备始终能生产出符合预定质量要求的产品。

（二）GMP 对生产卫生要求

“卫生”在 GMP 中是指生产过程中使用的物料和产品以及过程保持洁净。包括：环境卫生，工艺卫生，人员卫生。

实施 GMP 的基本目的就是为了防止差错、混淆、污染和交叉污染，保证药品质量。在 GMP 中，可以认为“当一个药品中存在有不需要的物质或当这些物质的含量超过规定限度时，这个药品受到了污染”。根据污染来源不同，可将其分为尘埃污染、微生物污染、遗留物污染。

尘埃污染是指产品因混入其他尘粒变得不纯净，包括尘埃、污物、棉绒、纤维及人体身上脱落的皮屑、头发等。

微生物污染是指由微生物及其代谢物所引起的污染。

遗留物污染是指生产中使用设施设备、器具、仪器等清洁不彻底致使上次生产的遗留物对药品生产造成污染。

无论是以上哪一种污染，都是需要通过一定介质进行传播。

① 空气 空气中含有尘埃，进入生产过程每个角落，对产品造成污染。

② 水 水是制药过程不可缺少的物质，又是微生物生存必需的物质，由于水来源不同、处理不当、输送等对产品造成污染。

③ 人员 人是药品生产的操作者，每天生产操作必须进入洁净操作间，对各生产设施设备、器具、仪器进行操作及使用，人本身就是一个带菌体和微粒产生源，所以人是污染最主要的传播媒介。

1. 生产操作间卫生

生产操作间应保持清洁，并针对各洁净级别的具体要求制定相应清洁标准。所用清洁剂及消毒剂应经过质量保证部门确认，清洁及消毒频率应能保证相应级别室的卫生环境要求，清洁和消毒可靠性应进行必要验证。

（1）进入有洁净级别要求的操作间的空气应经过净化，GMP 附录对药品生产厂房的洁净级别要求作出了明确规定。药品生产洁净室（区）的空气洁净度划分为四个级别（参见表 1-1），洁净室环境应定期监测，监测点一般设在洁净级别不同的相邻室、有洁净级别要求和没有洁净级别要求的室外、根据工艺要求对药品质量有影响的关键岗位，并定期对空气过滤器进行清洁（参见表 1-2），确保空气洁净度符合生产要求。各种药品生产环境对应的空气洁净度级别见表 1-3、表 1-4。

表 1-1 洁净室（区）的空气洁净度级别

洁净度级别	悬浮粒子最大允许数/m^3			
	静态		动态③	
	≥0.5μm	≥5.0μm②	≥0.5μm	≥5.0μm
A 级①	3520	20	3520	20
B 级	3520	29	352000	2900
C 级	352000	2900	3520000	29000
D 级	3520000	29000	不作规定	不作规定

① 为确认 A 级洁净区的级别，每个采样点的采样量不得少于 $1m^3$。A 级洁净区空气悬浮粒子的级别为 ISO 4.8，以≥5.0μm的悬浮粒子为限度标准。B 级洁净区（静态）的空气悬浮粒子的级别为 ISO 5，同时包括表中两种粒径的悬浮粒子。对于 C 级洁净区（静态和动态）而言，空气悬浮粒子的级别分别为 ISO 7 和 ISO 8。对于 D 级洁净区（静态）空气悬浮粒子的级别为 ISO 8。测试方法可参照 ISO 14644-1。

② 在确认级别时，应当使用采样管较短的便携式尘埃粒子计数器，避免≥5.0μm 悬浮粒子在远程采样系统的长采样管中沉降。在单向流系统中，应当采用等动力学的取样头。

③ 动态测试可在常规操作、培养基模拟灌装过程中进行，证明达到动态的洁净度级别，但培养基模拟灌装试验要求在“最差状况”下进行动态测试。

表 1-2 空气过滤器清洗更换周期表（两班生产情况下）

空气洁净度级别	初效空气过滤器①	中效空气过滤器①	高效空气过滤器①
A 级、B 级	每周	每月	发现下列情况应更换： ① 气流速度降到最低速度，更换初、中效过滤器也不见效； ② 出风量为原风量的 70%； ③ 出现无法修补的渗漏； ④ 一般情况下 1～2 年更换一次
C 级	每周	每两个月	
D 级	每月	每三个月	

① 在污染大的情况下应缩短空气过滤器更换周期。

表 1-3 非无菌药品及原料药生产环境的空气洁净度级别

药品种类		洁净度级别
栓剂	除直肠用药外的腔道用药	暴露工序：D 级
	直肠用药	暴露工序：D 级
口服液体药品	非最终灭菌	暴露工序：D 级
	最终灭菌	暴露工序：D 级
口服固体药品		暴露工序：D 级
原料药	药品标准中有无菌检查要求	C 背景下 A 级
	其他原料药	D 级
外用药	一般外用药品	暴露工序：D 级

表 1-4 无菌药品及生物制品生产环境的空气洁净度级别

药品种类	洁净度级别	
可灭菌小容量注射液（<50ml）	浓配、粗滤	D 级
	稀配、精滤、灌封	C 背景下 A 级
可灭菌大容量注射液（>50ml）	浓配	D 级
	稀配、滤过	非密闭系统：C 级 密闭系统：D 级
	灌封	C 背景下 A 级
非最终灭菌的无菌药品及生物制品	配液	不需除菌滤过：B 背景下 A 级 需除菌滤过：C 级
	灌封、分装，冻干、压塞	B 背景下 A 级
	轧盖	C 背景下 A 级
外用药品	深部组织创伤和大面积体表创面用药	暴露工序：C 级
眼用药品	供角膜创伤或手术用滴眼剂	暴露工序：C 级
	一般眼用药品	暴露工序：D 级

(2) 工作场所的墙壁、地面、天花板、桌椅、设备及其他操作工具表面应进行清洁和消毒，清洁频率取决于该区卫生级别及生产活动情况，根据环境监控结果确定清洁次数及根据实际情况做出适当调整（参见表 1-5）。

表 1-5 工作场所清洁次数

级别	清洁次数
A 级、B 级	至少每天 1 次或更换产品前对地板、墙面、设备和内窗进行清洁； 至少每月 1 次墙面清洁；至少每年 4 次进行全面清洁
C 级	至少每天 1 次或更换品种前对地板、洗涤盆和水池进行清洁； 至少每周或更换品种前对墙面、设备和内窗进行清洁； 至少一个月进行 1 次全面清洁

续表

D级	至少每天1次或更换品种前对地板、洗涤盆和水池进行清洁； 至少一个月或更换品种前对墙面、设备和内窗进行清洁； 至少每年进行1次全面清洁
附注：全面清洁内容	除日常清洁项目外，增加清洁空调系统进、出风口

(3) 洁具和清洁剂　每个清洁区配备各自的清洁设备，清洁设备应贮藏在有规定洁净级别的专用房间，房间应位于相应级别洁净区内并有明显标记。进入洁净区清洁用具均需进行灭菌，清洁用具应按规定进行清洗、消毒，一般做到如下几点。

① C级/D级：每次用清洁剂洗涤、干燥、消毒后装好备用。

② A级/B级：每次用清洁剂洗涤、干燥、高压灭菌包装好备用。

消毒是指用物理或化学等方法杀灭物体上或介质中的病原微生物的繁殖体的过程。消毒剂是指用于消毒的化学药品。

厂房、设备、器具选用消毒剂原则：

① 使用条件下高效、低毒、无腐蚀性、无特殊臭味和颜色；

② 不对设备、物料产生污染；

③ 消毒浓度下，易溶或混溶于水，与其他消毒剂无配伍禁忌；

④ 能保障使用者安全与健康；

⑤ 价廉、来源广。

使用消毒剂应注意：

① 消毒剂浓度与实际消毒效果密切相关，应按规定准确配制；

② 稀释的消毒剂应存放于洁净容器内，储存时间不应超过储存期；

③ A级/B级洁净室及无菌操作室内应使用无菌消毒剂及清洁剂；

④ 为避免产生耐药菌株，保证消菌效果，应定期更换消毒剂品种；

⑤ 定期对消毒剂消毒效果进行验证。

常用消毒剂列表见表1-6。

表1-6　常用消毒剂列表

类别	名称	浓度	消毒用途	性　质
酚类	来苏 (甲酚皂)	2%	皮肤	溶于水，呈碱性反应，有除垢作用，杀菌力强，有毒性，消毒手有麻木感[1]
		3%～5%	地漏	
醇类	乙醇	75%	皮肤、工具、容器、设备	能使蛋白质脱水变性，有挥发性，无残留，作用时间短，对芽孢无效
表面活性剂	新洁尔灭	0.1%～0.2%	皮肤、工具、容器、设备	破坏细胞膜，使蛋白质变性，对革兰阴性菌不敏感，具清洁与消毒双重作用，皮肤刺激性小，遇合成洗涤剂活性减弱
	杜灭芬 (消毒宁)	0.05%～0.1%	皮肤	性质稳定，易溶于水，抗菌谱窄，遇合成洗涤剂活性减弱
	洗必泰	0.02%～0.05%	皮肤	对革兰阳性菌、阴性菌有效，能快速杀灭细菌繁殖体，无毒性，但不能与阴离子清洁剂等物质、升汞、肥皂合用
氧化剂	过氧乙酸	0.2%～0.5%	塑料、工具、容器、药材	广谱杀菌剂，能杀死细菌繁殖体、芽孢、真菌与某些病毒；强氧化剂，20%时对皮肤、金属有较强腐蚀性。稀释液只能存放3天
		0.5%	皮肤消毒	
		每立方米1g熏蒸	空气消毒[2]	

续表

类别	名称	浓度	消毒用途	性　质
醛类	甲醛	每立方米用37%～40%甲醛液8～9ml,加4～5g高锰酸钾	熏蒸无菌室	能破坏细菌繁殖体及许多芽孢、病毒、真菌;有挥发性,对眼睛及皮肤有刺激性

① 用环氧自流平地面房间不宜使用酚类消毒剂。

② 空气消毒还可以使用臭氧。

(4) 洁净区各气闸及所有闭锁装置应完好，两侧门不能同时打开。工作时门必须关紧，尽量减少出入次数。所有器具、容器、设备、工具需用不产尘的材料制作，并按规定程序进行清洁、消毒后方可进入洁净区。

(5) 记录用纸、笔需经清洁、消毒程序后方可带入洁净区，所用纸笔不产尘，不能用铅笔、橡皮、钢笔，而应用圆珠笔，洁净区内不设告示板、记录板。

(6) 生产过程中产生的废弃物应及时装入洁净的不产尘的容器或袋中，密闭放在洁净区内指定地点，并按规定在工作结束后将其及时清理出洁净区。

(7) 洁净区空调宜连续运行，工作间歇时空调应做值班运行，保持室内正压，并防止室内结露。

(8) 洁净室不得安排三班生产，每天必须有足够的时间用于清洁与消毒。更换品种要保证有足够的时间间歇、清场、清洁与消毒。

2. 物料卫生

物料是指用于药品生产的原料、辅料及包装材料等，用于药品生产的物料应按卫生标准和程序进行检验，检验合格后才能使用。物料进入洁净室（区）必须经过一定净化程序，包括脱包、传递和传输。

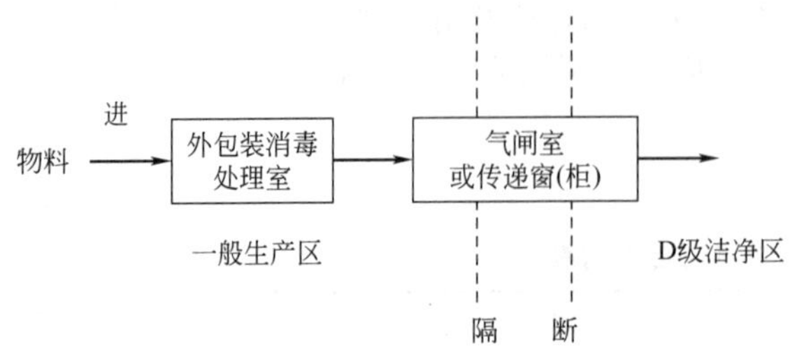

图 1-1　非无菌药品生产物料进入 D 级洁净区程序

物料进入生产区程序如下。

(1) 非无菌药品生产物料从一般生产区进入洁净区，应在外包装清洁间除去最外层包装，不能脱外包装的应对外包装进行洗尘或擦洗等处理，经有出入门联锁的传递窗或气闸室进入洁净室（区），净化系统、设施及程序如图 1-1。

(2) 不可灭菌药品生产用物料从一般生产区进入 C 级，必须经净化系统，在外包装清洁室对外包装净化处理并消毒后，经出入联锁传递窗或气闸室到缓冲室再次消毒外包装，进入备料室。净化系统、设施及程序如图 1-2。

① 物料应在非洁净区核对品名、批号、数量，应与领料单相符，并仔细检查物料的外包装是否完好，所有物料应附有检验合格证。

② 进入外清间后外包装用吸尘器或其他方法清洁，然后脱去外包装，物料送入缓冲间。

③ 不能脱去外包装的物料，在外清间用洁净抹布清洁送入缓冲间。

④ 然后用 75%酒精进行消毒，必要时可更换包装。

⑤ 打开缓冲间外侧门，将物料送入，然后关好外侧门。

⑥ 开启传递柜内紫外灯，洁净区内的人员将紫外灯关闭，打开内侧门，将物料传入洁净区，物料在缓冲间停留不少于 10min。

⑦ 不可灭菌物药品物料进入缓冲间用 75%酒精擦抹物料包装，对包装外表面进行消毒。

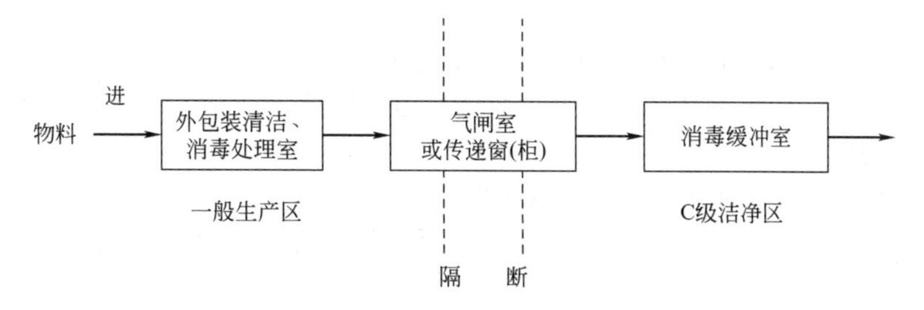

图 1-2 不可灭菌药品生产用物料进入 C 级洁净区程序

注意：洁净区的缓冲间或传递柜内外侧两侧门不能同时打开。

(3) 非无菌药品生产用物料从 D 级、C 级洁净区，到一般生产区，应经带有连锁的传递窗或气闸进行传送。净化系统、设施及程序如图 1-3。

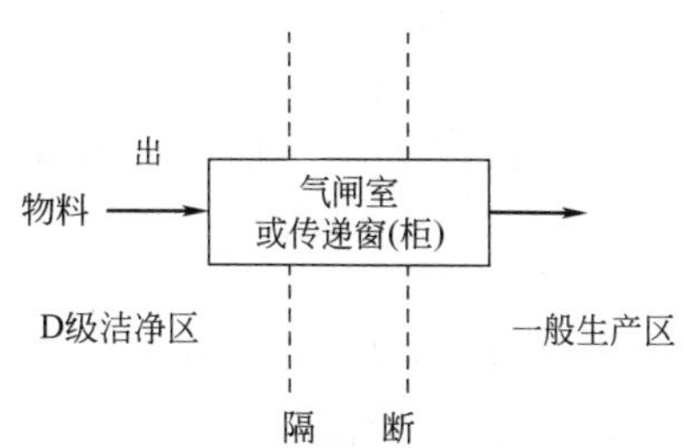

图 1-3 非无菌药品生产物料从 D 级洁净区到一般生产区程序

(4) 不可灭菌药品生产用物料从 C 级洁净区到一般生产区，应经缓冲室、传递窗或气闸室进行传送。净化系统、设施及程序如图 1-4。

进入洁净室（区）的水要经过净化。

3. 人员卫生

人是药品生产中最大的污染源和最主要的传播媒介。在药品生产过程中，生产人员总是直接或间接地与生产物料接触，对药品质量产生影响。这种影响主要来自两方面：一方面由于操作人员的健康状况产生；另一方面由于操作人员个人卫生习惯造成。因此，加强人员的卫生管理和监督是保证药品质量的重要方面。

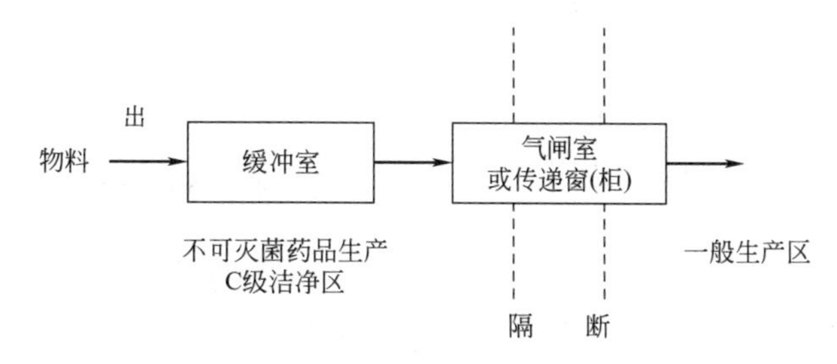

图 1-4 不可灭菌药品生产用物料从 C 级洁净区到一般生产区程序

(1) 人员卫生管理 按 GMP 要求，药品生产人员应建立健康档案。直接接触药品的生产人员每年至少体检一次，并且传染病、皮肤病患者和有体表伤口者不得从事直接接触药品生产。

(2) 人员净化 进入洁净室（区）的人员必须经过净化。

① 进入 D 级洁净室（区）人员净化程序

a. 工作人员进入洁净区前，先将鞋擦干净，将雨具等物品存放在个人物品存放间内。

b. 进入换鞋室，关好门，将生活鞋脱下，对号放于鞋柜中，换上工作鞋。

c. 按性别进入相应的更衣室，关好门，换洁净工作鞋。

(a) 坐在横凳上，面对门外，脱去拖鞋，弯腰，用手把拖鞋放入横凳下鞋架。

(b) 坐在横凳上转身 180°，背对门外，弯腰在横凳下的鞋架内取出工作鞋，穿上工作鞋（注意不要让双脚着地）。

d. 脱外衣

(a) 走到自己的更衣柜前，用手打开衣柜门。

(b) 脱去外衣，挂于生活衣柜中，关上柜门。

e. 洗手

(a) 走到洗手池旁，用手肘弯推开水开关，伸双手掌入水池上方开关下方的位置，让水冲洗双手掌到腕上5cm处。双手触摸清洁剂后，相互摩擦，使手心、手背及手腕上5cm处的皮肤均匀充满泡沫，摩擦约10s。

(b) 让水冲洗双手，同时双手上下翻动相互摩擦。

(c) 使水冲至所有带泡沫的皮肤上，直至双手掌摩擦不感到滑腻为止；翻动双手掌，用眼检查双手是否已清洗干净。

(d) 用肘弯推关水开关。

(e) 走到电热烘手机前，伸手掌至烘手机下8～10cm处，电热烘手机自动开启，上下翻动双手掌，直到双手掌烘干为止。

f. 穿洁净工作服

(a) 用肘弯推开房门，走到洁净工衣柜前，取出自己号码的洁净工作服袋。

(b) 取出洁净工作帽戴上。

(c) 取出洁净工作衣，穿上并拉上拉链。

(d) 取出洁净工作裤穿上，裤腰束在洁净工作衣外。

(e) 走到镜子前对着镜子检查帽子是否戴好，注意把头发全部塞入帽内。

(f) 取出一次性口罩戴上，注意口罩要罩住口、鼻，在头顶位置上结口罩带。

(g) 对镜检查衣领是否已扣好，拉链是否已拉至喉部，帽和口罩是否已戴正。

g. 手消毒

(a) 走到消毒液自动喷雾器前，伸双手掌至喷雾器下10cm左右处。

(b) 喷雾器自动开启，翻动双手掌，使消毒液均匀喷在双手掌上各处。

(c) 缩回双手，喷雾器停止工作。

(d) 挥动双手，让消毒液自然挥干。

h. 入洁净室：用肘弯推开洁净室门，进入洁净室；人员出洁净区，按上述程序反向行之。程序如图1-5。

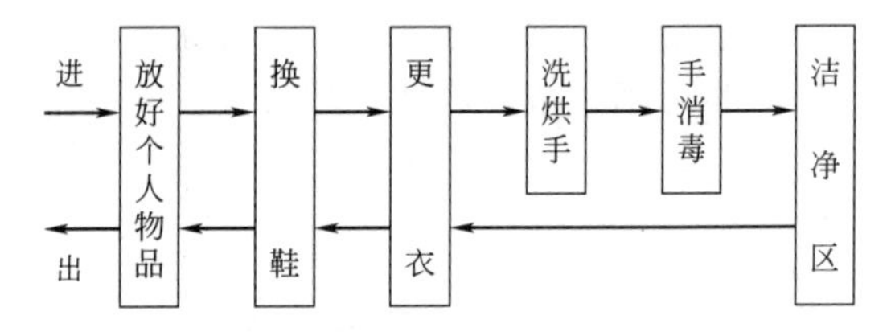

图1-5 进出D级洁净室（区）人员净化程序

② 进出C级、A/B级洁净室（区）人员净化程序如图1-6。

注意：洗手后不得涂抹护肤用品。为达到无菌要求，在无菌操作区必须穿无菌内衣（必要时，先洗澡）、无菌外衣、无菌鞋，戴无菌手套，穿无菌服时应注意“从上到下”的顺序。

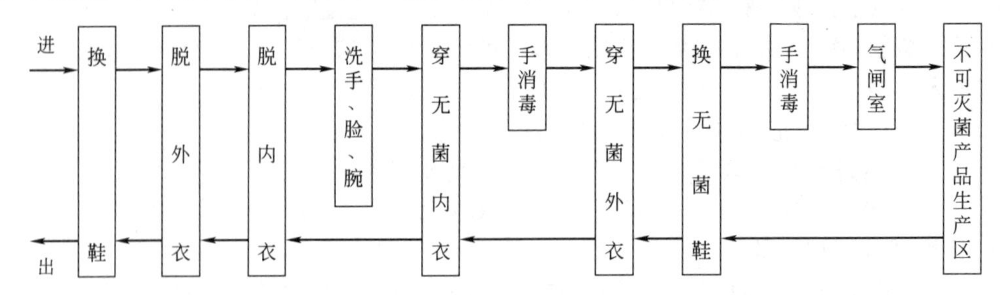

图1-6 进出C级、A/B级洁净室（区）人员净化程序

(3) 工作服清洁卫生　洁净度D级的工作服每天洗一次，洁净度C级、A级、B级的工作服至少每班洗一次。

（三）GMP与生产过程管理

生产管理是确保产品各项技术指标及管理标准在生产过程中具体实施的措施，是药品生产制造质量保证的关键环节。通过各种措施的实施，确保生产过程中使用物料经严格检验，达到国家规定制药标准，并由经过培训符合上岗标准的人员，严格按企业生产部门下达的生产指令和标准操作规程进行药品生产操作，仔细如实记录操作过程及数据，确保所生产药品质量和药品的生产工作符合质量标准，安全有效。

生产过程管理包括生产标准文件管理、生产过程技术管理及批和批号的管理。

1. 生产标准文件管理

生产过程中主要标准文件有生产工艺规程和标准操作规程（SOP）等。

“生产工艺规程”规定为生产一定数量成品所需起始原料和包装材料的数量，以及工艺、加工说明、注意事项，包括生产过程中控制的一个或一套文件。内容包括：品名，剂型，处方，生产工艺的操作要求，中间产品，成品的质量标准和技术参数及储存的注意事项，理论收得率、收得率和实际收得率的计算方法、成品的容器，包装材料的要求等。制订生产工艺规程的目的是为了给药品生产各部门提供必须共同遵守的技术准则，确保每批药品尽可能与原设计一致，且在有效期内保持规定的质量。

“岗位操作法”是对各具体生产操作岗位的生产操作、技术、质量等方面所作的进一步详细要求，是生产工艺规程的具体体现。具体包括：生产操作法，重点操作复核、复查，半成品质量标准及控制规定，安全防火和劳动保护，异常情况处理和报告，设备使用、维修情况，技术经济指标的计算，工艺卫生等。

“标准操作规程（SOP）”是指经批准用以指示操作的通用性文件或管理办法。是对某一项具体操作的书面指令，是组成岗位操作法的基础单元，主要是操作的方法及程序。

生产标准文件不得随意更改，生产过程应严格执行。

2. 药品生产过程的技术管理

（1）生产准备阶段

① 生产指令下达：生产部门根据生产作业计划和生产标准文件制订生产指令，经相关部门人员复核，批准后下达各工序，同时下达标准生产记录文件。

② 领料：领料员凭生产指令向仓库领取原料、辅料或中间产品。领料时核对名称、规格、批号、数量、供货单位、检验部门检验合格报告单，核对无误方可领料，标签凭包装指令按实际需用数由专人领取，并计数发放。发料人、领料人需在领料单上签字。

③ 存放：确认合格的原料、辅料按物料清洁程序从物料通道进入生产区配料室，并做好记录。

（2）生产操作阶段

① 生产操作前须做好生产场地、仪器、设备的准备和物料准备

a. 检查生产场地的清洁是否符合环境卫生要求，是否有上次生产的“清场合格证”，复核清场是否达要求，确认无上次生产遗留物。

b. 检查设备是否有“已清洁”状态标志，并达工艺要求，是否已保养，试运行设备，检查其状态是否良好。

c. 检查模具、筛网、滤器等是否良好，零件是否齐全，有无缺损，与生产品种、规格是否匹配。

d. 检查计量器具是否与生产要求相符，是否已清洁完好，有否“计量检查合格证”，并且在检查有效期内。

e. 根据生产指令复核各种物料，按质量标准核对检验报告单，中间产品必须有质管员签字的传递单。

f. 检查盛装容器与桶盖编号是否一致，复核重量。

g. 核对车间质管员签发的“准产证”。

② 生产操作

a. 将“准产证”挂于操作室门上，严格按生产工艺规程、标准操作规程进行投料生产，设备状态标志换成“正在运行”。

b. 做好工序关键控制点监控和复核，做好自检、互检及质管员监控。

c. 设备运行过程做好监控。

d. 生产过程做好物料平衡。

e. 及时、准确做好生产操作记录。

f. 工序生产完成后将产品装入周转桶，盖好盖，称重，填写“中间产品标签”。

③ 生产结束：停机，取下“准产证”，换上“待清洁”状态标志，并将“准产证”放入批生产记录袋中；将中间产品送至中间站；进行清场，并及时完成生产记录。清场由操作人员进行，包括三方面内容：物料清理、文件清理、清洁用具的清理。具体清场要求如下。

a. 地面无积灰，无结垢，门窗、室内照明灯、风管、墙面开关箱外壳无积尘，与下次生产无关的物品（包括物料、中间产品、废弃物、不良品、标准和记录）已清离生产场地。

b. 使用的工具、容器已清洁，无异物和遗留物。

c. 设备内外无上次生产遗留物，无油垢。

d. 更换品种或规格时，非专用设备、管道、容器和工具应按规定拆洗或在线清洗，必要时进行消毒灭菌。

e. 凡与药品直接接触的设备、管道和工具容器应每天或每批生产完成后清洗或清理；同一设备连续加工同一品种、同一规格的非无菌产品时，其清洗周期可按生产工艺规程及标准操作规程的规定执行。

f. 包装工序转换品种时，剩余的标签及包装材料应全部退料或销毁，剩余的待包装品、已包装品及散落的药品要全部撤离，所有与药品接触的设备、器具要清洗干净，必要时进行灭菌消毒。

g. 清场应有清场记录，记录内容包括工序名称、品名、规格、批号、清场日期、清场及检查项目、检查结果、清场人和复核人签字等。包装清场记录一式两份，把正本纳入本批批包装记录，把副本纳入下一批批包装记录之内。其余工序清场记录纳入本批生产记录。

h. 清场结束由质量保证人员（QA）检查，发放“清场合格证”，“清场合格证”作为下一个品种（或同品种不同规格、不同批号）的开工凭证纳入批生产记录中。未取得“清场合格证”不得进行下批产品的生产。

i. “清场合格证”内容应包括生产工序名称（或房间）、清场品名、规格、批号、日期和班次以及清场人员和检查人员签名。

（3）中间站的管理　中间站是存放中间产品、待重新加工产品、清洁的周转容器的地方。中间站必须有专人管理，并按“中间站清洁规程”进行清洁。进出中间站的物品的外包装必须清洁，无浮尘。进入中间站物品外表必须有标签，注明品名、规格、批号、重量。中间站产品应有状态标志：合格——绿色，不合格——红色，待检——黄色，不合格品限期处理。进出中间站必须有传递单，并且填写中间产品进出站台账。

（4）待包装中间产品管理　车间待包装中间产品，放置于中间站（或规定区域）并挂上黄色待检标志，填写品名、规格、批号、生产日期和数量；及时填写待包装产品请验单，交质检部取样检验；检验合格由质检部门通知生产部，生产部下达包装指令，包装人员凭包装指令领取标签，核对品名、规格、批号、数量、包装要求等，进入包装工序。

（5）包装后产品与不合格产品的管理　包装后产品置车间待验区（挂黄色待验标志），由车间向质量管理部门填交“成品请验单”，质检部门取样检验，确认合格后，质检部门签发“成品检验报告单”。质量管理部门对批生产记录进行审核，合格后，由质检部门负责人签发“成品放行单”，由车间办理成品入库手续，挂绿色合格标志。

检验不合格的产品，由质检部门发出检验结论为不符合规定的检验报告单，将产品放于不合格区，同时挂上红色不合格标志，并标明不合格产品品名、规格、批号、数量，并按下列原则处理。

① 由车间填写“不合格品处理报告单”，内容包括品名、规格、批号、数量、查明不合格的日期、不合格项目及原因，附上不合格产品的检验报告单和原因分析报告，分送有关部门。

② 由生产技术部门会同有关方面提出处理意见，交质管部门负责人审核同意，经企业技术负责人批准后执行处理，并有详细记录。若进行重新加工，必须在质管员监控下进行。

③ 凡属生产过程中被剔除的不合格产品或中间产品，属不良品则按不良品重新加工规定进行处理，必须标明品名、规格、批号，严格隔离存放。

④ 必须销毁的不合格产品应由仓库或车间填写“销毁单”，先经质量管理部门审核，再经企业技术负责人批准，办理财务审批手续后，按规定销毁，质管员监销，并有销毁记录。经手人、监销人在记录上签字。

(6) 物料平衡　每批产品应按产品和数量的物料平衡进行检查，这是确保产品质量、防止差错和混淆的有效方法之一，每个品种各关键生产工序都必须明确规定物料平衡的计算方法确定合格范围。

① 收率计算：

$$收率=\frac{实际值}{理论值}\times 100\%$$

式中，理论值为按照所用的原料（包装材料）在生产中无任何损失或差错情况下得出的最大数量；实际值为生产过程中实际产出量（包括本工序产出量，收集废品量，取样量，留样量及丢弃的不合格物量）。

② 在生产过程中若发生跑料现象，应及时通知车间管理人员和管理员，并详细记录跑料过程及数量。跑料数量也应计入物料平衡之中，加在实际值范围之内。

(7) 生产记录的管理　生产记录主要包括岗位操作记录、批生产记录和批包装记录。

① 岗位操作记录：岗位操作记录应由岗位操作人员及时填写，字迹清晰，内容真实，数据完整，并由操作人员及复核人员签字。填写出现差错时，不得撕毁和任意涂抹，在填写错误处划两横线，更改人在更改处签字。

复核岗位操作记录时，必须按岗位操作要求串联复核，将记录内容与工艺规程对照复核，上下工序，成品记录中的数量、质量、批号、桶号必须一致、正确，对生产记录中不符合要求的填写方法，必须由填写人更正并签字。

② 批生产记录：批生产记录是一个批次的待包装品或成品的所有生产记录，批生产记录能提供该批产品的生产全过程（包括中间产品检验）。

批生产记录由岗位工艺员分段填写，生产部门技术人员汇总，生产部门有关负责人审核并签字。跨车间的产品由各车间分别填写，由企业技术部门指定专人汇总，审核并签字后送质量管理部门。成品发放前，企业质量管理部门审核批生产记录并签字。

批生产记录按批号归档保存，保存至药品有效期后一年，未规定有效期的药品，批生产记录应保存三年。

③ 批包装记录是该批产品包装全过程的完整记录。批包装记录可单独设置，也可作为批生产记录的组成部分。其管理与填写要求同批生产记录。

3. 批和批号的管理

正确划分批是确保产品均一性的重要条件。在规定限度内具有同一性质和质量，并在同一连续生产周期中生产出来的一定数量的药品为一批。按GMP规定批的划分原则：

① 大、小容量注射剂以同一配液罐一次配制的药液所生产的均质产品为一批；

② 粉针剂以同一批原料药在同一连续生产周期内生产的均质产品为一批；

③ 冻干粉针剂以同一批药液使用同一台冻干设备在同一生产周期内生产的均质产品为一批；

④ 固体、半固体制剂在成型或分装前使用同一台混合设备一次混合量所生产的均质产品为一批；中药固体制剂，如采用分次混合，经验证，在规定限度内，所生产一定数量的均质产品为一批；

⑤ 液体制剂以罐装（封）前经最后混合的药液所生产的均质产品为一批；

⑥ 液体制剂、膏滋、浸膏及流浸膏等以罐装（封）前经同一台混合设备最后一次混合的药液所生产的均质产品为一批；

⑦ 连续生产的原料药，在一定时间间隔生产的，在规定限度内的均质产品为一批；

⑧间歇生产的原料药，可由一定数量的产品经最后混合所得的在规定限度内的均质产品为一批；

⑨ 对生物制品生产应按照《中国生物制品规程》中的“生物制品的分批规程”分批和编制批号。

批号是用于识别“批”的一组数字或字母加数字，用于追溯和审查该批药品的生产历史。每批药品均应编制生产批号。

本章小结：

药品是特殊商品，质量好坏直接影响到人民群众的健康和安全。药物制剂是药物应用于人体的最终形式。药品的质量是生产出来的，因此，在药品生产过程中，必须对全过程实施质量管理和控制，才能保证药品质量。做到以下几点。

(1) 严格按药品生产标准规程进行。

(2) 物料、中间产品投产前严格核对，不符合要求物料、中间产品不得进行生产。

(3) 生产前检查卫生状况，保证没有上批次遗留物，设备符合生产要求。

(4) 生产过程严格按工艺规程、岗位操作法、各有关标准规程（SOP）进行，做好生产记录，生产过程物料、设备、容器、场地均应有状态标志。

(5) 做好中间产品管理，不合格产品绝不允许流入下一工序，不合格成品不允许出厂。

(6) 生产结束要对生产场所、设备、工具进行清洁消毒，做好清场工作。

总之，在生产过程中，要严格按《药品生产质量管理规范》进行，以此来保证药品质量，防止差错、混淆、污染和交叉污染。

第二章　粉碎、筛分、混合操作

制剂中物料的粉碎、筛分、混合操作广泛用于散剂、颗粒剂、片剂、硬胶囊剂等剂型的制备中，是以上剂型制备的前处理工序。

项目一　粉碎操作

【教学目标】

1. 掌握粉碎岗位操作程序
2. 掌握粉碎生产工艺管理要点及质量控制要点
3. 掌握CW130A型吸尘微粉碎机、20B型万能粉碎机的标准操作规程
4. 掌握CW130A型吸尘微粉碎机、20B型万能粉碎机的清洁保养标准操作规程
5. 能操作CW130A型吸尘微粉碎机、20B型万能粉碎机，并进行清洁保养工作

粉碎是利用机械力破坏物料分子间的内聚力而将物料破碎成粉末的操作。

任务一　熟悉物料粉碎工艺操作的相关背景资料

活动1　了解物料粉碎工艺操作的适用岗位

本操作适用于耐热固体物料的粉碎工、粉碎物料质量检查工、工艺员。

1. 耐热固体物料的粉碎工

（1）工种定义　耐热固体物料的粉碎工是使用规定的粉碎设备选择安装适宜孔径的筛板将固体物料粉碎成符合粒度要求的粉状物料的操作人员。

（2）适用范围　粉碎机操作、筛板、粉碎机部件的保管、质量自检。

2. 粉碎物料质量检查工

（1）工种定义　物料粉碎质量检查工是指从事物料粉碎生产全过程的各工序质量控制点的现场监督和对规定的质量指标进行检查、判定的人员。

（2）适用范围　粉碎全过程的质量监督（工艺管理、QA）。

活动2　认识物料粉碎主要设备

常用的粉碎设备包括万能粉碎机、柴田粉碎机、球磨机、气流粉碎机等。现分别介绍其主要特点。

（1）万能粉碎机　由机座、电机、粉碎室、转动齿盘、固定齿盘、加料斗、出料口、筛板组成。并配有粉料收集及捕尘设施。其工作原理是物料由加料斗进入粉碎室，固定齿盘与转动齿盘交错排列，转动齿盘高速旋转产生离心力使物料甩向外围，齿盘的撞击使物料粉碎成一定粒度穿过筛板。是以冲击粉碎为主的粉碎设备。结构简单，操作维护方便。

（2）柴田粉碎机　由电机、粉碎室、动力轴、转动打板、挡板、风板等组成。其工作原理是物料通过自动加料器输入到粉碎机中，风板将原料均匀散布到粉碎室的周围，物料在打板与牙板之间被剪切和冲击，在机内形成激烈涡流将物料粉碎，粉碎后的物料在气流的作用下被吹到风选口内经风板的作用，将粗粉和细粉分开，细粉被风送到集粉装置内收粉，粗粉被送回到粉碎室内重新粉碎。该机无筛板装置，具有粉碎效率高，一次出粉率高，粒度风选调节均匀，机组设计紧凑占地面积小，采用集中控制工人操作，维修、清理方便等特点。

(3) 球磨机　由机座、电机、减速器、球磨缸和研磨球构成。其工作原理是电机动力经蜗轮减速箱传动，使球磨缸作回转运动，物料经研磨球的冲击和研磨，被粉碎、磨细。

(4) 气流粉碎机　气流粉碎机由加料装置、粉碎室、叶轮分级器、旋风分离器、除尘器、排风机、电控系统组成。其工作原理是压缩空气经过喷嘴产生超音速气流带动物料，使物料与物料之间产生强烈地碰撞、剪切、研磨等作用，从而达到粉碎目的。被粉碎的物料经过叶轮分级和旋流离心器分级，从而得到多级不同粒度产品，最后经除尘器和排风机净化空气。

活动 3　识读粉碎岗位职责

(1) 严格执行《粉碎岗位操作程序》、《20B 型万能粉碎机操作规程》。

(2) 负责粉碎物料所用设备的安全使用及日常保养，防止事故发生。

(3) 自觉遵守工艺纪律，保证粉碎、筛粉、包装符合工艺要求，质量达到规定要求。

(4) 做到岗位生产状态标识、设备所处状态标识、清洁状态标识清晰明了、准确无误。

(5) 真实及时填好生产记录，做到字迹清晰、内容真实、数据完整、不得任意涂改和撕毁，做好交接记录，顺利进入下道工序。

(6) 工作结束或更换品种时应及时做好清洁卫生并按有关 SOP 进行清场工作，认真填写相应记录。

活动 4　识读粉碎岗位操作程序

1. 生产前准备

(1) 核对“清场合格证”并确定在有效期内。取下“清场合格证”状态牌换上“正在生产”状态牌。

(2) 检查粉碎机、容器及工具是否洁净、干燥，检查齿盘螺栓无松动。

(3) 检查排风除尘系统是否正常。

(4) 按《20B 型万能粉碎机操作程序》进行试运行，如不正常，自己又不能排除，则通知机修人员来排除。

(5) 对所需粉碎的物料，在暂存室领用时要认真复核物料卡上的内容与生产指令是否相符；检查物料中无金属等异物混入，否则不得使用。

2. 操作

(1) 开机并调节分级电机转速或进风量，使粉碎细度达到工艺要求。

(2) 机器运转正常后，均匀加入被粉碎物料，不可加入物料后开机。粉碎完成后须在粉碎机内物料全部排出后方可停机。

(3) 粉碎好的物料用塑料袋作内包装，填写好的物料卡存在塑料袋上，交下工序。

3. 清场

(1) 按《清场管理制度》、《容器具清洁管理制度》、《洁净区清洁规程》及《20B 型万能粉碎机清洗程序》搞好清场和清洗卫生。

(2) 为了保证清场工作质量，清场时应遵循先上后下，先外后里，一道工序完成后方可进行下道工序作业。

(3) 清场后，填写清场记录，上报 QA，经 QA 检查合格后挂“清场合格证”。

4. 记录

操作完工后填写原始记录、批记录。

活动 5　识读粉碎操作质量控制关键点

① 物料严禁混有金属物。

② 物料含水分不应超过 5%。

③ 筛板与内腔的间隙。

④ 异物、粒度。

任务二　训练物料粉碎操作

活动1　操作20B型万能粉碎机

1. 开机前的准备工作

(1) 检查粉碎室的温湿度、压力是否符合要求。

(2) 查机器所有紧固螺钉是否全部拧紧，特别是活动齿的固定螺母一定要拧紧。

(3) 根据工艺要求选择适当筛板安装好。

(4) 用手转动主轴盘车应活动自如、无卡、滞现象。

(5) 检查粉碎室是否清洁干燥，筛网位置是否正确。

(6) 检查收粉布袋是否完好，粉碎机与除尘机管道连接密封。

(7) 关闭粉碎室门，用手轮拧紧后，再用顶丝锁紧。

2. 开机运行

(1) 先启动除尘机，确认工作正常。

(2) 按主机启动开关，待主机运转正常平稳后即可加料粉碎，每次向料斗加入物料时应缓慢均匀加入。

3. 停机

停机时必须先停止加料，待10min后或不再出料后再停机。

4. 清洁与清场

(1) 设备的清洗，按各设备清洗程序操作，清洗前必须首先切断电源。

(2) 每班使用完毕后，必须彻底清理干净料斗机腔和捕集袋内的物料并清洗干净机腔、筛网和活动固定齿。

(3) 不能直接用水冲洗的设备，先扫除设备表面的积尘，凡是直接接触药物的部位可用纯水浸湿抹布擦抹直至干净，能拆下的零部件应拆下。凡能用水冲洗的设备，可用高压水枪冲洗，先用饮用水冲洗至无污水，然后再用纯化水冲洗两次，其他部位用一次性抹布擦抹干净，最后用75%乙醇擦拭晾干。

(4) 凡能在清洗间清洗的零部件和能移动的小型设备尽可能在清洁间清洗烘干。

(5) 工具、容器的清洗一律在清洁间清洗，先用饮用水清洗干净，再用纯化水清洗两次，移至烘箱烘干。

(6) 门、窗、墙壁、灯具、风管等先用干抹布擦抹掉其表面灰尘，再用饮用水浸湿抹布擦抹直到干净，擦抹灯具时应先关闭电源。

(7) 凡是设有地漏的工作室，地面用饮用水冲洗干净，无地漏的工作室用拖把抹擦干净(洁净区用洁净区的专用拖把)。

(8) 清洁天花板、墙壁、地面。

5. 保养

(1) 经常检查润滑油杯内的油量是否足够。

(2) 设备外表及内部应洁净无污物聚集。

(3) 检查齿盘的固定和转动齿是否磨损严重，如严重需调整安装使用另一侧，如两侧磨损严重需换齿。更换锤子时应将整套锤子一起进行更换，切不能只更换其中个别几个锤子。

(4) 每季度一次检查电动机轴承，上下皮带轮是否在同一平面内，皮带的松紧程度以及磨损情况，并及时调整更换。

6．记录

实训过程中应及时、真实、完整、正确地填写各类生产记录（表 2-1 和表 2-2）。

表 2-1 粉碎工序生产记录

<table>
<tr><td colspan="2">品名：</td><td colspan="2">规格：</td><td colspan="2">批号：</td><td colspan="2">日期：</td><td>班次：</td></tr>
<tr><td>生产前准备</td><td colspan="7">① 操作间清场合格有“清场合格证”并在有效期内
② 所有设备有设备完好证
③ 所有容器具已清洁
④ 物料有物料卡
⑤ 挂“正在生产”状态牌
⑥ 室内温湿度要求　温度：18～26℃
相对湿度：45％～65％</td><td>□
□
□
□
□
温度：
相对湿度：
签名：________</td></tr>
<tr><td>生产操作</td><td colspan="6">① 粉碎按《20B 型万能粉碎机操作规程》操作。
② 将物料粉碎，控制加料速度，粉碎后的细粉装入衬有洁净塑料袋的周转桶内，扎好袋口，填好“物料卡”备用</td><td colspan="2">粉碎时间：　：　至　：
粉碎前重量：　　kg
粉碎后重量：　　kg
操作人：</td></tr>
<tr><td rowspan="3">物料平衡</td><td colspan="7">公式：$\frac{实收量+尾料量+残损量}{领料量}\times 100\%$
=
限度：98％～100％</td><td rowspan="3">操作人：

复核人：</td></tr>
<tr><td>名称</td><td>领用量</td><td>产量</td><td>尾料量</td><td>残损量</td><td>收率</td><td>物料平衡</td></tr>
<tr><td></td><td></td><td></td><td></td><td></td><td></td><td></td></tr>
<tr><td>偏差处理</td><td colspan="8">有无偏差：
偏差情况及处理：

QA 签名：</td></tr>
</table>

表 2-2 粉碎工序清场记录

<table>
<tr><td>清场前</td><td>批号：</td><td colspan="2">生产结束日期：　年　月　日　班</td></tr>
<tr><td>检查项目</td><td>清场要求</td><td>清场情况</td><td>QA 检查</td></tr>
<tr><td>物　料</td><td>结料，剩余物料退料</td><td>按规定做 □</td><td>合格 □</td></tr>
<tr><td>中间产品</td><td>清点、送规定地点放置，挂状态标记</td><td>按规定做 □</td><td>合格 □</td></tr>
<tr><td>工具器具</td><td>冲洗、湿抹干净，放规定地点</td><td>按规定做 □</td><td>合格 □</td></tr>
<tr><td>清洁工具</td><td>清洗干净，放规定处干燥</td><td>按规定做 □</td><td>合格 □</td></tr>
<tr><td>容器管道</td><td>冲洗、湿抹干净，放规定地点</td><td>按规定做 □</td><td>合格 □</td></tr>
<tr><td>生产设备</td><td>湿抹或冲洗，标志符合状态要求</td><td>按规定做 □</td><td>合格 □</td></tr>
<tr><td>工作场地</td><td>湿抹或湿拖干净，标志符合状态要求</td><td>按规定做 □</td><td>合格 □</td></tr>
<tr><td>废弃物</td><td>清离现场，放规定地点</td><td>按规定做 □</td><td>合格 □</td></tr>
<tr><td>工艺文件</td><td>与续批产品无关的清离现场</td><td>按规定做 □</td><td>合格 □</td></tr>
<tr><td colspan="4">注：符合规定在“□”中打“√”，不符合规定则清场至符合规定后填写</td></tr>
</table>

续表

清场前	批号：	生产结束日期：　年　月　日　班
清场时间	年　月　日　班	
清场人员		
QA 签名	年　月　日　班	
检查合格发放清场合格证，清场合格证粘贴处		
备　注		

7. 常见故障发生原因及排除方法

常见故障发生原因及排除方法见表 2-3。

表 2-3　常见故障发生原因及排除方法

故障	故障原因	排除方法
主轴转向相反	电源线相位连接不正确	检查并重新接线
操作中有胶臭味	皮带过松或损坏	调紧或更换皮带
钢齿、钢锤磨损严重	物料硬度过大或使用过久	更换钢锤或钢齿
粉碎时声音沉闷、卡死	加料过快或皮带松	加料速度不可过快、调紧或更换皮带
热敏物料粉碎声音沉闷	物料遇热发生变化	用水冷式粉碎或间歇粉碎

活动 2　审核生产记录

物料粉碎操作实训过程中的记录包括粉碎工序生产记录、清场记录。可以从以下几个方面进行记录的审核。

① 看记录填写的及时性、字迹清晰程度、内容真实性、数据完整性。

② 看记录上有无操作人与复核人的签名。

③ 看记录的整洁程度、有无撕毁和任意涂改，若有更改，看更改处有无签名、原数据是否可辨认。

活动 3　讨论与分析

① 为什么万能粉碎机必须先空转一段时间再投料进行粉碎？

② 粉碎机轴转向不正确是什么原因造成的？

③ 皮带过松，如何检查和排除？

④ 转盘钢锤磨损严重如何处理？

⑤ 粉碎操作中设备运行声音沉闷是什么原因造成的？如何处理？

⑥ 试分析粉碎操作产品粒度不合格的原因，并提出解决方法。

⑦ 20B 型万能粉碎机开机与关机顺序如何？

⑧ 20B 型万能粉碎机清洁过程中应注意哪些问题？

⑨ 20B 型万能粉碎机保养过程中应注意哪些问题？

活动 4　考核粉碎操作

考核内容	技能要求		分值/分
生产前准备	生产工具准备	① 检查核实清场情况，检查清场合格证 ② 对设备状况进行检查，确保设备处于合格状态 ③ 对计量容器、衡器进行检查核准 ④ 对生产用的工具的清洁状态进行检查	20
	物料准备	① 按生产指令领取生产原辅料 ② 按生产工艺规程制订标准核实所用原辅料（检验报告单，规格，批号）	
粉碎操作	① 按操作规程进行粉碎操作 ② 按正确步骤将粉碎后物料进行收集 ③ 粉碎完毕按正确步骤关闭机器		40
记　录	生产记录填写准确完整		10
生产结束清场	① 生产场地清洁 ② 工具和容器清洁 ③ 生产设备的清洁 ④ 清场记录填写准确完整		10
实操问答	正确回答考核人员提出的问题		20

项目二　物料筛分操作

【教学目标】

1. 掌握筛分岗位操作程序
2. 掌握筛分生产工艺管理要点及质量控制要点
3. 掌握 S365 旋振筛的标准操作规程
4. 掌握 S365 旋振筛的清洁保养标准操作规程
5. 能操作 S365 旋振筛，并进行清洁保养工作
6. 能对筛分生产过程中出现的一般故障进行排除
7. 能对筛分后物料产品进行质量判断

筛分是利用网孔性器具将粒径不同的粉末或颗粒物料分离成若干部分的操作。

任务一　熟悉物料筛分操作的相关背景资料

活动 1　了解物料筛分操作的适用岗位

本操作适用于固体物料的筛分工、物料筛分质量检查工、工艺员。

1. 固体物料的筛分工

(1) 工种定义　固体物料的筛分工是使用规定的筛分设备选择安装适宜孔径的筛网将固体物料分离成符合粒度要求的粉状物料的操作人员。

(2) 适用范围　筛分机操作、筛网保管、质量自检。

2. 物料筛分质量检查工

(1) 工种定义　物料筛分质量检查工是指从事物料粉碎及筛分生产全过程的各工序质量控制点的现场监督和对规定的质量指标进行检查、判定的人员。

(2) 适用范围　筛分全过程的质量监督（工艺管理、QA）。

活动2 认识物料筛分设备

常用的筛分设备主要包括往复振动筛分机和旋振筛两种。

1. 旋振筛

由机架、电机、筛网、上部重锤、下部重锤、弹簧、出料口组成。其工作原理是由普通电机所带振子的上下两端偏心重锤产生激振，可调节的偏心重锤经电机驱动传送到主轴中心线，在不平衡状态下，产生离心力，使物料强制改变在筛内形成轨道旋涡，使筛及物料在水平、垂直、倾斜方向三次元运动，对物料产生筛选作用。重锤调节器的振幅大小可根据不同物料和筛网进行调节。也可由立式振动电机轴的上下两端装有失衡的偏心重锤产生激振。

本机可用于单层或多层分级，具有结构紧凑，操作、维修方便，运转平稳，噪声低，处理物料量大，细度小，适用性强等优点。

2. 往复振动筛分机

该机由机架、电机、减速器、偏心轮、连杆、往复筛体、出料口组成。其工作原理是物料由加料斗加入，落入筛子上，借电机带动带轮，使偏心轮作往复运动，从而使筛体往复运动，对物料产生筛选作用。

活动3 识读筛分岗位职责

(1) 严格执行《筛分岗位操作程序》、《S365旋振筛操作规程》。

(2) 负责粉碎筛分物料所用设备的安全使用及日常保养，防止事故发生。

(3) 自觉遵守工艺纪律，保证筛分符合工艺要求，质量达到规定要求。

(4) 做到岗位生产状态标识、设备所处状态标识、清洁状态标识清晰明了、准确无误。

(5) 真实及时填好生产记录，做到字迹清晰、内容真实、数据完整、不得任意涂改和撕毁，做好交接记录，顺利进入下道工序。

(6) 工作结束或更换品种时应及时做好清洁卫生并按有关SOP进行清场工作，认真填写相应记录。

活动4 识读筛分岗位操作程序

1. 生产前准备

(1) 核对“清场合格证”并确定在有效期内。取下“清场合格证”状态牌换上“正在生产”状态牌，开启除尘风机10min，当温度在18～26℃，相对湿度45%～65%要求范围内，方可投料生产。

(2) 检查旋振筛分机、容器及工具应洁净、干燥，设备性能正常。

(3) 检查筛网是否清洁干净，是否与生产指令要求相符，必要时用75%酒精擦拭消毒。

(4) 按《S365旋振筛操作规程》进行试运行，如不正常，自己又不能排除，则通知机修人员来排除。

(5) 对所需过筛的物料，在暂存室领用时要认真复核物料卡上的内容与生产指令是否相符。

2. 筛分操作

(1) 按筛分标准操作规程安装好筛网，连接好接收布袋，安装完毕应检查密封性，并开动设备运行。

(2) 启动设备空转运行，声音正常后，均匀加入被过筛物料，进行筛分生产。

(3) 已过筛的物料，盛装于洁净的容器中密封，交中间站。并称量贴签，填写请验单，由化验室检测，每件容器均应附有物料状态标记，注明品名、批号、数量、日期、操作人等。

(4) 运行过程中用听、看等办法判断设备性能是否正常，一般故障自己排除。自己不能排除的通知维修人员维修正常后方可使用。筛好的物料用塑料袋做内包装，填写好的物料卡存在塑料袋上，交下工序。

3. 清场

(1) 按《清场管理制度》、《容器具清洁管理制度》、《洁净区清洁规程》及《S365旋振筛清洗程序》搞好清场和清洗卫生。

(2) 为了保证清场工作质量，清场时应遵循先上后下，先外后里，一道工序完成后方可进行下道工序作业。

(3) 清场后，填写清场记录，上报QA，检查合格后挂“清场合格证”。

4. 记录

操作完工后填写原始记录、批记录。

活动5　识读筛分操作质量控制关键点

① 物料严禁混有金属物。

② 物料含水分不应超过5%。

③ 筛板与内腔的间隙。

④ 异物、粒度。

⑤ 外观　色泽、粒度均匀。

⑥ 粉料粒度应符合下列要求（表2-4）。

表2-4　粉料粒度要求

等级	分　等　标　准
最粗粉	能全部通过一号筛，但混有能通过三号筛不超过20%的粉末
粗粉	能全部通过二号筛，但混有能通过四号筛不超过40%的粉末
中粉	能全部通过四号筛，但混有能通过五号筛不超过60%的粉末
细粉	能全部通过五号筛，并含有能通过六号筛不少于95%的粉末
最细粉	能全部通过六号筛，并含有能通过七号筛不少于95%的粉末
极细粉	能全部通过八号筛，并含有能通过九号筛不少于95%的粉末

任务二　训练物料筛分操作

活动1　操作S365旋振筛

1. 开机前准备工作

(1) 检查筛分间的温湿度、压力是否符合要求。

(2) 使用前检查整机各紧固螺栓是否有松动，然后开动机器，检查机器的空载启动性是否良好。

(3) 根据不同需要及物料的不同情况，选择适当筛网并检查筛网是否破损，若有破损应及时更换。

(4) 锁紧筛网，依次装好橡皮垫圈、钢套圈、筛网、筛盖，上筛网时防止筛盖挤压手指；将盖用压杆压紧，禁止用钝器敲打压盖。

2. 开机操作

(1) 当本机调试后，应进行空载运转试验，空运转时间不少于2min并符合如下要求：无异常声响，机器运转平稳，无异常振动。

(2) 筛分操作：待运转正常后，方可开始加料，加料必须均匀，过筛时加料速度要适当，加得太快物料会随着颗粒溢出，加得太慢影响产量。

【S365旋振筛安全操作注意事项】

(1) 生产中发现异常声响或其他不良现象，应立即停机检查。

(2) 设备的密封胶垫如有损坏、漏粉时，应及时更换。

3．停机

（1）停机时必须先停止加料，待不再出料后再停机。

（2）过完筛后按设备上下顺序清理残留在筛中的粗颗粒和细粉。

4．清洁与清场

（1）设备的清洗，按各设备清洗程序操作，清洗前必须首先切断电源。

（2）每班使用完毕后，必须彻底清理干净料斗机腔和捕集袋内的物料并清洗干净机腔、筛网和活动固定齿。

（3）不能直接用水冲洗的设备，先扫除设备表面的积尘，凡是直接接触药物的部位可用纯水浸湿抹布擦抹直至干净，能拆下的零部件应拆下。凡能用水冲洗的设备，可用高压水枪冲洗，先用饮用水冲洗至无污水，然后再用纯化水冲洗两次，其他部位用一次性抹布擦抹干净，最后用75%乙醇擦拭晾干。

（4）凡能在清洗间清洗的零部件和能移动的小型设备尽可能在清洁间清洗烘干。

（5）工具、容器的清洗一律在清洁间清洗，先用饮用水清洗干净，再用纯化水清洗两次，移至烘箱烘干。

（6）门、窗、墙壁、灯具、风管等先用干抹布擦抹掉其表面灰尘，再用饮用水浸湿抹布擦抹直到干净，擦抹灯具时应先关闭电源。

（7）凡是设有地漏的工作室，地面用饮用水冲洗干净，无地漏的工作室用拖把抹擦干净（洁净区用洁净区的专用拖把）。

（8）清洁天花板、墙壁、地面。

5．保养

（1）保证机器各部件完好可靠。

（2）设备外表及内部应洁净无污物聚集。

（3）各润滑油杯和油嘴每班加润滑油和润滑脂。

（4）操作前检查筛网是否完好，是否变形，维修正常后方可生产。

6．记录

实训过程中应及时、真实、完整、正确地填写各类生产记录（表2-5，表2-6）。

表2-5　筛分工序生产记录表

品名：	规格：	批号：	日期：	班次：
生产前准备	① 操作间清场合格有“清场合格证”并在有效期内 ② 所有设备有设备完好证 ③ 所有容器具已清洁 ④ 物料有物料卡 ⑤ 挂“正在生产”状态牌 ⑥ 室内温湿度要求　温度：18～26℃ 相对湿度：45%～65%			□ □ □ □ □ 温度： 相对湿度： 签名：________
生产操作	① 筛分按《S365旋振筛操作规程》操作。 ② 将物料粉碎（控制加料速度），过筛后的细粉装入衬有洁净塑料袋的周转桶内，扎好袋口，填好“物料卡”备用		筛分时间：　：　至　　： 筛分前重量：　　kg 筛分后细粉重量：　　kg 筛分后粗粉重量：　　kg 操作人：	

续表

<table>
<tr><td>品名：</td><td colspan="2">规格：</td><td colspan="2">批号：</td><td colspan="2">日期：</td><td>班次：</td></tr>
<tr><td rowspan="3">物料平衡</td><td colspan="6">公式：$\frac{细粉量+粗粉量}{领料量}\times 100\%=$
限度：98%～100%</td><td>操作人：
复核人：</td></tr>
<tr><td>名称</td><td>领用量</td><td>细粉量</td><td>粗粉量</td><td>收率</td><td>物料平衡</td><td rowspan="2"></td></tr>
<tr><td></td><td></td><td></td><td></td><td></td><td></td></tr>
<tr><td colspan="8">偏差情况及处理：
QA签名：</td></tr>
</table>

表2-6　筛分工序清场记录

<table>
<tr><td>清场前</td><td>批号：</td><td colspan="2">生产结束日期：　年　月　日　班</td></tr>
<tr><td>检查项目</td><td>清场要求</td><td>清场情况</td><td>QA检查</td></tr>
<tr><td>物　料</td><td>结料，剩余物料退料</td><td>按规定做 □</td><td>合格 □</td></tr>
<tr><td>中间产品</td><td>清点、送规定地点放置，挂状态标记</td><td>按规定做 □</td><td>合格 □</td></tr>
<tr><td>工具器具</td><td>冲洗、湿抹干净，放规定地点</td><td>按规定做 □</td><td>合格 □</td></tr>
<tr><td>清洁工具</td><td>清洗干净，放规定处干燥</td><td>按规定做 □</td><td>合格 □</td></tr>
<tr><td>容器管道</td><td>冲洗、湿抹干净，放规定地点</td><td>按规定做 □</td><td>合格 □</td></tr>
<tr><td>生产设备</td><td>湿抹或冲洗，标志符合状态要求</td><td>按规定做 □</td><td>合格 □</td></tr>
<tr><td>工作场地</td><td>湿抹或湿拖干净，标志符合状态要求</td><td>按规定做 □</td><td>合格 □</td></tr>
<tr><td>废弃物</td><td>清离现场，放规定地点</td><td>按规定做 □</td><td>合格 □</td></tr>
<tr><td>工艺文件</td><td>与续批产品无关的清离现场</td><td>按规定做 □</td><td>合格 □</td></tr>
<tr><td colspan="4">注：符合规定在“□”中打“√”，不符合规定则清场至符合规定后填写</td></tr>
<tr><td>清场时间</td><td colspan="3">年　月　日　班</td></tr>
<tr><td>清场人员</td><td colspan="3"></td></tr>
<tr><td>QA签名</td><td colspan="3">年　月　日　班</td></tr>
<tr><td colspan="4">检查合格发放清场合格证，清场合格证粘贴处</td></tr>
<tr><td>备　注</td><td colspan="3"></td></tr>
</table>

活动2　审核生产记录

物料筛分操作实训过程中的记录包括筛分工序生产记录、清场记录。可以从以下几个方面进行记录的审核。

① 看记录填写的及时性、字迹清晰程度、内容真实性、数据完整性。

② 看记录上有无操作人与复核人的签名。

③ 看记录的整洁程度、有无撕毁和任意涂改，若有更改，看更改处有无签名、原数据是否可辨认。

活动3　讨论与分析

① 请说明旋振筛的工作基本原理，列举并指出各结构组成所在的位置。

② 请问旋振筛的筛网如何更换？

活动4　考核筛分操作

<table>
<tr><th>考核内容</th><th colspan="2">技　能　要　求</th><th>分值/分</th></tr>
<tr><td rowspan="2">生产前准备</td><td>生产工具准备</td><td>① 检查核实清场情况，检查清场合格证
② 对设备状况进行检查，确保设备处于合格状态
③ 对计量容器、衡器进行检查核准
④ 对生产用的工具的清洁状态进行检查</td><td rowspan="2">20</td></tr>
<tr><td>物料准备</td><td>① 按生产指令领取生产原辅料
② 按生产工艺规程制订标准核实所用原辅料（检验报告单，规格，批号）</td></tr>
<tr><td>过筛操作</td><td colspan="2">① 按操作规程进行过筛操作
② 按正确步骤将过筛后物料进行收集
③ 过筛完毕按正确步骤关闭机器</td><td>40</td></tr>
<tr><td>记　录</td><td colspan="2">生产记录填写准确完整</td><td>10</td></tr>
<tr><td>生产结束清场</td><td colspan="2">① 生产场地清洁
② 工具和容器清洁
③ 生产设备的清洁
④ 清场记录填写准确完整</td><td>10</td></tr>
<tr><td>实操问答</td><td colspan="2">正确回答考核人员提问</td><td>20</td></tr>
</table>

项目三　物料混合操作

【教学目标】

1. 掌握固体物料混合岗位操作程序
2. 掌握固体物料混合生产工艺管理要点及质量控制要点
3. 掌握V型干混机、二维运动混合机、三维运动混合机的标准操作规程
4. 掌握V型干混机、二维运动混合机、三维运动混合机的清洁、保养

混合是两种或两种以上的物料，经掺和、捏合或搅和等作用而成均匀状态的操作。

任务一　熟悉物料混合操作的相关背景资料

活动1　了解物料混合操作的适用岗位

本工艺操作适用于物料混合工、物料混合质量检查工、工艺员。

1. 物料混合工

(1) 工种定义　物料混合工是使用规定的混合物设备将固体物料搅拌制备出符合分散要求的粉状物料的操作人员。

(2) 适用范围　混合机操作、质量自检。

2. 物料混合质量检查工

(1) 工种定义　物料混合质量检查工是指从事物料混合生产全过程的各工序质量控制点的现场监督和对规定的质量指标进行检查、判定的人员。

(2) 适用范围　混合全过程的质量监督（工艺管理、QA）。

活动2　认识物料混合常用设备

常用的混合物机分为干混设备和湿混设备。

干混机包括：旋转式混合机、二维运动混合机、三维运动混合机。

旋转式混合机主要有：V形干混机、双锥旋转干混机、立方旋转干混机等。

湿混机包括：槽型混合机、双螺旋锥形混合机和快速混合制粒机等。

现分别介绍各种常用混合设备的特点。

(1) V形干混机　由机座、电机、减速器、V字形混合筒组成。其工作原理是电机通过三角皮带带动减速器转动，继而带动V字形混合筒旋转。装在筒内的干物料随着混合筒转动，V字形结构使物料反复分离、合一，用较短时间即可混合均匀。

(2) 二维运动混合机　主要由转筒、摆动架、机架组成。其工件原理是转筒装在摆动架上，二维运动混合机的转筒进行自转和随摆动架而摆动两个运动。被混合的物料随转筒转动、滚动，又随筒的摆动发生左右的掺混运动，物料在短时间内得到充分混合。

(3) 三维运动混合机　主要由机座、传动系统、多向运动机构、混合筒、电器控制系统构成。其主要工作原理是三维运动混合机装料的筒体在主动轴的带动下，作周而复始的平移、转动和翻滚等复合运动，促使物料沿着筒体作环向、径向和轴向的三向复合运动，从而实现多种物料的相互流动、扩散、积聚、掺杂，以达到均匀混合的目的。

(4) 槽型混合机　主要由机座、电机、减速器、混合槽、搅拌桨、控制面板组成。其工作原理是利用水平槽内的"S"形螺带所产生的纵向和横向运动，使物料混合均匀。其两相邻两个螺带，一个为左，一个为右，可使槽内被混合物料强烈混合。槽可绕水平轴转动，以便卸料。

(5) 双螺旋锥形混合机　主要由机架、电机、减速器、传动系统、筒体、螺旋杆及出料阀组成。其工作原理是此机在立式锥形容器内安装有螺旋提升机，可将锥形底部物料从容器底提升到上部，螺旋提升机既有自转又绕锥形容器中心轴摆动旋转，故可使螺旋混合作用达到全部物料。

混合设备多属间歇操作。

活动3　识读混合岗位职责

(1) 严格执行《混合岗位操作程序》、《混合设备标准操作规程》。

(2) 进岗前按规定着装，做好操作前的一切准备工作。

(3) 根据生产指令按规定程序领取原辅料，核对所混合物料的品名、规格、产品批号、数量、生产企业名称、物理外观、检验合格等，准确无误，混合产品应均匀，符合要求。

(4) 自觉遵守工艺纪律，保证混合岗位不发生差错和污染。发现问题及时上报。

(5) 严格按工艺规程及混合标准操作程序进行原辅料处理。

(6) 生产完毕，按规定进行物料移交，并认真填写工序记录及生产记录。

(7) 工作期间，严禁串岗、离岗，不得做与本岗位无关之事。

(8) 工作结束或更换品种时，严格按本岗位清场SOP进行清场，经质监员检查合格后，挂标识牌。

(9) 注意设备保养，经常检查设备运转情况，操作时发现故障及时排除并上报。

活动4　识读混合岗位操作程序

1. 生产前准备

(1) 检查操作间、工具、容器、设备等是否有清场合格标志，并核对是否在有效期内。否则按清场标准程序进行清场并经QA人员检查合格后，填写清场合格证，进入本操作。

(2) 根据要求选择适宜混合设备，设备要有"合格"标牌，"已清洁"标牌，并对设备状况进行检查，确证设备正常，方可使用。

(3) 根据生产指令填写领料单，并向中间站领取物料，并核对品名、批号、规格、数量，质量无误后，进行下一步操作。

(4) 按《混合设备消毒规程》对设备及所需容器、工具进行消毒。

(5) 挂本次运行状态标志，进入操作。

2. 混合操作

(1) 启动设备空转运行，听声音正常后停机，将需混合物料投入混合设备容器内，关闭密封盖后，启动混合机进行混合操作。

(2) 必须保证混合足够的时间。

(3) 已混合完毕的物料，盛装于洁净的容器中密封，移交至中间站，并称量贴签，填写请验单，由化验室检测，每件容器均应附有物料状态标记，注明品名、批号、数量、日期、操作人等。

(4) 运行过程中用听、看等办法判断设备性能是否正常，一般故障自己排除，自己不能排除的通知维修人员维修正常后方可使用。

3. 清场

(1) 将生产所剩物料收集，标明状态，交中间站，并填写好记录。

(2) 按《混合设备清洁操作规程》、《场地清洁操作规程》对设备、场地、用具、容器进行清洁消毒，经 QA 人员检查合格，发清场合格证。

4. 记录

如实填写各生产操作记录。

活动 5　识读混合操作质量控制关键点

外观：混合均匀，物料色泽和光泽均匀。

任务二　训练物料混合操作

活动 1　操作三维运动混合机

1. 开机前的准备工作

(1) 检查筛分间的温湿度、压力是否符合要求。

(2) 空载起动电机，观察电机运转是否正常，如正常可停机进行下一步操作。

(3) 松开加料口卡箍，取下平盖进行加料，加料量不得超过额定装量。

(4) 加料完毕后，盖上平盖，上紧卡箍。

2. 开机操作

(1) 根据工艺要求，调整好设备转速和混合时间。

(2) 开机进行混合。

(3) 混合设定时间到达后设备自动停机。

(4) 切断电源后，在出料口下方放置料桶，打开出料阀，进行出料操作。

【三维运动混合机安全操作注意事项】

(1) 设备运转时，严禁进入混合桶运动区内。

(2) 在混合桶运动区范围外应设隔离标志线，以免人员误入运动区。

(3) 设备运转时，若出现异常振动和声音时，应停机检查，并通知维修工。

(4) 设备的密封胶垫是否损坏、漏粉时应及时更换。

(5) 操作人员在操作期间不得离岗。

3. 清洁与清场

(1) 将生产所剩物料收集，标明状态，交中间站，并填写好记录。

(2) 依次用饮用水、纯化水冲洗混合桶内部，设备外部用湿布擦净。

(3) 清洁天花板、墙壁、地面。

4. 记录

实训过程中应及时、真实、完整、正确地填写各类生产记录（表 2-7，表 2-8）。

表 2-7　混合工序生产记录

<table>
<tr><td colspan="2">品名</td><td colspan="2">规格</td><td colspan="2">批号</td><td colspan="2">日期</td><td>班次</td></tr>
<tr><td colspan="2"></td><td colspan="2"></td><td colspan="2"></td><td colspan="2"></td><td></td></tr>
<tr><td>生产前准备</td><td colspan="7">① 操作间有“清场合格证”并在有效期内
② 所有设备有设备完好证
③ 所有容器具已清洁
④ 物料有物料卡
⑤ 挂“正在生产”状态牌
⑥ 室内温湿度要求　温度：18～26℃
相对湿度：45%～65%</td><td>□
□
□
□
□
温度：
相对湿度：
检查人：</td></tr>
<tr><td rowspan="10">混合</td><td colspan="3">混合机编号：</td><td colspan="5">混合时间：　：　到　：</td></tr>
<tr><td rowspan="3">物料</td><td colspan="2">名称</td><td colspan="2">用量/kg</td><td colspan="2">名称</td><td>用量/kg</td></tr>
<tr><td colspan="2"></td><td colspan="2"></td><td colspan="2"></td><td></td></tr>
<tr><td colspan="2"></td><td colspan="2"></td><td colspan="2"></td><td></td></tr>
<tr><td colspan="8">混合物</td></tr>
<tr><td>桶号</td><td></td><td></td><td></td><td></td><td></td><td></td><td></td></tr>
<tr><td>净重/kg</td><td></td><td></td><td></td><td></td><td></td><td></td><td></td></tr>
<tr><td>桶号</td><td></td><td></td><td></td><td></td><td></td><td></td><td></td></tr>
<tr><td>净重/kg</td><td></td><td></td><td></td><td></td><td></td><td></td><td></td></tr>
<tr><td>总桶数</td><td colspan="2"></td><td>操作人</td><td></td><td>复核人</td><td colspan="2"></td></tr>
<tr><td>备注</td><td colspan="8"></td></tr>
</table>

工艺员：

表 2-8　混合工序清场记录

清场前	批号：	生产结束日期：　年　月　日　班	
检查项目	清场要求	清场情况	QA 检查
物　料	结料，剩余物料退料	按规定做 □	合格 □
中间产品	清点、送规定地点放置，挂状态标记	按规定做 □	合格 □
工具器具	冲洗、湿抹干净，放规定地点	按规定做 □	合格 □
清洁工具	清洗干净，放规定处干燥	按规定做 □	合格 □
容器管道	冲洗、湿抹干净，放规定地点	按规定做 □	合格 □
生产设备	湿抹或冲洗，标志符合状态要求	按规定做 □	合格 □
工作场地	湿抹或湿拖干净，标志符合状态要求	按规定做 □	合格 □
废弃物	清离现场，放规定地点	按规定做 □	合格 □
工艺文件	与续批产品无关的清离现场	按规定做 □	合格 □
注：符合规定在“□”中打“√”，不符合规定则清场至符合规定后填写			

续表

清场前	批号：	生产结束日期：　年　月　日　班
清场时间	年　月　日　班	
清场人员		
QA签名	年　月　日　班	
检查合格发放清场合格证，清场合格证粘贴处		
备　注		

活动2　判断混合产品的质量

外观：混合均匀，物料色泽和光泽均匀。

活动3　审核生产记录

物料混合操作实训过程中的记录包括混合工序生产记录、清场记录。可以从以下几个方面进行记录的审核。

① 看记录填写的及时性、字迹清晰程度、内容真实性、数据完整性。

② 看记录上有无操作人与复核人的签名。

③ 看记录的整洁程度、有无撕毁和任意涂改，若有更改，看更改处有无签名、原数据是否可辨认。

活动4　讨论与分析

① 请列举常用的混合设备有哪些？

② 请说明V形干混机、二维运动混合机、三维运动混合机的工作原理。

③ 为什么要在混合桶运动区范围外设隔离标志线？

活动5　考核混合操作

考核内容	技能要求		分值/分
生产前准备	生产工具准备	① 检查核实清场情况，检查清场合格证 ② 对设备状况进行检查，确保设备处于合格状态 ③ 对计量容器、衡器进行检查核准 ④ 对生产用的工具的清洁状态进行检查	20
	物料准备	① 按生产指令领取生产原辅料 ② 按生产工艺规程制订标准核实所用原辅料（检验报告单，规格，批号）	
混合操作	① 按操作规程进行混合操作 ② 按正确步骤将混合后物料进行收集 ③ 混合完毕按正确步骤关闭机器		40
记　录	生产记录填写准确完整		10
生产结束清场	① 生产场地清洁 ② 工具和容器清洁 ③ 生产设备的清洁 ④ 清场记录填写准确完整		10
实操问答	正确回答考核人员提问		20

第三章　制药工艺用水的制备操作

制药工艺用水主要是指制剂配制、使用时的溶剂、稀释剂及药品容器、制药器具的洗涤清洁用水。制药工艺用水因其水质和使用范围不同分为饮用水、纯化水、注射用水、灭菌注射用水。

饮用水可作为药材净制时的漂洗、制药用具的粗洗用水，也可作为药材的提取溶剂。

纯化水是指用蒸馏法、离子交换法、反渗透法或其他适宜的方法制得的供药用的水，不含任何附加剂。其制备工艺流程见图 3-1。

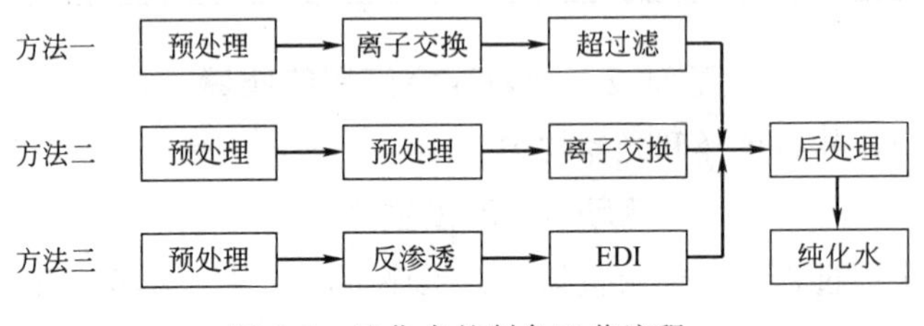

图 3-1　纯化水的制备工艺流程

注射用水是指纯化水经蒸馏所得的水，一般应在制备后 12h 内使用。其制备工艺流程见图 3-2。

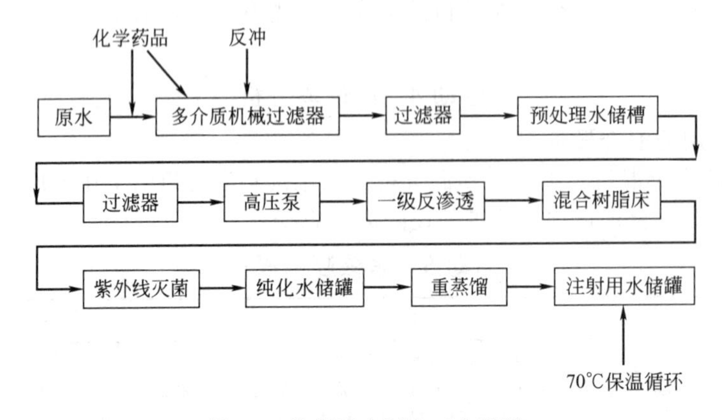

图 3-2　注射用水制备工艺流程

灭菌注射用水是指为注射用水照注射剂生产工艺制备所得。主要用于注射用灭菌粉末的溶剂或注射液的稀释剂。

注射用水和纯化水的区别如下。(1) 在质量要求上：注射用水的质量要求更严格，除一般纯化水的检查项目如氯化物、硫酸盐、钙盐、硝酸盐与亚硝酸盐、二氧化碳、易氧化物、不挥发物及重金属等均应符合规定外，还必须检查 pH 值、铵盐、细菌、内毒素，而且微生物限度比纯化水严格。(2) 在应用上：纯化水可作为配制普通药物制剂用的溶剂或试验用水，不得用于注射剂的配制，注射用水可作为配制注射剂用的溶剂。

项目一　纯化水的制备操作

【教学目标】

1. 掌握纯化水制备的岗位操作程序

2. 掌握纯化水制备工艺管理要点及质量控制点
3. 能操作 0.5t/h 一级反渗透纯水装置，并进行清洁保养工作
4. 能对 0.5t/h 一级反渗透纯水装置在生产过程中出现的一般故障进行排除
5. 能对已制备的纯化水进行质量判断

任务一　熟悉纯化水制备操作的相关背景资料

活动 1　了解纯化水制备操作的适用岗位

本操作适用于注射用水、纯化水制备工。

1. 工种定义

注射用水、纯化水制备工是指使用反渗透装置、去离子水装置和蒸馏水装置，将饮用水制成符合质量要求的纯化水、注射用水的操作人员。

2. 适用范围

反渗透装置、去离子水装置和蒸馏水装置操作、质量自检。

活动 2　认识纯化水制备的常用设备

1. 电渗析器

电渗析器一般由膜堆、电极、夹紧装置三大部件组成。其主要特点是除盐率比较任意（据需要可在 30%～99%的范围内选择），能量消耗低，对环境无污染，装置设计灵活、使用寿命长、操作维修方便，但制得的水比电阻较低，水纯度不高，故一般多用于原水的预处理，常与离子交换树脂法联合使用。

2. 离子交换树脂装置

离子交换树脂柱有阳床、阴床、混合床三种，离子交换树脂装置一般由阳床→（脱气塔）→阴床→混合床所构成。此法的主要优点是所得水的化学纯度高，设备简单，节约能量、成本低，但在去除热原方面，不如重蒸馏法可靠，故一般供洗涤用或用作制备注射用水的水源。

3. 反渗透装置（图 3-3）

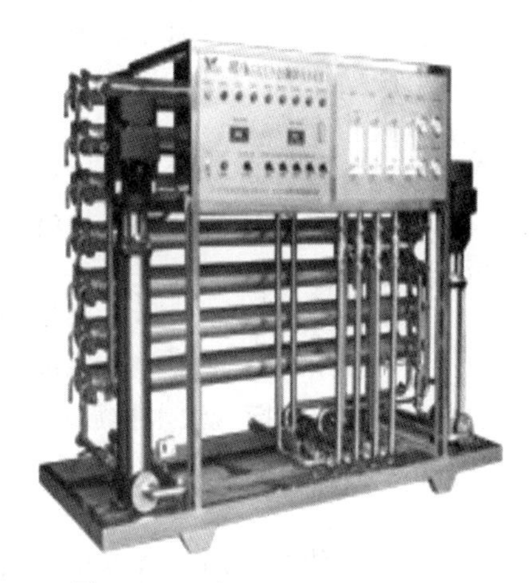

图 3-3　反渗透（RO）纯水设备

反渗透装置主要有框板式、管式（管束式）、螺旋卷式及中空纤维式四种类型。此法的主要特点除了可以从水中除去有毒有机和无机污染外，还能保证完全消毒，完全能达到注射用水的质量要求，而且又比较经济，故美国药典 XIX 版（1975 版）开始收载此法为制备注射用水的法定方法之一。制备注射用水一般采用二级反渗透装置才能彻底地除尽原水中杂质，使引出的纯化水符合注射用水的质量标准。反渗透技术是依靠大于渗透压的压力作用，通过膜的毛细管作用完成过滤过程；反渗透技术处理工艺包括前处理工艺，膜组件连接工艺和后处理工艺三部分。①前处理工艺又称预处理工艺，其目的是改善被处理水的质量，防止水中污染物对膜造成污染，延长膜的使用寿命，降低设备运行成本。②组件连接方式常分为一级和二级连接，所谓一级连接是指经过一次加压进行膜分离，二级连接是指进料须经二次加压进行膜分离。③后处理工艺：膜透过水又称淡水，由于膜不可能 100%的截留所有的无机物和有机物，因此透过水必然有一些离子和气体，如 Na^{+}、HCO_3^{-}、CO_2 等，如用于高纯度水还应进一步采用离子交换、脱气塔、紫外线、臭氧减菌等工艺作为透过水的后处理。

活动 3 识读纯化水制备岗位职责

（1）严格执行《纯化水制备岗位操作程序》、《0.5t/h 一级反渗透纯水装置的标准操作规程》、《0.5t/h 一级反渗透纯水装置的清洁保养标准规程》。

（2）负责制备纯化水所用设备的安全使用及日常保养，防止发生安全事故。

（3）自觉遵守工艺纪律，保证纯化水生产达到规定要求，发现隐患及时上报。

（4）真实、及时填写各种记录，做到字迹清晰、内容真实、数据完整，不得任意涂改和撕毁。

（5）工作结束，及时按清场标准操作规程做好清场清洁工作，并认真填写相应记录。

（6）做到岗位生产状态标识、设备状态标识、清洁状态标识清晰明了。

活动 4 识读纯化水制备岗位操作程序

识读 DIY

查找相关资料，整理出制药用水的分类以及 GMP 对制药用水制备装置的要求。

1. 生产前准备

① 检查是否有清场合格标志，且在有效期内，若清场不合格，需重新进行清场，并经 QA 人员检查合格，填写合格证后，才能进入下一步操作。

② 检查设备、管路是否处于完好状态，设备是否有“合格”标牌、“已清洁”标牌，且在有效期内。

③ 做好检查氯化物、铵盐、酸碱度的化验准备。

④ 按《制水设备消毒规程》对设备、所需容器、工具进行消毒。

⑤ 挂本次运行状态标志，进入操作。

2. 生产操作

（1）预处理

① 按操作规程按时清洗机械过滤器、活性炭过滤器。

② 检查精密过滤器、保安过滤器。

（2）反渗透装置运行

① 预处理系统各阀门处于运行状态。

② 全自动开机：机械过滤器进水阀开 45°，开淡水阀、浓水阀、电源开关；调压力阀和浓水阀，使流量达标（浓水排放应是产水量的 35%～50%）；运行方式选自动。

③ 手动开机：机械过滤器进水阀开 45°，开淡水阀、浓水阀、开电源，运行方式选手动。

④ 关机：依次关闭运行方式、增压泵、一级泵、混柱泵、电源开关。

3. 清场

按《0.5t/h 一级反渗透纯水装置清洁操作规程》、《制水车间清洁操作规程》对设备、房间、操作台面进行清洁消毒，经 QA 人员检验和合格，发清场合格证。

4. 记录

如实填写生产操作记录。

活动 5 识读纯化水制备操作的质量控制关键点

（1）按时清洁过滤系统，保证系统正常运转。

（2）饮用水：应符合国家标准

过滤后：$SDI_{15}<4$；

浊度＜0.2；

铁（mg/L）＜0.1；

氯（mg/L）<0.1。

（3）反渗透淡水：电导率<2.0μg/cm²；

脱盐率>85%。

（4）混合树脂水：电导率<20μg/cm²。

（5）纯化水的贮存时间不得超过 24h。

（6）比电阻应每 2h 检查 1 次，其他项目应每周检查 1 次。

（7）定期对系统进行在线消毒。

任务二　训练纯化水制备操作

活动 1　操作 0.5t/h 一级反渗透纯水装置

1. 生产前准备

（1）检查是否有清场合格标志，且在有效期内，若清场不合格，需重新进行清场，并经 QA 人员检查合格，填写合格证后，才能进入下一步操作。

（2）检查设备、管路是否处于完好状态，设备是否有“合格”标牌、“已清洁”标牌，且在有效期内。

（3）做好检查氯化物、铵盐、酸碱度的化验准备。

（4）按《制水设备消毒规程》对设备、所需容器、工具进行消毒。

（5）挂本次运行状态标志，进入操作。

2. 预处理

（1）机械过滤器（每七天进行一次）。

① 反洗：开启反冲阀、反排污阀、总进水阀，其余阀门关闭。进原水，反洗5～15min。

② 正洗：开启总进水阀、机械过滤器进水阀、顺排污阀，其余阀门关闭。进原水，正洗 5～10min。

（2）活性炭过滤器（每七天进行一次）。

重复上述①、②操作。

（3）精密过滤器，压力降大于 0.1MPa 时更换。

（4）保安过滤器，压力降大于 0.1MPa 时更换。

3. 反渗透装置运行

（1）开启总进水阀、机械过滤器进水阀、活性炭过滤器进水阀，其余阀门关闭。

（2）自动操作

① 机械过滤器进水阀调至 45°，开淡水阀、浓水阀、电源开关；运行方式打到“自动”，一级泵、混柱泵、增压泵打至“自动”。

② 调浓水阀，使流量达标（浓水排放应是产水量的 35%～50%）。

（3）手动操作　机械过滤器进水阀调至 45°，开淡水阀、浓水阀、电源开关；运行方式打到“手动”，一级泵、混柱泵、增压泵打至“手动”。

4. 关机

依次关闭：运行方式、增压泵、一级泵、混柱泵、电源开关。

5. 清洁

（1）当下列情况出现时，需要清洗膜元件

① 标准化产水量降低 10%以上；

② 标准化透盐率增加 5%以上；

③ 进水和浓水之间的标准化压差上升了 15%。

（2）清洁标准操作规程

① 用清水泵将干净、无游离氯的反渗透产品水从清洗桶（或相应水源）打入压力容器中，并排放几分钟；

② 用干净的产品水在清洗箱中配制清洗液；

③ 开清洗进水阀、浓水阀，关压力调节阀、清洗回流阀，开清洗泵；

④ 检查出水，待出水颜色由混浊变澄清后，开清洗回流阀，关浓水阀；

⑤ 将清洗液在压力容器中循环 1h 或预先设定的时间，对于 8 英寸或 8.5 英寸压力容器时，流速为 35～40gal/min（133～151L/min），对于 6 英寸压力容器时，流速为 15～20gal/min（57～76L/min），对于 4 英寸压力容器时，流速为 9～10gal/min（34～38L/min）；

⑥ 清洗时间到后，完全开启淡水阀（若淡水阀关闭的话），再关闭清洗泵；

⑦ 清洗完成以后，排空清洗箱并冲洗干净，然后注满干净的产品水以备下一步冲洗；

⑧ 用泵将干净、无游离氯的产品水从清洗桶（或相应水源）打入压力容器中，并排放不少于 20min；

⑨ 在冲洗反渗透系统后，在产品水排放阀打开状态下进行反渗透运行，直到产品水清洁、无泡沫或无清洗剂（通常需 15～30min）；

⑩ 若停机清洗，则需用 pH＝11 的碱液清洗 2h，然后杀菌并进行短时酸洗。如果水处理厂操作时原水没有结垢和金属氧化物成分，可以不用酸洗。最后在保护液中进行保存。

注：①在清洗液中应避免阳离子表面活性剂，如使用可能造成膜元件不可逆转的污染；②反渗透膜保护液及抗菌液的泵入参考“清洗标准操作”。

【安全操作注意事项】

（1）当使用任何化学药品时，必须遵循获得认可的安全规程操作。

（2）准备洗涤液时，应确保在循环进入元件前，所有的化学药品得到很好的溶解和混合。

（3）清洗后，建议采用高品质的不含游离氯的水对系统元件进行冲洗（最低温度 20℃），推荐用反渗透产品水。在恢复到正常压力和流量前，必须注意要在低流量和压力下冲洗大量的清洗液。

（4）清洗后，产水必须排放 10min 以上或直至清洗机开机启动运行后产水清澈为止。

6. 保养

一般反渗透（RO）系统为连续操作模式。而实际 RO 系统将会以一定的频度启动，当 RO 系统停机时，必须注意以下事项。

（1）必须用反渗透产品水或高质量的进水冲洗整个系统，以便从膜组件内置换掉高含盐量的浓水，直至浓水的电导率和进水电导一致。冲洗要在低压下进行（大约 3bar[1] 或 40psi[2]）。就冲洗效果而言，高流量更有效。但单元件压降不应超过 1.0bar（15psi），含多元件的单支外壳压降不得超过 3.5bar。

（2）用于冲洗的水源不应含有用于预处理部分的化学试剂，故在冲洗系统前，应停止任何化学药品计量加药泵。

（3）冲洗完成后，应完全关闭进水阀，如果进入排放口的浓水管路低于压力容器的高度，应在高于最高压力容器的浓水管路上设置空气破坏口，否则压力容器将会因虹吸作用而被排空。

---

[1] $1bar=10^5Pa$。

[2] $1psi=6894.76Pa$。

(4) 当系统停机 48h 以上时，应注意：

① 元件不能失水干涸，元件再次干涸将出现通量不可逆损失；

② 适当保护系统以防止微生物的产生，或每隔 24h 冲洗一次；

③ 当条件允许时，应防止系统置于极端温度条件下（温度不得高于 45℃，但必须处于不结冰状态）。

(5) RO 停机 24h，无需增加防止微生物污染的措施；如果停机超过 48h 以上，且无法用原水每隔 24h 清洗一次，必须用化学药品保护液（1%～1.5%亚硫酸氢钠溶液）保存。

(6) 使用过的 RO 系统，应在保存前进行一次化学清洗。

7. 记录

实训过程中需要及时、真实、完整、正确地填写各类生产记录（表 3-1～表 3-3）。

表 3-1 纯化水制备操作记录表

操作步骤	记录	操作人	复核人
1. 检查房间上次生产清场记录	已检查，符合要求 □		
2. 检查房间中有无上次生产的遗留物；有无与本批产品无关的物品、文件	已检查，符合要求 □		
3. 检查设备、管道处于完好状态	已检查，符合要求 □		
4. 对多介质过滤器、活性炭过滤器每七天进行一次清洗	未到时间间隔，不用清洗 □ 到时间间隔，已清洗 □		
5. 检查精密过滤器、保安过滤器的压力，压力下降大于 0.1MPa 需更换	已检查，符合要求 □ 已更换精密过滤器 □ 已更换保安过滤器 □		
6. 检查预处理系统各阀门处于运行状态	已检查，符合要求□		
7. 按操作规程开机	已按操作规程操作□		
8. 操作结束，按操作顺序关机	按顺序关机 □		
9. 填贮罐标签，注明生产日期、操作人、罐号	已进行 □		
10. 生产结束后进行清场工作，并填写清场记录	已清场，填好了清场记录□		
11. 关闭水、电、气	水、电、气已关闭 □		
备注：			

表 3-2 反渗透运行记录表

设备号： #							
日期：		时间					
入口水	温度/℃						
	压力/MPa						
	流量/(t/h)						
	电导率/(μS/cm)						
浓缩水	压力/MPa						
	流量/(t/h)						

续表

设备号： #							
日期：		时　间					
渗透水	压力/MPa						
	流量/(t/h)						
	电导率/(μS/cm)						
回收率/%							
脱盐率/%							
操作人：		检查人：					
备注：							

表 3-3　制药工艺用水的清场记录表

清场日期	清场项目	检查情况		清场人	复核人	检查意见
		已清	未清			
	生产设备外壁是否擦拭干净					
	地面、门窗、内墙是否擦拭干净					
	工具、器具、容具是否清洗干净					
	废物贮器是否清除并清洗干净					
备注：						

8. 常见故障及排除方法

RO 系统常见故障及排除方法见表 3-4。

表 3-4　RO 系统常见故障及排除方法

故障现象	发生原因	排除方法
开关打开后，但设备不启动	① 电器线路故障，如保险坏了、电线脱落 ② 热保护元件保护后未复位 ③ 原水缺水或纯化水罐满	① 检查保险、检查各处接线 ② 热保护元件复位 ③ 检查水路，确保供水压力；检查水位；检查液位开关或更换
设备启动后，一级泵未打开	① 原水缺水和中间水箱水满 ② 低压开关损坏或调节不当 ③ 热保护元件保护未复位 ④ 电器线路故障；电线脱落或接触器损坏 ⑤ 液位开关损坏	① 检查水位 ② 更换低压开关或调整位置 ③ 热保护元件复位 ④ 检查线路、接触器 ⑤ 更换液位开关
产量下降	① 膜污染、结垢 ② 水温变化	① 按技术要求进行化学清洗 ② 按实际水温重新计算产量
泵运转，但达不到额定压力和流量	① 泵反转 ② 保安过滤器滤芯脏 ③ 泵内有空气 ④ 冲洗电磁阀打开 ⑤ 阀门调整不当，浓水阀打开太大	① 重新接线 ② 清洗或更换滤芯 ③ 排除泵内空气 ④ 待冲洗完毕后调整压力 ⑤ 重新调整阀门
系统压力升高时，泵噪声大	① 原水流量不够 ② 原水水流不稳，有涡流	① 检查原水泵和管路 ② 检查原水泵和管路，检查管路是否有泄漏
冲洗后电磁阀未关闭	① 电磁阀控制元件和线路故障 ② 电磁阀机械故障	① 检查或更换元件和线路 ② 拆卸电磁阀，修复或更换

续表

故障现象	发生原因	排除方法
欠压停机	① 原水供应不足 ② 保安过滤器滤芯堵塞 ③ 压力调节不当，自动冲洗时造成欠压	① 检查原水泵和管路 ② 清洗、更换滤芯 ③ 调整系统压力到最佳状态，使滤后压力维持在20psi以上
浓水压力达不到额定压力	① 管道泄漏 ② 冲洗电磁阀未全部关闭	① 检查、修复管路 ② 检查、更换冲洗电磁阀
压力足够，但压力显示不到位	① 压力软管内异物堵塞 ② 软管内有空气 ③ 压力表故障	① 检查、修复管路 ② 排除空气 ③ 更换压力表
水质电导变差	膜污染、堵塞	按技术要求进行化学清洗

活动 2　判断纯化水的质量

纯化水水质监测项目有：pH 值、重金属、易氧化物、不挥发物、硝酸盐和亚硝酸盐、电导率、总有机碳等。具体各标准见表 3-5。

表 3-5　2010 年版药典纯化水、注射用水标准

检验项目	纯化水	注射用水
pH	符合规定	5.0～7.0
易氧化物	符合规定	—
不挥发物	1mg/100ml	1mg/100ml
电导率	符合规定，不同温度有不同的规定值，例如<5.1μS/cm(25℃)	符合规定，不同温度有不同的规定值，例如<1.3μS/cm(25℃)
氨	<0.00003%	<0.00002%
总有机碳	<0.5mg/L	<0.5mg/L
重金属	<0.00001%	<0.00001%
硝酸盐	<0.000006%	<0.000006%
亚硝酸盐	<0.000002%	<0.000002%
微生物限度	100 个/ml	10 个/100ml
细菌内毒素	—	<0.25EU/ml

活动 3　审核生产记录

纯化水的制备操作实训过程中的记录包括批生产记录、批检验记录、清场记录。可以从以下几个方面进行记录的审核。

① 看记录填写的及时性、字迹清晰程度、内容真实性、数据完整性。

② 看记录上有无操作人与复核人的签名。

③ 看记录的整洁程度、有无撕毁和任意涂改，若有更改，看更改处有无签名、原数据是否可辨认。

活动 4　讨论与分析

① 活性炭过滤器的主要作用是什么？

② 如何判断反渗透膜需要清洗了？

③ 纯化水电导率应在什么范围内？

④ RO 系统清洗时间到后，完全开启淡水阀，再关闭清洗泵的目的是什么？

⑤ 当 RO 系统停机超过 48h 以上时，应注意哪些问题？

⑥ RO 系统一般多久更换一次保护液？什么情况需要提前更换保护液？

⑦ 什么时候需清洗 RO 系统？

⑧ 纯化水的贮存时间一般为多久？

活动 5 考核纯化水制备操作

考核内容	技 能 要 求	分值/分
生产前准备	① 检查核实清场情况，检查清场合格证 ② 按操作规程检查设备、管路、循环管路情况，调节仪表 ③ 对计量容器、衡器进行检查核准 ④ 做好氯化物、铵盐、酸碱度的化验准备 ⑤ 挂本次运行状态标志	20
生产操作	① 按顺序开启蒸汽管排水阀门、蒸馏水机进汽阀门、蒸馏水机排汽阀门、纯化水、冷却水、压缩气阀门 ② 正确控制通加热蒸汽预热的时间 ③ 接通电源、打开电锁，按下“启动”按钮 ④ 按下“质量”按钮，进行电导率的测定 ⑤ 按正确顺序关闭机器及阀门	40
质量控制	符合药典注射用水的质量要求	10
记　录	岗位操作记录填写准确完整	10
生产结束清场	① 作业场地清洁 ② 工具和容器清洁 ③ 生产设备的清洁 ④ 清场记录	10
实操问答	正确回答考核人员的提问	10

项目二 注射用水的制备操作

【教学目标】

1. 掌握注射用水制备的岗位操作程序
2. 掌握注射用水制备工艺管理要点及质量控制点
3. 能操作 LDZ 列管式多效蒸馏水机，并进行清洁保养工作
4. 能对 LDZ 列管式多效蒸馏水机在生产过程中出现的一般故障进行排除
5. 能对已制备的注射用水进行质量判断

任务一 熟悉注射用水制备操作的相关背景资料

活动 1 了解注射用水制备操作的适用岗位

见项目一 纯化水的制备操作中“活动 1 了解纯化水制备操作的适用岗位”。

活动 2 认识注射用水制备的常用设备

注射用水设备也称为蒸馏水机，常用的蒸馏水机有塔式蒸馏水机、气压式蒸馏水机和多效蒸馏水机等。

(1) 塔式蒸馏水机 其主要特点是产量大、所得水的质量较好，但要消耗大量的能量和冷却水，且体积大，拆洗和维修较困难，故国外已趋淘汰，而国内许多药厂或医院药房仍在应用。

(2) 气压式蒸馏水机 其主要特点是自动化程度较高；蒸发室内蒸汽压高，蒸汽与冷凝管内温差大，有利于清除热原，同时机内增设除雾器，可使蒸汽再次净化；气压式出水温度

约 30℃，需附设加热设备使水温达 80℃，防止热原污染；不需冷却水；但其缺点是有传动和易磨损部件，维修量大，而且调节系统复杂，启动较慢（约 45min），有噪声，占地大。

（3）多效蒸馏水机（图 3-4）　多效蒸馏水机是由多个蒸馏水器串联（有垂直和水平串联两种）而成，通过多效蒸发、冷凝的办法分段截留去除各种杂质，可制得高质量的蒸馏水，热量得到充分利用，大大节省蒸汽和冷凝水，是一种经济适用的方法。

图 3-4　D 系列多效蒸馏水机

活动 3　识读注射用水制备岗位职责

（1）严格执行《注射用水制备岗位操作程序》、《LDZ 列管式多效蒸馏水机标准操作规程》、《LDZ 列管式多效蒸馏水机清洁保养标准操作规程》。

（2）负责注射用水所用设备的安全使用及日常保养，防止发生安全事故。

（3）自觉遵守工艺纪律，保证注射用水生产达到规定要求，发现隐患及时上报。

（4）真实、及时填写各种生产记录，做到字迹清晰、内容真实、数据完整，不得任意涂改和撕毁。

（5）工作结束，及时按清场标准操作规程做好清场清洁工作，并认真填写相应记录。

（6）做到岗位生产状态标识、设备状态标识、清洁状态标识清晰明了。

活动 4　识读注射用水制备岗位操作程序

1. 生产前准备

（1）检查是否有清场合格标志，且在有效期内，若清场不合格，需重新进行清场，并经 QA 人员检查合格，填写合格证后，才能进入下一步操作。

（2）检查设备、管路是否处于完好状态，设备是否有“合格”标牌、“已清洁”标牌，且在有效期内。

（3）做好检查氯化物、铵盐、酸碱度的化验准备。

（4）按《制水设备消毒规程》对设备、所需容器、工具进行消毒。

（5）挂本次运行状态标志，进入操作。

2. 生产操作

按 LDZ 列管式多效蒸馏水机标准操作规程进行生产。

3. 生产结束

（1）按 LDZ 列管式多效蒸馏水机标准操作规程关闭设备。

（2）在储罐上贴标签，注明生产日期、操作人、罐号。

4. 清场

按《LDZ 列管式多效蒸馏水机的清洁保养标准规程》、《制水车间清洁操作规程》对设备、房间、操作台面进行清洁消毒，经 QA 人员检验和合格，发清场合格证。

5. 记录

如实填写生产操作记录。

活动 5　识读注射用水制备操作的质量控制关键点

（1）按时清洗系统各部件，保证系统正常运转。

（2）生产中 pH 值、氯化物、铵盐应每 2h 检查 1 次，其他项目应每周检查 1 次。

（3）注射用水必须80℃以上保温贮存或65℃以上循环贮存。

（4）注射用水的贮存时间不得超过12h。

（5）定期对系统进行在线消毒。

任务二 训练注射用水制备的操作

活动1 操作LDZ列管式多效蒸馏水机

1. 生产前准备工作

（1）检查设备、管路是否处于完好状态。

（2）检查循环系统情况：蒸汽压力在0.15～0.3MPa，冷却水压力0.3～0.5MPa，压缩空气压力0.3～0.5MPa。

（3）调节仪表状态：①“纯汽”按钮应在返回位置（无锁）；②“纯汽”按钮应在自锁位置；③“废弃”按钮应在返回位置（无锁）；④其他按钮应在返回位置（无锁）；⑤温度调节仪在70～98℃；⑥六挡油浸开关任意一挡处于锁定位置。

2. 生产操作

（1）开启蒸汽管排水阀门，排放管路冷凝水，直至有水蒸气排出。

（2）开启蒸馏水机进汽阀门，再开排汽阀门，待排汽阀门没有冷凝水排出只排蒸汽时，关小排汽阀门，打开1、2、3效下面的针型阀排水，有蒸汽排出时，关闭针型阀。

（3）通加热蒸汽预热15min。

（4）开启纯化水、冷却水、压缩气阀门。

（5）接通电源，打开电锁，此时“蒸汽”、“压缩气”、“储罐”、“停止”灯亮。

（6）按下“启动”按钮，纯化水给水泵运转，根据蒸汽压力大小，参照设备“各工况点参数”进行纯化水流量的调节。

（7）按下“质量”按钮，如果注射用水电导率合格（小于1μS/cm），“废弃”按钮亮，注射用水从合格口流出，否则从不合格口排出。

3. 生产结束

（1）按“停车”按钮，返回原位，“停止”灯亮，纯化水泵停止运转。

（2）温度调节仪温度指示值降至70℃时，冷却水泵自动停转。

（3）关闭进汽阀门。

（4）冷却水泵停转后，关闭电锁。

（5）关闭冷却水进水阀门。

4. 清洁

（1）LDZ列管式多效蒸馏水机的清洁程序

① 每天生产保持机器表面始终处于洁净状态，发现表面有污物应及时清理，电器部件严禁用水冲洗。

② 一般每年清洗一次原料水及蒸汽过滤器、流量计，清洗后用纯化水冲洗至冲洗水pH值为中性。

③ 一般每两年清洗一次蒸发器、预热器、冷凝器内水垢，操作程序详见LDZ列管式多效蒸馏水机的清洁操作规程。

④ 按规定时间进行在线灭菌。

（2）注射用水贮罐、输送管路、输送泵清洁规程

① 每周直接用刷子刷洗贮罐内壁一次，再用注射用水冲洗一遍即可。

② 罐内如有贮存超过12h的注射用水，应先放掉积水，再用注射用水冲洗，才可用于

贮存新鲜注射用水。

③ 每半年用刷子沾清洁液刷洗贮罐内壁一次，用粗滤饮用水冲洗，再用纯化水冲洗至洗液中无 Cl^- 为止，最后用注射用水冲洗一遍即可。

④ 每半年对输送管路、输送泵清洗一次。

⑤ 按规定时间进行在线灭菌。

5. 保养

（1）每天维护保养的内容　检查设备紧固螺栓及连接件有无松动，及时紧固；检查连接管路有无跑冒滴漏现象，及时排除异常情况，保持设备表面清洁。

（2）定期维护保养的内容　计量仪器、仪表定期校验；安全装置定期校验（安全阀：一次/年）。

（3）每年一次保养项目　检查液位控制器、自控系统、继电连接点、呼吸过滤器、电磁阀、气动阀、单向阀、疏水器，检查清洗原料水及蒸汽的过滤器、流量计，更换蒸馏水机配用多级泵的填料，检修机械密封，检查轴承、校正联轴器，更换润滑油（脂）。

（4）每两年一次保养项目　更换或检修电磁阀、气动阀、单向阀等损坏部件，清洗蒸发器、预热器、冷凝器内水垢，更换密封垫，调整配用多级泵的各部位间隙，检查或检修轴瓦，校正联轴节，更换轴承垫片及其易损部件，检查或检修平衡盘、平衡环、叶轮、轴套等主要零件。

6. 记录

实训过程中需要及时、真实、完整、正确地填写各类生产记录（表 3-6）。

表 3-6　制备注射用水操作记录表

操作步骤	记录	操作人	复核人
1. 检查房间上次生产清场记录	已检查，符合要求 □		
2. 检查房间中有无上次生产的遗留物；有无与本批产品无关的物品、文件	已检查，符合要求 □		
3. 设备、管道处于完好状态	已检查，符合要求 □		
4. 检查循环系统情况	蒸汽压力：　MPa 冷却水压力：　MPa 压缩空气压力：　MPa		
5. 按操作规程调节仪表	已调节，符合要求 □		
6. 按操作规程开启设备	已正常开启，符合要求□		
7. 按“质量”按钮，观察注射用水的质量是否合格	已观察、注射用水合格□		
8. 操作完毕，按操作规程停机	已停机 □		
9. 填贮罐标签，注明生产日期、操作人、罐号	已进行 □		
10. 生产结束后进行清场工作，并填写清场记录	已清场，并填好了清场记录□		
11. 关闭水、电、气	水、电、气已关闭 □		
备注：			

7. 常见故障及排除方法

LDZ 列管式多效蒸馏水机常见故障发生原因及排除方法见表 3-7。

表 3-7 LDZ 列管式多效蒸馏水机常见故障发生原因及排除方法

故障现象	发生原因	排除方法
开机气堵	进料水管泵或冷却水泵的外部管路没有符合技术要求，造成出水管路内含的空气无处排放	拧松进水管路连接件或打开旁路阀门排除所有气体
未达到给定生产能力	① 供给的加热蒸汽质量不符合要求，即有可能蒸汽中含有过多的空气和冷凝水 ② 出口背压过高，疏水器排泄不畅 ③ 进料水流量压力与加热蒸汽压力不相适应 ④ 蒸馏水机蒸发面可能积有污垢	① 将加热蒸汽的进口管路和输汽管路适当保温，以改善供气质量 ② 排除疏水器出口处的背压因素 ③ 参照本机输入管路技术要求及工况点控制表重新调整进料流量与初级蒸汽压力 ④ 按照产品说明书内的技术要求清洗
蒸馏水温度过低，电导率大于 1μS/cm	① 冷却水管路内因压力变动造成冷却水流量变化 ② 进料水不符合要求	① 通过冷却水调节阀降低冷却水流量；冷却水泵旁路阀稳定进水压力 ② 对水的预处理设备酌情予以修理和再生，以改善原料水条件
操作中断	① 开机时，当冷水高速进入蒸馏水机，蒸汽消耗太高，通过来自压力开关（PC211）的脉冲信号，中断蒸馏 ② 进料水压力不足 ③ 冷凝器温度波动（甚至低于 85℃） ④ 水的预处理设备处于再生，供水的交替期间使进料水的水质波动	① 属初始状态，待 1～2min 就会恢复操作平衡，无需调节 ② 按接管技术重新调整进料水压力 ③ 检查蒸馏水机质量控制系统各元件的工作状态是否正常 ④ 改善水质预处理设备运转工况，使供水质量稳定

活动 2 判断注射用水的质量

水质检测项目有：pH 值、电导率、总有机碳、重金属、易氧化物、不挥发物、硝酸盐和亚硝酸盐、内毒素含量等。具体各标准见表 3-5。

新系统在投入使用前，整个水质监测分为三个周期，每个周期约 7 天。对产水口、总送水口、总回水口及各使用点应每天取样。如有不合格的项目，应重新取样化验。

活动 3 审核记录

注射用水制备的操作实训过程中的记录包括批生产记录、批检验记录、清场记录。可以从以下几个方面进行记录的审核。

① 看记录填写的及时性、字迹清晰程度、内容真实性、数据完整性。

② 看记录上有无操作人与复核人的签名。

③ 看记录的整洁程度、有无撕毁和任意涂改，若有更改，看更改处有无签名、原数据是否可辨认。

活动 4 讨论与分析

① 注射用水制备系统进行消毒的周期是怎样确定的？

② 注射用水制备系统需进行在线消毒的目的是什么？

③ 注射用水需在什么条件下贮存？贮存时间一般为多久？

④ LDZ 列管式多效蒸馏水机的蒸发器、预热器、冷凝器内的水垢一般多久清洗一次？其清洗步骤是怎样的？

⑤ 蒸馏水机一般有隔沫装置，有何作用？

活动5　考核制注射用水操作

考核内容	技能要求	分值/分
生产前准备	① 检查核实清场情况，检查清场合格证 ② 按操作规程检查设备、管路、循环管路情况，调节仪表 ③ 对计量容器、衡器进行检查核准 ④ 做好氯化物、铵盐、酸碱度的化验准备 ⑤挂本次运行状态标志	20
生产操作	① 按顺序开启蒸汽管排水阀门、蒸馏水机进汽阀门、蒸馏水机排汽阀门、纯化水、冷却水、压缩气阀门 ② 正确控制通加热蒸汽预热的时间 ③ 接通电源、打开电锁，按下“启动”按钮 ④ 按下“质量”按钮，进行电导率的测定 ⑤ 按正确顺序关闭机器及阀门	40
质量控制	符合药典注射用水的质量要求	10
记　录	岗位操作记录填写准确完整	10
生产结束清场	① 作业场地清洁 ② 工具和容器清洁 ③ 生产设备的清洁 ④ 清场记录	10
实操问答	正确回答考核人员的提问	10

第四章　片剂制备操作

片剂的制备包括直接压片法和制颗粒压片法，根据制颗粒方法不同，制颗粒压片法又可分为湿法制粒压片和干法制粒压片。其中应用最广泛的是湿法制粒压片，其工艺流程图见图 4-1。

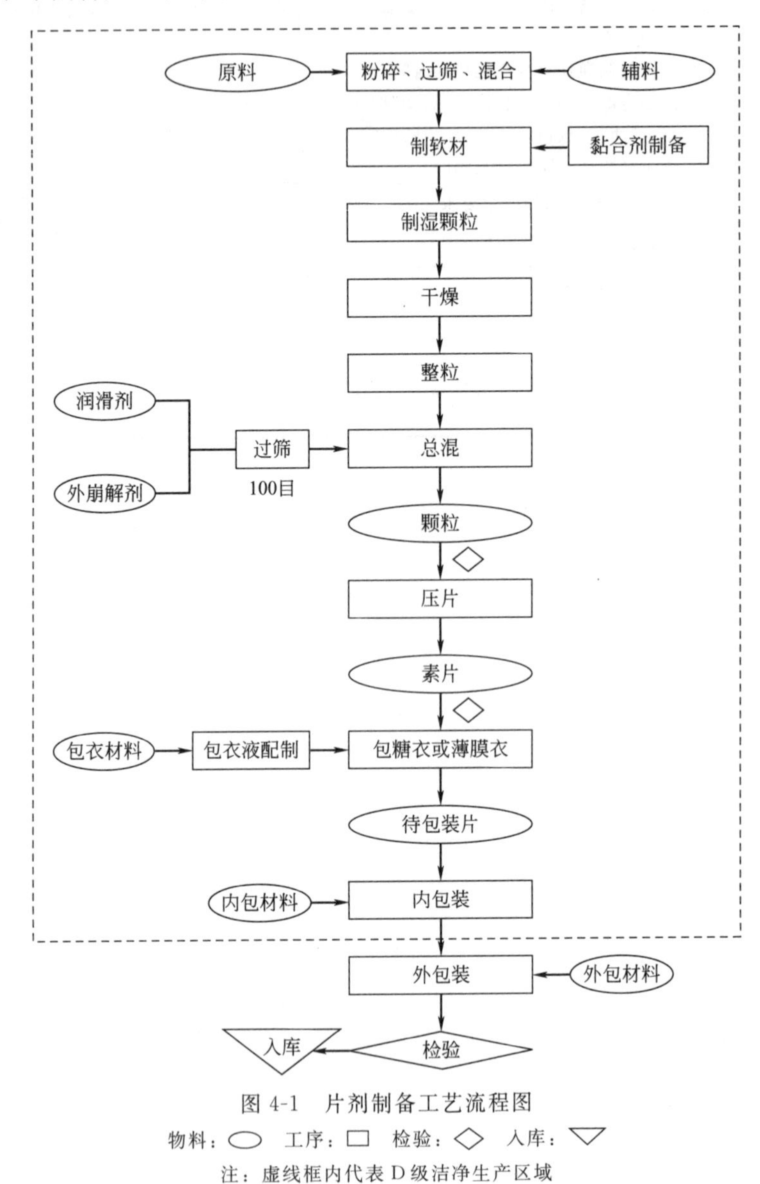

图 4-1　片剂制备工艺流程图

物料：◯　工序：□　检验：◇　入库：▽

注：虚线框内代表 D 级洁净生产区域

项目一　湿法制粒工艺操作

【教学目标】

1. 掌握制粒岗位操作程序

2. 掌握制粒生产工艺管理要点及质量控制要点

3. 掌握摇摆式颗粒机、快速混合制粒机和沸腾干燥机的标准操作规程

4. 掌握摇摆式颗粒机、快速混合制粒机和沸腾干燥机的清洁、保养标准操作规程

制粒是将粉状物料加工成颗粒并加以干燥的操作。常作为压片和胶囊填充前的物料处理步骤，以改善粉末的流动性，防止物料分层和粉尘飞扬。

任务一　熟悉湿法制粒操作的相关背景资料

活动1　了解湿法制粒操作的适用岗位

本工艺操作适用于制粒工、制粒质量检查工、工艺员。

1. 制粒工

（1）工种定义　制粒工是使用规定的制粒设备将固体物料制备出符合粒度要求并加以干燥的粒状物料的操作人员。

（2）适用范围　制粒机操作、质量自检。

2. 制粒质量检查工

（1）工种定义　制粒质量检查工是指从事物料制粒生产全过程的各工序质量控制点的现场监督和对规定的质量指标进行检查、判定的操作人员。

（2）适用范围　制粒全过程的质量监督（工艺管理、QA）。

活动2　认识湿法制粒常用设备

制粒操作包括干法制粒、湿法制粒和一步混合制粒等方法。

常用的制粒设备主要包括摇摆式颗粒机、快速混合制粒机和沸腾干燥机。现分别介绍其主要特点。

1. 摇摆式颗粒机

由制粒部分和传动部分组成，主要由机座、电机、皮带轮、蜗杆、蜗轮、齿条、滚筒、筛网、管夹（棘轮机构）构成。该设备为挤压式的过筛装置，它利用装在机转轴上棱柱的往复转动作用，将药物软材从筛网中挤压成颗粒，可用于制颗粒和整粒。此设备为连续操作。

2. 快速混合制粒机

主要由机座、调速电机、混合缸、水平搅拌桨、垂直制粒刀、气动出料阀和控制系统构成。其工作原理是由气动系统关闭出料阀，加入物料后，在封闭的容器内，依靠水平的搅拌桨的旋转、推进和抛散作用，使容器内的物料迅速翻转达到充分混合，黏合剂或润湿剂从上盖顶部加料口加入，同时，利用垂直且高速旋转前缘锋利的制粒刀，将其迅速切割成均匀的颗粒。制得的颗粒由出料口放出。此设备为间歇操作。

3. 一步制粒机

主要由鼓风机、空气过滤器、加热器、进风口、物料容器、流化室、出风口、旋风分离器、空压机、黏合剂供液泵、黏合剂喷嘴等组成。可将混合、制粒、干燥工序并在一套设备中完成，其工作原理为：物料粉末置于流化室下方的原料容器中，空气经过滤加热后，从原料容器下方进入，将物料吹拂至流化状态，黏合剂经供液泵送至流化室顶部，与压缩空气混合经喷头喷出，物料与黏合剂接触聚结成颗粒。热空气对颗粒加热干燥即形成均匀的多微孔球状颗粒回落原料容器中。此设备为间歇操作。

4. 沸腾干燥机

主要由空气净化过滤器、电加热器、进风调节阀、沸腾器、搅拌器、干燥室、密封圈、物料阻隔布袋、进风排风温度计、旋风分离器和风机组成。工作原理是将制备好的湿颗粒置

于沸腾器内，沸腾器与干燥器连接好密闭后，空气经净化加热后从干燥室下方进入，通过分布器进入干燥室，使物料“沸腾”起来并进行干燥，干燥后废气中的细粉由旋风分离器回收。

5. 热风循环烘箱

该设备是一种常用的干燥设备，按其加热方法分为电加热和蒸汽加热两种。使用时将待干燥物料放在带隔板的架上，开启加热器和鼓风机，空气经加热后在干燥室内流动，带走各层水分，最后自出口处将湿热空气排出。

活动 3 识读湿法制粒岗位职责

（1）严格执行《制粒岗位操作程序》、《制粒设备标准操作规程》、《沸腾干燥岗位操作程序》。

（2）负责制粒设备的安全使用及日常保养，防止发生安全事故。严格执行生产指令，保证制粒所有物料名称、数量、规格、质量准确无误，制粒产品质量达到规定要求。

（3）进岗后做好生产间、设备清洁卫生，并做好操作前的一切准备工作。

（4）工作期间，严禁串岗、离岗，不得做与本岗无关之事。

（5）生产完毕，按规定进行物料移交，并认真填写各项记录。

（6）工作结束或更换品种时应及时做好清洁卫生并按有关 SOP 进行清场工作，认真填写相应记录。

（7）做到岗位生产状态标识、设备所处状态标识、清洁状态标识清晰明了。

（8）经常检查设备运转情况，注意设备保养，操作时发现故障应及时上报。

活动 4 识读湿法制粒岗位操作程序

1. 生产前准备

（1）核对“清场合格证”并确认在有效期内，检查设备及容器具是否清洁卫生，取下“已清场”换上“正在生产”标牌，当温湿度符合工艺要求时方可投料生产，否则按清场标准规程进行清场并经 QA 人员检查合格后，填写清场合格证，方可进入下一步操作。

（2）检查设备是否有“合格”标牌、“已清洁”标牌，并对设备状况进行检查，确认设备正常，方可使用。

（3）根据生产指令填写领料单，向中间站领取物料，并核对品名、批号、规格、数量、质量无误后，进行下一步操作。

（4）按《设备消毒规程》、《工具消毒规程》对设备及所需容器、工具进行消毒。

（5）挂本次运行状态标志，进入操作。

2. 操作

（1）启动设备，低速空转运行，听转动声音是否正常。

（2）按《快速混合制粒机标准操作规程》进行操作，根据不同产品的工艺要求，加入适量的黏合剂制成合格的颗粒。

（3）按《沸腾干燥机标准操作规程》进行干燥操作，制成符合规定要求的干燥颗粒。

（4）干燥后颗粒用摇摆式颗粒机进行整粒，然后加入润滑剂、外加崩解剂用干混机进行总混。

（5）总混后颗粒盛装于洁净的容器中密封，交中间站，并称量、贴签、填写请验单，由化验室检验，每件容器均应附有物料状态标记，注明品名、批号、数量、日期、操作人等。

3. 生产结束

（1）将生产所剩物料收集，标明状态，交中间站，并填写好记录。

（2）按《制粒设备清洁操作规程》、《沸腾干燥机清洁操作规程》、《场地清洁操作规程》对设备、场地、用具、容器进行清洁消毒，经QA人员检查合格，发清场合格证。

4. 记录

如实填写各生产操作记录。

活动5　识读湿法制粒操作质量控制关键点

① 干燥后颗粒含水量。

② 颗粒中各组分均匀程度和粒度大小。

③ 操作中要重点控制黏合剂用量、快速混合制粒机中搅拌桨和制粒刀的旋转速度和时间以及烘干温度和烘干时间，保证颗粒质量符合标准。

任务二　训练湿法制粒操作

活动1　操作HLSG-10湿法混合制粒机

1. 开机前的准备工作

（1）检查制粒室的温湿度、压力是否符合要求。

（2）接通水源、气源、电源，检查设备各部件是否正常，水、气压力是否正常，气压调至0.5MPa。

（3）打开控制开关，操作出料的开、关按钮，检查出料塞的进退是否灵活，运动速度是否适中，如不理想可调节气缸下面的接头式单向节流阀。

（4）开动混合搅拌和制粒刀运转不刮器壁，观察机器的运转情况，无异常声音情况后，再关闭物料缸和出料盖。

（5）检查各转动部件是否灵活，安全联锁装置是否可靠。

2. 开机运行

（1）把气阀旋转到通气的位置，检查气的压力（$P \geqslant 0.5$MPa），所有显示灯红灯亮，检查确认“就绪”指示灯亮。

（2）温度设定　打开电器箱，调节温度按键，一般调至比常温高出10℃左右（如果物料搅拌后会升温的，将温度调至比常温低4℃左右）。

（3）如果物料的搅拌要冷却，设定温度后，在启动制粒的时候把进水、出水阀都打开。

（4）打开物料缸盖，将原辅料投入缸内，然后关闭缸盖。

（5）把操作台下旋钮旋至进气的位置。

（6）通过控制面板上旋钮手动启动搅拌桨，将转速由最小调至中低速，1～2min后再调至中高速。

（7）在调速的同时通过物料盖的加料口往缸内倒入黏合剂，搅拌约5min。

（8）启动制粒刀，中速转动制粒约2min。

（9）制粒完成后，将料车放在出料口，按“出料”按钮，出料时黄灯亮，搅拌桨、制粒刀继续转动至物料排尽为止。

3. 停机

（1）松开“出料”按钮，关闭出料阀门。

（2）将搅拌桨、制粒刀调速旋钮分别调至0，再关闭搅拌桨、制粒刀。

4. 记录

实训过程中应及时、真实、完整、正确地填写各类生产记录。

活动 2　操作 GFG40A 型沸腾干燥机

1. 开机前准备

（1）检查沸腾干燥室的温湿度、压力是否符合要求。

（2）将捕集袋套在袋架上，一并放入清洁的上气室内，松开定位手柄后摇动手柄使吊杆放下，然后用环螺母将袋架固定在吊杆上，摇动手柄升高到尽头，将袋口边缘四周翻出密封槽外侧，勒紧绳索，打结。

（3）将物料加入沸腾器内，检查密封圈内空气是否排空，排空后可将沸腾器慢慢推入上下气室间，此时沸腾器上的定位头与机身上的定位块应吻合（如不吻合，注意沸腾器与机身上牙嵌式离合器的牙子方向是否相嵌），就位后沸腾器应与密封槽基本同心。

注意：加料量上限为沸腾器容量的 2/3。

（4）接通压缩空气气源及电加热气源，开启电气箱的空气开关，此时电器箱面板上的电源指示灯亮。

（5）机身内的总进气减压阀调到 0.5MPa 左右，气封减压阀调到 0.1MPa，后者可根据充气密封圈的密封情况作适当调整，但空气压力不得超过 0.15MPa，否则密封圈容易爆裂。

（6）预设相应的进风温度和出风温度（出风温度通常为进风温度的一半），然后将切换开关复位，此时温度调节仪显示实际进风温度。

（7）选择“自动/手动”设置。

2. 开机操作

（1）合上“气封”开关，等指示灯亮后观察充气密封圈的鼓胀密封情况，密封后方可进行下一步。

（2）启动风机，通过观察窗观察物料的沸腾情况，转动机顶的气阀调节手柄，控制出风量，以物料似煮饭水开时冒气泡的沸腾情况为适中，如物料沸腾过于剧烈，应将风量调小，风量过大令颗粒易碎，细粉多，且热量损失大，干燥效率降低；反之，如物料湿度、黏度大，难沸腾，可增大出风量。

（3）启动电加热约半分钟后，启动搅拌桨，确保搅拌器不致物料未疏松而超负载损坏，在物料接近干燥时，应关闭“搅拌”，否则搅拌桨易破坏物料颗粒。

（4）检查物料的干燥程度，可在取样口取样测定，不取样时，取样棒的盛料槽向下。

（5）干燥结束关闭加热器，关闭搅拌桨。

（6）待出风口温度与室温相近时，关闭风机。

（7）约 1min 后，按“抖袋点动”按钮（8～10 次），使捕集袋内的物料掉入沸腾器内。

（8）关闭“气封”，待密封圈完全回复后，拉出沸腾器卸料。

【GFG40A 型沸腾干燥机安全操作注意事项】

（1）必须严格按照以下电气操作顺序启动和停止设备

启动：风机开→加热开→搅拌开

停止：加热关→搅拌关→风机关

（2）“手动/自动”设置按钮说明

① 手动状态

实际进风温度≥预设进风温度时，自动关闭加热器；必须靠人工控制搅拌器和风机的关闭。

② 自动状态

实际进风温度≥预设进风温度时，加热器自动关闭；

实际进风温度<预设进风温度时，加热器重新启动；

实际出风温度≥预设出风温度时，自动关闭搅拌器和风机。

(3) 关闭风机后，必须等约 1min，再按“抖袋点动”按钮，确保捕集袋不致在排气未尽的情况下振动而破损。

(4) 关闭“气封”后，必须等密封圈完全回复后（即圈内空气排尽），方可拉出沸腾器，否则易损坏密封圈。

3. 记录

实训过程中应及时、真实、完整、正确地填写各类生产记录。

活动 3　操作 YK-160 摇摆式颗粒机进行整粒

1. 开机前的准备工作

(1) 将清洁干燥的刮粉轴装入机器，装上刮粉轴前端固定压盖，拧紧螺母。

(2) 将卷网轴装到机器上，筛网的两端插入卷网轴的长槽内。

(3) 转动卷网轴的手轮，将筛网包在刮粉轴的外圆上。

(4) 检查机器润滑油，油位不应低于前侧油位视板的红线，油位过低应补充同型号的齿轮油。

2. 开机运行

(1) 接通电源，打开控制开关，观察机器的运转情况，无异常声音，刮粉轴转动平稳机器则可投入正常使用。

(2) 将干燥后的物料均匀倒入料斗内，根据物料性质控制加料速度，物料在料斗中应保持一定的高度。

【YK-160 摇摆式颗粒机安全操作注意事项】

(1) 设备运转时应观察刮粉轴的转动情况，如发现转速过低或堵转时应立即停机检查。

(2) 设备运转或电源没有断开时，严禁用手或金属锐器清理料斗内部。

3. 停机

(1) 整粒完成后，便可停机。

(2) 清理筛网上的余料。

4. 记录

实训过程中应及时、真实、完整、正确地填写各类生产记录（表 4-1～表 4-3)。

表 4-1　制粒生产记录 1

<table>
<tr><td>品名：</td><td>规格：</td><td>批号：</td><td>温度：</td><td>相对湿度：</td><td>日期：</td><td>班次：</td></tr>
<tr><td></td><td></td><td></td><td></td><td></td><td></td><td></td></tr>
<tr><td colspan="7">生产前检查：文件□　设备□　现场□　物料□　　检查人：</td></tr>
<tr><td rowspan="6">配料</td><td>计划产量</td><td colspan="2"></td><td>领料人</td><td colspan="2"></td></tr>
<tr><td>原辅料名称</td><td>批号</td><td>领料数量/kg</td><td>实投数量/kg</td><td colspan="2">补退数量/kg</td></tr>
<tr><td></td><td></td><td></td><td></td><td colspan="2"></td></tr>
<tr><td></td><td></td><td></td><td></td><td colspan="2"></td></tr>
<tr><td>称量人</td><td>复核人</td><td>补退人</td><td>开处方人</td><td colspan="2">复核人</td></tr>
<tr><td></td><td></td><td></td><td></td><td colspan="2"></td></tr>
<tr><td rowspan="3">配浆</td><td>品名</td><td></td><td></td><td></td><td>浓度/%</td><td></td></tr>
<tr><td>批号</td><td></td><td></td><td></td><td>重量</td><td></td></tr>
<tr><td>用量</td><td></td><td></td><td></td><td>操作人</td><td></td></tr>
</table>

续表

品名：	规格：	批号：	温度：	相对湿度：	日期：	班次：
制粒	原辅料、黏合剂名称	各 缸 用 量				
	预混合时间		湿混时间		操作人：	
清场合格证副本粘贴处						
备注：						

工艺员：

表 4-2 制粒生产记录 2

品名：	规格：		批号：		日期：		班次：		
干燥	干燥机编号			完好与清洁状态			完好 □ 清洁 □		
	第 缸干燥温度			第 缸干燥温度			第 缸干燥温度		
	时间	进风	出风	时间	进风	出风	时间	进风	出风
	水分	%		水分	%		水分	%	
整粒总混	整粒机编号			完好与清洁状态			完好 □ 清洁 □		
	总混机编号			完好与清洁状态			完好 □ 清洁 □		
	外加辅料	名称		用量		名称		用量	
	整粒筛网规格			总混时间/min			颗粒水分/%		
	总混后颗粒/kg								
	桶号								
	净重								
	桶号								
	净重								
	颗粒总重/kg		总桶数		可见损耗量/kg				
	粉头量/kg		操作人		复核人				

续表

品名：	规格：	批号：	日期：	班次：
物料平衡 $=\frac{\text{总混后颗粒总量}+\text{粉头量}+\text{可见损耗量}}{\text{投入原辅料量}+\text{投入粉头量}+\text{投入浸膏量}}\times100\%=$ 收得率 $=\frac{\text{总混后颗粒总量}}{\text{投入原辅料量}+\text{投入粉头量}+\text{投入浸膏量}}\times100\%=$				
备注/偏差情况：				

表 4-3　制粒工序清场记录

清场前	批号：	生产结束日期：　年　月　日　班	
检查项目	清场要求	清场情况	QA 检查
物　　料	结料，剩余物料退料	按规定做 □	合格 □
中间产品	清点、送规定地点放置，挂状态标记	按规定做 □	合格 □
工具器具	冲洗、湿抹干净，放规定地点	按规定做 □	合格 □
清洁工具	清洗干净，放规定处干燥	按规定做 □	合格 □
容器管道	冲洗、湿抹干净，放规定地点	按规定做 □	合格 □
生产设备	湿抹或冲洗，标志符合状态要求	按规定做 □	合格 □
工作场地	湿抹或湿拖干净，标志符合状态要求	按规定做 □	合格 □
废弃物	清离现场，放规定地点	按规定做 □	合格 □
工艺文件	与续批产品无关的清离现场	按规定做 □	合格 □
注：符合规定在“□”中打“√”，不符合规定则清场至符合规定后填写			
清场时间	年　月　日　班		
清场人员			
QA 签名	年　月　日　班		
检查合格发放清场合格证，清场合格证粘贴处			
备　注			

活动 4　清洁与清场

1. 清洁 HLSG-10 湿法混合制粒机

(1) 把三通球阀旋转至通水位置，观察水位接近混合器的制粒刀部位，再转换至通气位置。

（2）关闭物料缸盖，启动搅拌桨和制粒刀运转约2min，再打开物料缸盖，用饮用水刷洗内腔。

（3）打开出料活塞放尽水，如此反复洗涤2～3次，至无残留药粉。

（4）用纯化水冲洗物料缸2次。

（5）先用饮用水、后用纯化水冲洗出料口各2次。

（6）用饮用水、纯化水湿润的抹布分别擦拭出料口及设备表面。

（7）如更换品种须卸下搅拌桨及制粒刀，送至清洗间清洗，待物料缸内壁擦干净后，再将搅拌桨、制粒刀安装回原位。

（8）清洁完毕挂上“已清洁”状态标志。

2. 清洁GFG40A型沸腾干燥机

（1）拉出沸腾器，放下捕集袋架，取下过滤袋，关闭风门。

（2）用有一定压力的饮用水冲洗残留的主机各部分的物料，特别对原料容器内气流分布板上的缝隙要彻底清洗干净，然后开启机座下端的放水阀，放出清洗液，不能冲洗的部位可用毛刷或布擦拭。

（3）捕集袋应及时清洗干净，烘干备用。

（4）空气过滤器的清洁：该设备容尘量为1800g，应每隔半年清洗或更换滤材。

（5）清洁完毕挂上“已清洁”状态标志。

3. 清洁YK-160摇摆式颗粒机

（1）拆除卷网轴、筛网和刮粉轴，送至清洗间清洗并干燥。

（2）将设备表面用湿布擦干净。

（3）清洁完毕挂上“已清洁”状态标志。

4. 清场

（1）将本次生产的余料、工具等放到存料间及工具间。

（2）清洁天花板、墙壁、地面。

活动5　判断颗粒的质量

（1）含水量　干燥后颗粒的含水量一般为2.5%～3.0%。

（2）外观　颗粒粒度均匀，干燥。

活动6　审核生产记录

湿法制粒操作实训过程中的记录包括批生产记录、批检验记录、清场记录。可以从以下几个方面进行记录的审核。

① 审查记录填写的及时性、字迹清晰程度、内容真实性、数据完整性。

② 审查记录上有无操作人与复核人的签名。

③ 审查记录的整洁程度、有无撕毁和任意涂改，若有更改，看更改处有无签名、原数据是否可辨认。

活动7　讨论与分析

① 摇摆式颗粒机制得的颗粒大小不均匀是什么原因造成的？

② 使用快速混合制粒机混合时发生物料粉从缸盖逸出是什么原因？

③ 沸腾干燥机的电器操作顺序如何？为什么必须严格按此顺序操作？

④ 如何判断物料干燥程度及把握干燥时间？

活动 8　考核湿法制粒操作

考核内容	技能要求		分值/分
生产前准备	生产工具准备	① 检查核实清场情况，检查清场合格证 ② 对设备状况进行检查，确保设备处于合格状态 ③ 对计量容器、衡器进行检查核准 ④ 对生产用的工具的清洁状态进行检查	10
	物料准备	① 按生产指令领取生产原辅料 ② 按生产工艺规程制订标准核实所用原辅料（检验报告单，规格，批号）	
投料量	根据工艺要求正确计算各种原辅料的投料量		10
制　粒	① 正确调试及使用快速混合制粒机制颗粒 ② 正确调试及使用沸腾干燥机干燥颗粒 ③ 正确调试及使用摇摆式颗粒机进行整粒		40
质量控制	颗粒干燥、粒度均匀		10
记　录	生产记录准确完整		10
生产结束清场	① 作业场地清洁 ② 工具和容器清洁 ③ 生产设备的清洁 ④ 清场记录		10
实操问答	正确回答考核人员的提问		10

项目二　压片工艺操作

【教学目标】

1. 掌握压片岗位操作程序
2. 掌握压片生产工艺管理要点及质量控制要点
3. 掌握 ZP8、ZP35B 旋转式压片机的标准操作规程
4. 掌握 ZP8、ZP35B 旋转式压片机的清洁、保养规程
5. 能操作 ZP8、ZP35B 旋转式压片机压制片剂，并进行清洁保养工作
6. 能对 ZP8、ZP35B 旋转式压片机生产过程中出现的一般故障进行排除
7. 能对压制的片剂进行质量判断

任务一　熟悉压片操作的相关背景资料

活动 1　了解压片操作的适用岗位

本工艺操作适用于压片工、片剂质量检查工、工艺员。

1. 压片工

(1) 工种定义　压片工是指将合格的药物颗粒或粉末，使用规定的模具和专用压片设备，压制成合格片剂的操作人员。

(2) 适用范围　压片机操作、冲模保管、质量自检。

2. 片剂质量检查工

(1) 工种定义　片剂质量检查工是指从事压片全过程的各工序质量控制点进行现场监控和对规定的质量指标进行检查、判定的操作人员。

（2）适用范围：压片全过程的质量监督（工艺管理、QA）。

活动 2　认识压片常用设备

压片机常用的种类有旋转式压片机、真空压片机、高速压片机等，现分别介绍其主要特点。

1. 旋转式压片机（图 4-2）

旋转式压片机是目前生产中应用较广泛的多冲压片机。旋转式压片机通常按转盘上的模孔数分为 5 冲、7 冲、8 冲、19 冲、21 冲、27 冲、33 冲等；按转盘旋转一周填充、压缩、出片等操作的次数，可分为单压、双压等。单压指转盘旋转一周只填充、压缩、出片一次；双压指转盘旋转一周时填充、压缩、出片各进行两次，所以生产效率是单压的两倍，故目前药品生产中多应用双压压片机。双压压片机有两套压轮，为使机器减少振动及噪声，两套压轮交替加压可使动力的消耗大大减少，因此压片机的充数皆为奇数。

2. 高速压片机（图 4-3）

图 4-2　旋转式压片机

图 4-3　高速压片机

高速压片机是一种先进的旋转式压片设备，通常每台压片机有两个旋转盘和两个给料器，为适应高速压片的需要，采用自动给料装置，而且药片重量、压轮的压力和转盘的转速均可预先调节。压力过载时能自动卸压。片重误差控制在 2%以内，不合格药片自动剔出，生产中药片的产量由计数器显示，可以预先设计，达到预定产量即自动停机。该机采用微电脑装置检测冲头损坏的位置，还有过载报警和故障报警装置等。其突出优点是产量高、片剂的质量优。

活动 3　识读压片岗位职责

（1）严格执行《压片岗位操作程序》、《压片设备标准操作规程》。

（2）负责压片所用设备的安全使用及日常保养，保障设备的良好状态，防止安全事故发生。

（3）严格按生产指令，核对压片所有物料名称、数量、规格、形状无误，达规定质量要求。

（4）认真检查压片机是否清洁干净，清场状态是否符合规定。

（5）自觉遵守工艺纪律，监控压片机的正常运行，确保不发生混药、错药或对药品造成污染。发现偏差及时上报。

(6) 认真如实填好生产记录，做到字迹清晰、内容真实、数据完整、不得任意涂改和撕毁，做好交接记录，不合格产品不能进入下道工序。

(7) 工作结束或更换品种时应及时做好清洁卫生并按有关 SOP 进行清场工作，认真填写相应记录。做到岗位生产状态标识、设备所处状态标识、清洁状态标识清晰明了。

活动 4　识读压片岗位操作程序

1. 生产前准备

(1) 检查操作间是否有清场合格标志，并在有效期内，工具、容器等是否已清洁干燥，否则按清场标准操作规程进行清场并经 QA 检查合格后，填写清场合格证，方可进行下一步操作。

(2) 根据要求选择适宜压片设备，设备要有“合格”标牌，“已清洁”标牌，并对设备状况进行检查，确认设备正常，方可使用。

(3) 清理设备、容器、工具、工作台。调节电子天平，检查模具是否清洁干燥，是否符合生产指令要求，必要时用 75%乙醇擦拭进行消毒。

(4) 根据生产指令填写领料单，并向中间站领取压片用颗粒，并核对品名、批号、规格、数量、质量无误后，进行下一步操作。

(5) 按《压片设备消毒规程》对设备及所需容器、工具进行消毒。

(6) 挂本次运行状态标志，进入压片操作。

2. 压片操作

(1) 按压片设备标准操作规程依次装好中模、上冲、下冲、月形加料器、饲料斗、流片槽、除尘机抽风管，安装连接好片剂除粉器。异形压片模具的安装：装上冲模，用上冲模定位装中模。并且模具按编号对号入位。其他程序同普通压片。并将其他生产用器具准备好。

(2) 用手转动手轮，使转台转动 1～2 圈，确认无异常后，关闭玻璃门，将适量颗粒送入料斗，手动试压，调节片重、压力，测片重及片重差异，崩解时限，硬度，确证符合要求并经 QA 人员确认合格。

(3) 试压合格，加入颗粒，开机正常压片。压片过程每隔 15min 测一次片重，确保片重差异在规定范围内，并随时观察片剂外观，并做好记录。

(4) 料斗内所剩颗粒较少时，应降低车速，及时调整充填装置，以保证压出合格的片剂；料斗内接近无颗粒时，把变频电位器调至零位，然后关闭主机。

(5) 压片完毕，片子装入洁净中转桶，加盖封好后，交中间站。并称量贴签，填写请验单，由化验室检测。

(6) 运行过程中用听、看等办法判断设备性能是否正常，一般故障自己排除。自己不能排除的通知维修人员维修正常后方可使用。

3. 清场

(1) 将生产所剩物料收集，标明状态，交中间站，并填写好记录。

(2) 按《压片设备清洁操作规程》、《场地清洁操作规程》对设备、场地、用具、容器进行清洁消毒，经 QA 人员检查合格，发清场合格证。

4. 记录

如实填写各生产操作记录。

活动 5　识读压片生产安全管理要点及质量控制关键点

1. 生产工艺管理要点

(1) 压片操作室按 D 级要求。室内相对室外呈正压，温度 18～26℃、相对湿度45%～65%。

(2) 压片机不得用水洗，以免发生短路。

（3）压片过程经常观察片剂外观，定时测片重。

（4）生产过程所有物料均应有标示，防止发生混药、混批。

2. 质量控制关键点

（1）外观。

（2）片重及片重差异。

（3）崩解度及硬度。

（4）含量、均匀度。

任务二　训练压片操作

活动1　操作ZP8旋转式压片机

1. 开机前准备工作

（1）检查压片间的温湿度、压力是否符合要求。

（2）检查设备各部位是否正常，各润滑点的润滑是否充足，压轮是否运转自如。

（3）检查电源是否能接通，检查冲模质量，是否有缺边、裂缝、变形及卷边情况。

（4）按设备清洁规程要求消毒。

（5）冲模安装

① 先将下压轮压力调到零。

② 中模的安装：将转台上中模紧定螺钉逐个旋出转台外沿2mm左右，勿使中模装入时与紧定螺钉的头部相碰为宜。中模放置时要平稳，将打棒穿入上冲孔，向下锤击中模将其轻轻打入，中模进入孔后，其平面不高出转台平面为合格，然后将紧定螺钉固紧。

③ 上冲的安装：首先将上冲外罩、上平行盖板和嵌轨拆下，然后将上冲杆插入模圈内，用大拇指和食指旋转冲杆，检验头部进入中模情况，上下滑动灵活，无卡阻现象为合格。再转动手轮至冲杆颈部接触平行轨，上冲杆全部装毕，将嵌轨、上平行盖板、上冲外罩装上。

④ 下冲的安装：打开机器正面、侧面的不锈钢面罩，先将下冲嵌轨移出，小心从嵌轨孔下方将下冲送至下冲孔内并摇动手轮使转盘按前进方向转动将下冲送至平行轨上，按此法依次将下冲装完，安装完最后一支下冲后将嵌轨装上并锁紧确保与平行轨相平，摇动手柄确保顺畅旋转一周，合上手柄，盖好不锈钢面罩。

注：a. 安装冲头和冲模的顺序为：中模→上冲→下冲，以确保上下冲头不接触。拆除冲头和冲模的顺序为：上冲→下冲→中模，避免转盘上的粉末落入设备内部。

b. 安装异形冲头和冲模时必须以上冲为基准确定中模安装位置，即安装时应将上冲套在中模孔中一起放入中模转盘再固定中模。

（6）安装加料部件　安装加料斗和月形加料器：先将月形加料器置于中模转盘上用螺钉匀称锁紧，底平面应与转台间隙为0.03～0.1mm，再将加料斗从机器上部放入并将螺钉固定，将加料闸板调至中间位置。

2. 开机压片

（1）打开动力电源总开关，检查触摸屏显示内容（包括：主压力、出片压力、出片角、转速等），先点动操作，每次旋转90°，共旋转2周，再低速空转5min左右，无异常现象才可进入正常运行。开机前，上下压轮、油杯要加机油，轴承补充润滑脂，机器运转时不得加油。

（2）试压前，将片厚调节至较大位置，填充量调节至较小位置，将颗粒加入料斗内，点动2～3周，试压时先调节填充量，调至符合工艺要求的片重，然后调节压力至产品工艺要求的硬度。

（3）压力设定好后，预压力的设定应使预压片厚为要求片厚的2倍。

（4）进行正式压片，将振动除粉器连至压片机的出片口并启动，开启真空阀门。

（5）运行时，必须关闭所有防护罩，不得用手触摸运转件。

（6）换状态标志，挂上“正在运行”状态标志。

（7）注意机器是否正常，不得开机离岗。

3. 压片结束

压片完毕后，关闭主电机电源、总电源开关。

4. 记录

实训过程中应及时、真实、完整、正确地填写各类生产记录。

活动2　操作ZP35B旋转式压片机

1. 开机前准备工作

（1）检查压片间的温湿度、压力是否符合要求。

（2）检查设备各部位是否正常，各润滑点的润滑是否充足，压轮是否运转自如。

（3）检查电源是否能接通，检查冲模质量，是否有缺边、裂缝、变形及卷边情况。

（4）安装冲模

① 安装中模：将转台圆周中模紧定螺钉旋出部分（勿使中模转入时与紧定螺钉头部相碰）放平中模，用中模打棒由上孔穿入，用锤轻轻打入。（注意：中模进入模孔，不可高出转台工作面）将螺钉紧固。

② 安装上冲：将上导轨盘缺口处嵌舌掀起，将上冲插入模圈内，用大拇指和食指旋转冲杆，检验头部进入中模后转动是否灵活，上下升降无硬摩擦为合格，全部装妥后，将嵌舌扳下。

③ 安装下冲：取下主体平面上的圆孔盖板，通过圆孔将下冲杆装好，检验方法如上冲杆，装妥后将圆孔盖好。

（5）安装月形加料器　月形加料器装于模圈转盘平面上，用螺钉固定。安装时应注意它与模圈转盘的松紧，太松易漏粉，太紧易与转盘产生摩擦出现颗粒内有黑色的金属屑，造成片剂污染。注意两个月形加料器的安装有方向性（底部有空隙让片剂通过的加料器装在左侧；底部无空隙的加料器装在右侧，片剂全部被导向至出片槽）。

（6）安装加料斗　加料斗高低会影响颗粒流速，安装时注意高度适宜，控制颗粒流出量与填充的速度相同为宜。

各部件装毕，将拆下的零件按原位安装好。检查储油罐液位是否适中，上下压轮是否已加黄油。

（7）检查机器零件安装是否妥当，机器上有无工具及其他物品，所有防护、保护装置是否安装好。

（8）用手转动手轮，使转台旋转1～2圈，观察上、下冲进入模圈孔及在导轨上的运行情况，应灵活，无碰撞现象。

2. 开机压片

（1）旋转电器柜左侧电源主开关，给机器送电；按“吸尘开关”启动吸尘机，按压片机“启动”开关，使空车运转2～3min平稳正常方可投入生产。

（2）将少量空白淀粉颗粒加入料斗，调至低转速、低压力，启动机器使转台运转数圈，清洗冲头和冲模上黏附的油渍，将压片机上剩余物料清理干净。

（3）试压前，将片厚调节至较大位置，填充量调节至较小位置，将颗粒加入料斗内，点动2～3周，试压时先调节填充量，调至符合工艺要求的片重，然后调节片厚，使产品硬度符合工艺要求。

（4）启动设备正式压片，根据物料情况和冲模规格选择合适转速，并保持料斗颗粒存量一半以上。

（5）换状态标志，挂上“正在运行”状态标志。

（6）机器运转中必须关闭所有防护罩，不得用手触摸运转件。

（7）运行时，注意机器是否正常，不得开机离岗。

【ZP 系列旋转式压片机安全操作注意事项】

（1）安装加料器注意高度，必要时使用塞规，以保证安装精度。

（2）启动主机前应确认调速旋钮处于零。

（3）机器运转时操作人员不得离开，经常检查设备运转情况，发现异常及时停车检查。

（4）生产将结束时，注意物料余量，接近无料应及时降低车速或停车，不得空车运转，否则易损坏模具。

（5）装拆冲模时应关闭总电源，并且只能一人操作，防止因不协调而发生危险。

（6）紧急情况时应及时按下急停按钮停机。

3. 压片结束

（1）压片完成后，将调速旋钮调至零。

（2）关闭吸尘器。

（3）关闭主电机电源、总电源、真空泵开关。

4. 记录

实训过程中应及时、真实、完整、正确地填写各类生产记录（表 4-4～表 4-8）。

表 4-4 压片生产记录 1

品名：	规格：	批号：	批量： 万片	日期：	
操作步骤		记录		操作人	复核人
1. 检查房间上次生产清场记录		已检查，符合要求 □			
2. 检查房间温度、相对湿度、压力		温度______℃ 相对湿度______%； 压力__________MPa			
3. 检查房间中有无上次生产的遗留物，有无与本批产品无关的物品、文件		已检查，符合要求 □			
4. 检查磅秤、天平是否有效，调节零点		已检查，符合要求 □			
5. 检查用具、容器应干燥洁净		已检查，符合要求 □			
6. 按生产指令领取模具和物料		已领取，符合要求 □			
7. 按程序安装模具，试运转应灵活、无异常声音		已试运行，符合要求 □			
8. 料斗内加料，并注意始终要保持料斗内的物料量不少于 1/2		已加料 □			
9. 试压，检查片重、硬度、崩解度、外观		已检查，符合要求 □			
10. 正常压片，每 15min 检查片重差异		已检查，符合要求 □			
11. 压片结束，关机		已检查，符合要求 □			
12. 生产结束后清洁机器、工作间，清点工具，定位摆放；填写清场记录		已清场，并填好了清场记录□			
13. 及时填好其他各种记录		已按要求填写 □			
14. 关闭水、电、气		水、电、气已关闭 □			

表 4-5 压片生产记录 2

产品名称				规格				批号	
指令	1	冲模规格							
	2	设备完好清洁							
	3	本批颗粒含量为： 标准片重： g/片							
	4	按《压片生产 SOP》操作							
	5	指令签发人							
记录	压片机编号				完好与清洁状态				
	领用颗粒总重量		kg		理论产量		万片		
	第（ ）号机				第（ ）号机				
	日期	时间	10片重量	外观质量	日期	时间	10片重量	外观质量	
	填写人：								

表 4-6 压片生产记录 3

产品名称					规格						批号	
片重差异检查												
日期	时间	每片片重/g									平均片重/(g/片)	波动范围/(g/片)
填写人							复核人					

表 4-7 压片生产记录 4

产品名称			规格		批号	
崩解度及脆碎度检查记录	日期	时间	崩解时限/min	日期	时间	脆碎度/%
桶号						
净重量/kg						
数量/万片						
桶号						
净重量/kg						
数量/万片						
总重量	kg		总数量	万片		
回收粉头	kg		可见损耗量	kg		
操作人						

物料平衡 $=\dfrac{\text{素片总重量}+\text{回收粉头}+\text{可见损耗量}}{\text{领用颗粒总量}}\times 100\%=$

收得率 $=\dfrac{\text{实际产量(万片)}}{\text{理论产量(万片)}}\times 100\%=$

备注/偏差情况：

表 4-8 压片工序清场记录

清场前	批号：	生产结束日期： 年 月 日 班	
检查项目	清场要求	清场情况	QA 检查
物　料	结料，剩余物料退料	按规定做 □	合格 □
中间产品	清点、送规定地点放置，挂状态标记	按规定做 □	合格 □
工具器具	冲洗、湿抹干净，放规定地点	按规定做 □	合格 □
清洁工具	清洗干净，放规定处干燥	按规定做 □	合格 □
容器管道	冲洗、湿抹干净，放规定地点	按规定做 □	合格 □
生产设备	湿抹或冲洗，标志符合状态要求	按规定做 □	合格 □
工作场地	湿抹或湿拖干净，标志符合状态要求	按规定做 □	合格 □
废 弃 物	清离现场，放规定地点	按规定做 □	合格 □
工艺文件	与续批产品无关的清离现场	按规定做 □	合格 □
注：符合规定在"□"中打"√"，不符合规定则清场至符合规定后填写			

续表

清场前	批号：	生产结束日期：　年　月　日　班
清场时间	年　月　日　班	
清场人员		
QA签名	年　月　日　班	
检查合格发放清场合格证，清场合格证粘贴处		
备　注		

5．旋转式压片机常见故障及排除方法

旋转式压片机常见故障及排除方法见表4-9。

表4-9　旋转式压片机常见故障及排除方法

故障现象	发生原因	排除方法
机器不能启动	故障灯亮表示有故障待处理	根据各灯显示故障分别给予维修
压力轮不转	① 润滑不足 ② 轴承损坏	① 加润滑油 ② 更换轴承
上冲或下冲过紧	上、下冲头或冲模清洗不干净或冲头变形	拆下冲头清洁或换冲头冲模
机器振动过大或有异常声音	① 车速过快 ② 冲头没装好 ③ 塞冲 ④ 压力过大，压力轮不转	① 降低车速 ② 重新装冲 ③ 清理冲头，加润滑油 ④ 调低压力

6．压片生产时常见问题及处理方法

（1）裂片　片剂发生裂开现象叫做裂片，如果裂开的位置发生在药片的上部或中部，称为“顶裂”。产生的主要原因有选择黏合剂不当，细粉过多，压力过大和冲头与模圈不符等，故应及早发现，及时处理解决。

（2）松片　片剂硬度不够，受振动即散碎的现象称为松片。主要原因是黏合力差，压力不足等，一般需调整压力或添加黏合剂等方法来解决。

（3）粘冲　片剂的表面被冲头粘去一薄层或一小部分，造成片面粗糙不平或有凹痕的现象称为粘冲；若片剂的边缘粗糙或有缺痕，则可相应称为粘壁。造成粘冲或粘壁的主要原因有：颗粒不够干燥，物料较易吸湿，润滑剂选用不当或用量不足，冲头表面锈蚀、粗糙不光滑或刻字等，应根据实际情况查找原因予以解决。

（4）片重差异超限　系指片重差异超过药典规定的要求。其原因主要有颗粒大小不匀、下冲升降不灵活、加料斗装量时多时少等，需及时处理解决。

（5）崩解迟缓　一般的口服片剂都应在胃肠道内迅速崩解。若片剂超过了规定的崩解时限称为崩解超限或崩解迟缓。产生的主要原因有崩解剂用量不足、润滑剂用量过多、黏合剂的黏性大、压力过大和片剂的硬度过大等，需针对原因处理。

(6) 溶出超限　片剂在规定的时间内未能溶解出规定量的药物，称为溶出超限。影响药物溶出度的主要原因有：片剂不崩解、药物的溶解度差、崩解剂用量不足、润滑剂用量过多、黏合剂的黏性大、压力过大和片剂的硬度过大等，应根据情况予以解决。

(7) 片剂中的药物含量不均匀　所有造成片重差异过大的因素，皆可造成片剂中药物含量不均匀。对于小剂量的药物来说，除了混合不均匀以外，可溶性成分在颗粒之间的迁移是其均匀度不合格的一个重要原因，在干燥的过程应尽可能防止可溶性成分的迁移。

(8) 变色和色斑　系指片剂表面的颜色变化或出现色泽不一的斑点，导致外观不合格。产生原因有颗粒过硬、混料不匀、接触金属离子、润滑油污染压片机等，需针对原因逐个处理解决。

(9) 叠片　系指两个片剂叠在一起的现象。其原因主要有出片调节器调节不当、上冲粘片、加料斗故障等，应立即停止生产检修，针对原因分别处理。

(10) 卷边　系指冲头与模圈碰撞，使冲头卷边，造成片剂表面出现半圆形的刻痕，需立即停车，更换冲头和重新调节机器。

(11) 引湿和受潮　中药片剂，尤其是浸膏片剂在制备过程及压成片剂后，由于生产环境湿度大或包装不严容易引湿或黏结，甚至会霉坏变质。

活动 3　清洁与保养旋转式压片机、清场

1. 清洁与清场

(1) 实训结束后，用真空管吸出机台内粉粒。

(2) 拆除上冲，再用真空管吸净中转盘上的粉粒。

(3) 拆除下冲。

(4) 依次用饮用水、纯化水擦拭冲模。

(5) 冲模擦净后，待其干燥后涂上防锈油，放模具保存柜保存。

(6) 依次用饮用水、75%乙醇擦拭加料斗和月形加料器。

(7) 用湿布擦拭压片机的各部分，待其干燥后盖上防护罩。

(8) 清洁天花板、墙壁、地面。

2. 保养旋转式压片机

(1) 保证机器各部件完好可靠。

(2) 各润滑油杯和油嘴每班加润滑油和润滑脂，蜗轮箱加机械油，油量以浸入蜗杆一个齿为好，每半年更换一次机械油。

(3) 每班检查冲杆和导轨润滑情况，用机械油润滑，每次加少量，以防污染。

(4) 每周检查机件（蜗轮、蜗杆、轴承、压轮等）是否灵活，上、下导轨是否磨损，发现问题及时与维修人员联系，进行维修，正常后方可继续生产。

活动 4　判断产品的质量

1. 外观

应完整光洁、色泽均匀。

2. 片重差异

片重差异不合格导致每片中主药含量不一，对治疗可能产生不利影响。

《中国药典》规定的片重差异限度应符合以下规定（表 4-10）。

表 4-10　片剂重量差异限度

平均重量/g	重量差异限度/%
0.30 以下	±7.5
0.30 或 0.30 以上	±5.0

一般生产企业工序应建立高于国家标准的内控标准。

3. 硬度和脆碎度

根据各生产单位的内控标准进行检查。

4. 崩解度测定

一般采用升降式崩解仪，除另有规定外，一般压制片应在 15min 内全部崩解；薄膜衣片应在 30min 内全部崩解；糖衣片应在 1h 内全部崩解；肠溶衣片在人工胃液中 2h 不得有裂缝、崩解和软化等现象，在人工肠液中 1h 内全部崩解。

5. 片剂的溶出度测定

应根据 2010 版《中国药典》规定进行测定。

活动 5　审核生产记录

压片操作实训过程中的记录包括压片生产记录、清场记录。可从以下几方面进行记录的审核。

① 审查记录填写的及时性、字迹清晰程度、内容真实性、数据完整性。

② 审查记录上有无操作人与复核人的签名。

③ 审查记录的整洁程度、有无撕毁和任意涂改，若有更改，看更改处有无签名、原数据是否可辨认。

活动 6　分析与讨论

① 压片时出现片重不合格，可能是什么原因造成的？

② 调整月形加料器出口高度的作用是什么？

③ 月形加料器内侧留有一小口，压片时必须有少量颗粒溢出，并从出片侧回到加料器，有何目的？

④ 压片机有预压装置，有何作用？

⑤ 如何分辨 ZP35B 压片机的 2 个月形加料器的安装方向？

⑥ 压片时细粉过多对片剂质量有何影响？

⑦ 压片过程出现粘冲应如何处理？

⑧ 压片时压力过大导致停机，应如何处理？

活动 7　考核压片操作

考核内容	技能要求		分值/分
生产前准备	生产工具准备	① 检查核实清场情况，检查清场合格证 ② 对设备状况进行检查，确保设备处于合格状态 ③ 对计量容器、衡器进行检查核准 ④ 对生产用的工具的清洁状态进行检查	15
	物料准备	① 按生产指令领取生产原辅料 ② 按生产工艺规程制订标准核实所用原辅料（检验报告单，规格，批号）	
片重计算	根据主药含量和每次给药片数正确计算片重		10

续表

考核内容	技能要求	分值/分
压　片	① 正确调试及使用多冲旋转式压片机(按设备 SOP 操作) ② 根据计算值正确调节片重 ③ 正确调节压力	30
质量控制	① 片外观整洁,色泽均匀 ② 重量差异合格 ③ 崩解时限合格 ④ 硬度适中	15
记　录	生产记录准确完整	10
生产结束清场	① 作业场地清洁 ② 工具和容器清洁 ③ 生产设备的清洁 ④ 清场记录	10
实操问答	正确回答考核人员的提问	10

项目三　片剂包衣工艺操作

【教学目标】

1. 掌握片剂包衣液的配制方法
2. 掌握包衣生产工艺过程及质量控制要点
3. 掌握高效包衣机的标准操作规程
4. 掌握高效包衣机的清洁、保养规程
5. 能操作 BG-D 型高效包衣机对片剂包制薄膜衣，并进行清洁保养工作
6. 能对包衣过程常出现的问题提出处理方法
7. 能对 BG-D 型高效包衣机生产过程中出现的一般故障进行排除
8. 能对包衣片进行质量判断

任务一　熟悉包衣操作的相关背景资料

活动 1　了解包衣操作的适用岗位

本工艺操作适用于片剂包衣工、片剂包衣质量检查工、工艺员。

1. 片剂包衣工

(1) 工种定义　将压制合格的素片，使用适宜的包衣材料，采用包衣锅法、空气悬浮法、平压包衣法等，在素片表面均匀地涂上粉层、糖层、色层或膜层，使之符合片剂包衣质量要求的操作人员。

(2) 适用范围　配料、包外层、包内层、调色、打光、干燥和质量自检。

2. 片剂包衣质量检查工

(1) 工种定义　片剂包衣质量检查工是指从事片剂包衣生产全过程的各工序质量控制点的现场监督和对规定的质量指标进行检查、判定的操作人员。

(2) 适用范围　片剂包衣全过程的质量监督（工艺管理、QA）。

活动 2　认识包衣常用设备

片剂包衣一般所用的设备有：滚转包衣法包衣设备、悬浮包衣法包衣设备、压制包衣法包衣设备。以下介绍目前国内企业常用设备的主要特点。

1. 普通包衣机

一般由荸荠型（图 4-4）或球型（莲蓬型）包衣锅、动力部分、加热器和鼓风装置等组成。材料一般使用紫铜或不锈钢等金属。包衣锅轴与水平成 30°～45°角，使药片在包衣锅转动时呈弧线运动，在锅口附近形成旋涡。包衣时，包衣材料直接从锅口喷到片剂上，用可调节温度的加热器对包衣锅加热，并用鼓风装置通入热风或冷风，使包衣液快速挥发。在锅口上方装有排风装置。另外，可在包衣锅内安装埋管，将包衣材料通过插入片床内埋管，从喷头直接喷在片剂上，同时干热空气从埋管吹出穿透整个片床，干燥速度快。

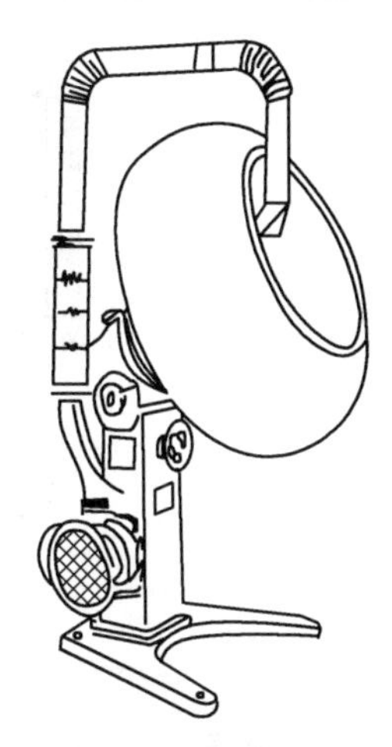
图 4-4　荸荠型包衣机

2. 网孔式高效包衣机（图 4-5）

片芯在包衣机有网孔的旋转滚筒内做复杂的运动（图 4-6）。包衣介质由蠕动泵（或糖浆泵，图 4-7）泵至喷枪（图 4-8），从喷枪喷到片芯，在排风和负压作用下，热风穿过片芯、底部筛孔，再从风门排出。使包衣介质在片芯表面快速干燥。工艺流程配置图见图 4-9。

图 4-5　网孔式高效包衣机主机

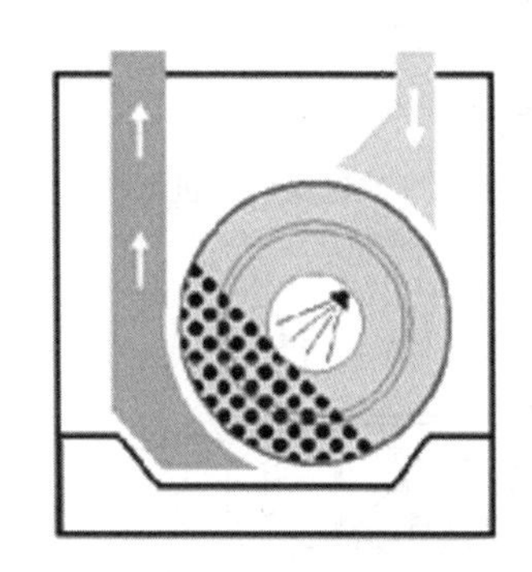
图 4-6　网孔式高效包衣机工作原理

图 4-7　糖浆泵

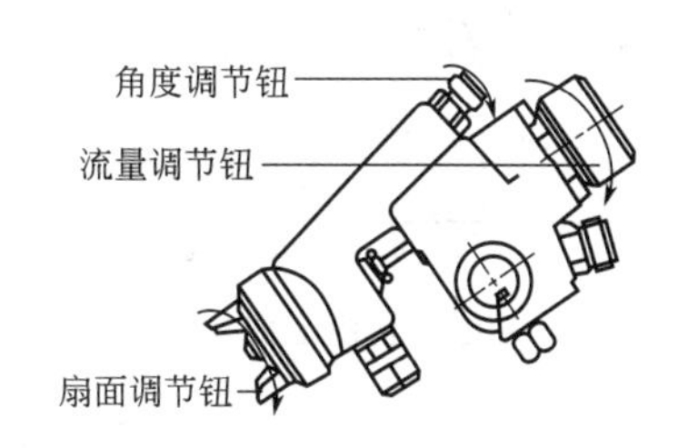

图 4-8　喷枪控制图

3. 无孔高效包衣机（图 4-10）

片芯在包衣机无孔的旋转滚筒内做复杂的运动，包衣介质从喷枪喷到片芯，热风由滚筒中心的气道分配器（图 4-11）导入，经扇形风桨（图 4-12）穿过片芯，在排风和负压作用下，从气道分配器另一侧风门抽走，使包衣介质在片芯表面快速干燥。工作示意图见图 4-13。

4. 流化包衣机（图 4-14）

利用高速空气流使药片悬浮于空气中，上下翻滚，呈流化态。将包衣液喷入流化态的片床中，使片心表面附着一层包衣材料，通入热空气使其干燥。如法数次，至符合要求。

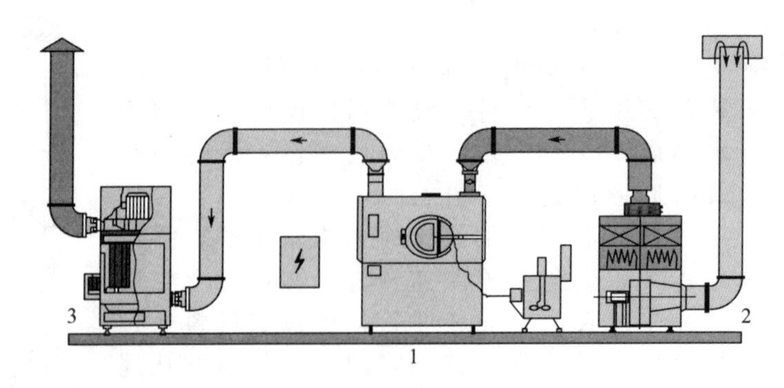

图 4-9　包衣成套设备工艺流程配置图

1—主机；2—热风柜；3—主机

图 4-10　无孔高效包衣机主机

图 4-11　气道分配器

图 4-12　扇形风桨

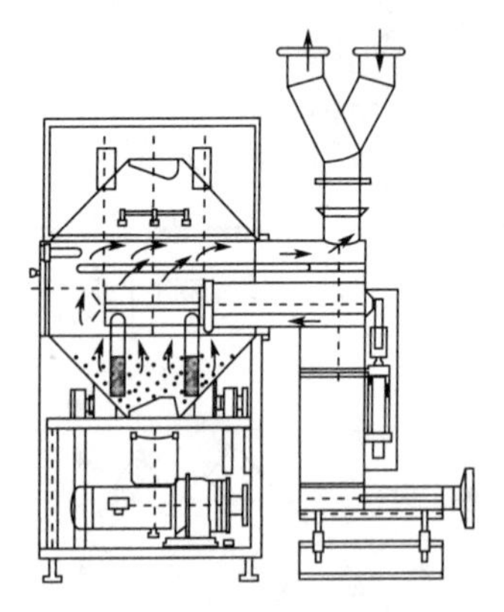

图 4-13　无孔包衣机工作示意图

图 4-14　WBF 系列多用途流化床

活动 3　识读包衣岗位职责

（1）严格执行《包衣岗位操作程序》、《包衣设备标准操作规程》。

（2）负责包衣所用设备的安全使用及日常保养，保障设备的良好状态，防止安全事故发生。

（3）严格按生产指令，核对包衣材料和素片的物料名称、数量、规格、形状无误，达规定质量要求。

（4）薄膜包衣液配制：根据各品种工艺规程要求，配制薄膜包衣液。

（5）检查领用的素片是否有检验合格报告单，认真核对所领素片的品名、规格、批号，检查素片的外观质量，确认无误方可开始包衣。

（6）在包衣过程中，严格执行操作程序和操作规程，一旦出现异常情况，及时采取适当措施，并及时上报车间工艺员，谨防事故发生。

（7）认真如实填好生产记录，做到字迹清晰、内容真实、数据完整，不得任意涂改和撕毁，做好交接记录，不合格产品不能进入下道工序。

（8）工作结束或更换品种时应及时做好清洁卫生并按有关SOP进行清场工作，认真填写相应记录。做到岗位生产状态标识、设备所处状态标识、清洁状态标识清晰明了。

活动4 识读包衣岗位操作程序

1. 生产前准备

（1）操作人员按要求更衣，着装，消毒进入操作间。

（2）检查上批产品的清场合格证。

（3）检查工具、容器是否齐备。

（4）检查设备有无“合格”标牌、“已清洁”标牌并试开空车，检查设备有无故障；检查各机器的各零部件是否齐全，检查各部件螺丝是否紧固，检查安全装置是否安全、灵敏。

（5）检查磅秤、天平的零点及灵敏度。

（6）根据生产指令领取经检验合格的素片、包衣材料。核对素片、包衣材料的品名、批号、数量，领发双方在物料交接表上签字。

（7）待房间温度、湿度符合要求后戴好手套，在设备上挂本次运行状态标志，进入操作。

2. 包衣操作

（1）按照工艺规程中处方及制备方法配制包衣液。

① 按处方用量，称取包衣材料、溶剂（两人核对）。

② 薄膜衣：将溶剂加入配制桶内，搅拌、超声波使包衣材料溶解，混匀。难溶的包衣材料应用溶剂浸泡过夜，以使彻底溶解、混匀。

③ 糖衣：按工艺规程要求，将各包衣料加热煮沸，并搅拌，保温备包衣之用。

④ 配制完毕，填写生产记录。

⑤ 操作完毕，按清场标准操作程序、D级洁净区容器具清洁标准操作程序进行清洁、清场。

（2）按设备操作规程安装蠕动泵管。

（3）将筛净粉尘的片芯加入包衣滚筒内，开启包衣滚筒，低速转动。

（4）开启排风，然后开启加热预热片芯。

（5）按设备操作规程安装调整喷嘴（包薄膜衣）或滴管（包糖衣），按工艺要求调整喷嘴或滴管的位置。包薄膜衣时要调整压缩空气至合适压力。在滚筒外面进行试喷或试滴。试喷时根据喷雾情况调整蠕动泵转速，并调整喷枪顶端的调整螺钉，增加或减少喷雾压力，使其达到理想要求。

（6）待“出风温度”升至规定温度时开始包衣。

（7）包糖衣，根据工艺要求，按包隔离层、粉衣层、糖衣层、有色糖衣层、打光的次序进行包衣。按少量多次，逐层干燥原则。在包衣过程中时刻注意包衣情况，根据需要调整糖浆、粉浆、滑石粉的加入量和干燥空气的温度以及加液、干燥等各阶段的时间。

（8）包薄膜衣，在生产过程中根据情况调整蠕动泵的转速，控制好包衣液的喷雾量。根据“出风温度”的变化调整热风温度。注意观察片剂表面情况，出现问题及时解决。

（9）包衣结束后，从包衣锅内卸出衣片装入晾片筛，称重并贴标签，然后送晾片间干燥。填请验单，由化验室检测。

(10) 生产过程注意观察设备运行情况，出现故障及时解决。无法解决及时通知维修人员维修。

3. 生产结束

按《包衣设备清洁操作规程》、《包衣工序清洁操作规程》进行清洁、清场，经QA人员检查合格后，发清场合格证，填写清场记录。

4. 记录

操作过程中及时填写各生产操作记录。

活动5 识读包衣生产安全管理要点及质量控制关键点

1. 生产工艺管理要点

(1) 包衣操作室按D级要求。室内相对室外呈正压，温度18～26℃、相对湿度45%～65%。

(2) 使用有机溶剂的包衣室和配制室必须符合防火防爆要求，严禁使用明火。

(3) 包衣锅内干燥空气应过滤，所含微粒应符合规定要求。

(4) 包衣用糖浆须用纯化水配制、煮沸，滤除杂质。食用色素须用纯化水溶解、过滤，再加入糖浆中搅匀，并做好包衣液配制记录。薄膜包衣材料可根据规定配制。

(5) 薄膜包衣时，根据工艺要求计算薄膜包衣的重量，包衣材料的浓度。核对品名、规格、包衣颜色。

(6) 将适量的溶剂或纯化水加入大小适宜的容器中，并加入薄膜包衣材料，以一定速度搅拌使液面形成旋涡带动整个容器液体。包衣时其材料应充分溶解均匀。

(7) 包薄膜衣时，应控制进风温度、出风温度、锅体转速、压缩空气的压力，使包衣片快速干燥、不粘连而细腻。

(8) 包薄膜衣过程中，随时取样检查包衣片质量和控制包衣片增重量。

(9) 装有包制好的半成品的盛器内、外应有标签，写明品名、规格、批号、重量、日期和操作者等。按规定时间干燥后送中间站。

2. 质量控制关键点

(1) 外观。

(2) 崩解时限。

任务二 训练包薄膜衣操作

活动1 操作BG-D高效包衣机

1. 开机前准备

(1) 检查包衣间的温湿度、压力是否符合要求。

(2) 检查整机各部件是否完整、干净，开启总电源，检查主机及各系统能否正常运转。

(3) 按设备清洁规程进行消毒。

(4) 安装蠕动泵管

① 先将3个白色旋钮松开，把活动夹钳取出，再把硅胶管塞入滚轮下，边旋转滚轮盘，边塞入胶管，使滚轮压缩管子，不能过紧，也不能过松（管壁间有缝隙），松紧程度可通过移动泵座的前后位置来调整，调好后用扳手紧固六角螺母。

② 将泵座两侧的活动夹钳放下，使管子在夹钳中，拧紧白色旋钮，一只手将橡胶管稍处于拉伸状态，另一只手拧白色旋钮，以防止橡胶管在工作过程中移动，注意橡胶管不能拉得过紧，否则泵工作时会把橡胶管拉断，还要注意管子安装要平整，不能扭曲。

③ 将橡胶管的一端（短端）套在吸浆不锈钢管上，将硅橡胶管的另一端（长端）穿入包衣主机旋转臂长孔内，与喷浆管连接。

(5) 片芯预热：将筛净粉尘的片芯加入包衣滚筒内，关闭进料门。开启包衣滚筒，使转速为 1～3r/min，启动风机，向主机送风，然后设定较高加热温度，启动加热。

(6) 安装调整喷嘴

① 将喷浆管安装在旋转长臂上，调整喷嘴位置使其位于片芯流动时片床的上 1/3 处，喷雾方向尽量平行于进风风向，并垂直于流动片床，喷枪与片床距离为 20～25cm。

② 将旋转臂边同喷雾管移出滚筒外面进行试喷。

③ 打开喷雾空气管道上的球阀，压力调至 0.3～0.4MPa。开启喷浆、蠕动泵，调整蠕动泵转速及喷枪顶端的调整螺钉，使喷雾达到理想要求，然后关闭喷浆及蠕动泵。

(7)“出风温度”升至工艺要求值时，降低“进风温度”，待“出风温度”稳定至规定值时开始包衣。

2. 包衣

(1) 按“喷浆”键，开启蠕动泵，开始包衣，将转速缓慢升至工艺要求值。

(2) 按工艺要求进行包衣，在包衣过程中根据情况调节各包衣参数。

(3) 开机过程中随时注意设备运行声音、情况。

3. 停机

(1) 将输液管从包衣液容器中取出，关闭“喷浆”。

(2) 降低转速，待药片完全干燥后依次关闭热风，排风和匀浆。

打开进料口门，将旋转臂转出。装上卸料斗，按“点动”键，滚筒转动，药片从卸料斗卸出。

4. 清洁与清场

(1) 取下输液管，将管中残液弃去。将输液管浸入合适溶剂清洗数遍，至溶剂无色。另取适量新鲜溶剂冲洗输液管。最后将清洗干净的输液管浸入 75%乙醇中消毒后取出晾干。

(2) 清洗喷枪　每次包衣结束后，取下输液管后，装上洁净输液管。将喷枪转入滚筒内，开机，用适宜的溶剂冲洗喷枪。此时可转动滚筒，对滚筒初步润湿、冲洗。待喷雾无色后，关闭喷浆，从喷枪上拔除压缩空气管。待喷枪上所滴下清洗液清澈透明。喷枪清洗结束，泵入 75%乙醇对喷枪消毒。完成后喷枪接上压缩空气管，按喷浆键，用压缩空气吹干喷枪。

(3) 清洗滴管　可直接开机用热水冲洗至清澈透明，消毒，吹干。

(4) 打开进料口，开机转动滚筒，用适宜的溶剂冲洗滚筒，并用洗净的毛巾擦洗滚筒至洁净，对喷枪旋转臂需一同进行清洗，清洗后关滚筒转动。

(5) 当滚筒内壁清洗干净后，打开主机两边侧门，拆下排风口，用适宜的溶剂清洗滚筒外壁；外壁清洗干净后，再次清洗内壁；拆下排风管清洗干净，待晾干后装回原位，然后装上侧门。

(6) 擦洗进料口门内侧，卸料斗。

(7) 用湿布擦拭干净设备外表面。

(8) 每周清洗一次进风口。

(9) 清洁天花板、墙壁、地面。

5. 保养

(1) 整套电气设备每工作 50h 或每周清洁、擦净电器开关探头，每年检查调整热继电器、接触器。

(2) 工作 2500 工时后清洗或更换热风空气过滤器，每月检查一次热风装置内离心式风机。

（3）排风装置内离心式风机、排气管每月清洗一次以防腐蚀。

（4）工作时注意热风风机、排风风机有无异常情况，如有异常，须立即停机检修。

（5）每半年不论设备是否运行都需分别检查独立包衣滚筒、热风装置内离心式风机、排风装置内离心式风机各连接部件是否有松动。

（6）每半年或大修时，需更新润滑油。

6. 记录

实训过程中应及时、真实、完整、正确地填写各类生产记录（表 4-11～表 4-16）。

表 4-11　包衣生产前确认记录　　年　月　日

<table>
<tr><td colspan="2">产品名称</td><td></td><td>规格</td><td></td><td>批号</td><td></td></tr>
<tr><td colspan="7">操作前检查项目</td></tr>
<tr><td>序号</td><td>项　目</td><td>是</td><td>否</td><td>操作人</td><td>复核人</td><td></td></tr>
<tr><td>1</td><td>是否有上批清场合格证，并在有效期内</td><td></td><td></td><td rowspan="9"></td><td rowspan="9"></td><td></td></tr>
<tr><td>2</td><td>是否有所需岗位生产记录，清洁、清场记录、单、卡、标志等空白表格</td><td></td><td></td><td></td></tr>
<tr><td>3</td><td>设备是否完好，有合格标志</td><td></td><td></td><td></td></tr>
<tr><td>4</td><td>容器具是否符合清洁要求，有清洁合格标志</td><td></td><td></td><td></td></tr>
<tr><td>5</td><td>是否用75%乙醇或3%双氧水对包衣设备接触药品的部位及所用工具、容器进行消毒</td><td></td><td></td><td></td></tr>
<tr><td>6</td><td>是否检查、调节磅秤、台秤等计量器具</td><td></td><td></td><td></td></tr>
<tr><td>7</td><td>领用片芯、包衣料是否有检验合格证，并已复称、复核</td><td></td><td></td><td></td></tr>
<tr><td rowspan="2">8</td><td rowspan="2">室内温湿度要求　温度：18～26℃；相对湿度：45%～65%</td><td colspan="2">温度</td><td></td></tr>
<tr><td colspan="2">相对湿度</td><td></td></tr>
<tr><td colspan="7">生产前准备工作检查合格，准产证粘贴处</td></tr>
<tr><td colspan="7">备注：</td></tr>
</table>

表 4-12　包衣液配制记录　　年　月　日

产品名称：		规格：		批号：
包衣料名称：		称配制量：		
包衣料、溶剂名称	批号	检验单号	领用量	投料量
配制人：		复核人：		
配制方法：				
备注：				
工序班长：		QA：		

表 4-13　包糖衣生产记录 1　　年　月　日

产品名称			规格		批号		
包衣操作过程记录	第（　）锅				生产日期		
	投入量	kg	收重	kg	崩解时限		min
	包衣阶段	起止时间	层数	阶段结束包衣片重	外观状况	操作人	复核人
	隔离层						
	粉衣层						
	糖衣层						
	色衣层						
	打光						
包衣操作过程记录	第（　）锅				生产日期		
	投入量	kg	收重	kg	崩解时限		min
	包衣阶段	起止时间	层数	阶段结束包衣片重	外观状况	操作人	复核人
	隔离层						
	粉衣层						
	糖衣层						
	色衣层						
	打光						

表 4-14 包糖衣生产记录 2 年 月 日

产品名称			规 格				批 号			
箱号										
净重量										
数量/万粒										
箱号										
净重量										
数量/万粒										
箱号										
净重量										
数量/万粒										
总重量	kg		总数量		万粒		回收粉头		kg	
可见损耗量	kg		操作人				复核人			

$$物料平衡=\frac{包衣后片总重量+回收粉头+可见损耗量}{投入素片总量+衣料合计用量}\times 100\%$$

=

$$收得率=\frac{包衣片总数量}{素片总数量}\times 100\%$$

=

备注/偏差情况：

表 4-15 包薄膜衣工序生产记录 年 月 日

片芯名称： 片芯规格： 片芯批号： 投料量：

锅号： 片芯重量/g： 最终片重/g： 操作人：

时间	锅体转速	进风温度	出风温度	片重	增重	时间	锅体转速	进风温度	出风温度	片重	增重

包衣过程中出现的问题及处理情况：

工序班长： QA：

表 4-16　片剂包衣工序清场记录

清场前	批 号：	生产结束日期：　年　月　日　班	
检查项目	清场要求	清场情况	QA 检查
物料	结料，剩余物料退料	按规定做 □	合格 □
中间产品	清点、送规定地点放置，挂状态标记	按规定做 □	合格 □
工具器具	冲洗、湿抹干净，放规定地点	按规定做 □	合格 □
清洁工具	清洗干净，放规定处干燥	按规定做 □	合格 □
容器管道	冲洗、湿抹干净，放规定地点	按规定做 □	合格 □
生产设备	湿抹或冲洗，标志符合状态要求	按规定做 □	合格 □
工作场地	湿抹或湿拖干净，标志符合状态要求	按规定做 □	合格 □
废弃物	清离现场，放规定地点	按规定做 □	合格 □
工艺文件	与续批产品无关的清离现场	按规定做 □	合格 □
注：符合规定在“□”中打“√”，不符合规定则清场至符合规定后填写			
清场时间	年　月　日　班		
清场人员			
QA 签名	年　月　日　班		
检查合格发放清场合格证，清场合格证粘贴处			
备　注			

7. 包衣设备常见故障及排除方法

包衣设备常见故障及排除方法见表 4-17。

表 4-17　包衣设备常见故障及排除方法

故障现象	产生原因	排除方法
机座产生较大震动	①电机紧固螺栓松动 ②减速机紧固螺栓松动 ③电机与减速机之间的联轴器位置调整不正确 ④变速皮带轮安装轴错位	①拧紧紧固螺栓 ②拧紧紧固螺栓 ③调整对正联轴器 ④调整对正联轴器
异常噪声	①联轴器位置安装不正确 ②包衣锅与送排风接口产生碰撞 ③包衣锅前支承滚轮位置不正	①调节轴位置 ②调整风口位置 ③调整滚轮安装位置
减速机轴承温度高	①润滑油牌号不对 ②润滑油少 ③包衣药片超载	①换成 90# 机械油 ②添加润滑油 ③按要求加料

续表

故障现象	产生原因	排除方法
包衣锅调速不合要求	①调速油缸行程不够 ②皮带磨损	①油缸中添满油 ②更换皮带
热空气效率低	热空气过滤器灰尘过多	清洗或更换热空气过滤器
风门关不紧	风门紧固螺钉松动	拧紧风门紧固螺钉
包衣机主机工作室不密封	密封条脱落	更换密封条
蠕动泵开动包衣液打不出来	①软管位置不正确或管破 ②泵座位置不正确	①更换软管 ②调整泵座位置，拧紧螺母
喷雾管道泄漏	①管接头螺母松 ②组合垫圈坏 ③软管接口损坏	①拧紧螺母 ②更换垫圈 ③剪去损坏接口
喷枪不关闭或关得慢	①气源关闭 ②料针损坏 ③汽缸密封圈损坏 ④轴密封圈损坏	①打开气源 ②更换料针 ③更换密封圈 ④更换密封圈
枪端滴漏	①针阀与阀座磨损 ②枪端螺母未压紧 ③汽缸中压紧活塞的弹簧失去弹性或已损坏	①用碳化矽磨砂配研 ②旋紧螺母 ③更换弹簧
压力波动过大	①喷嘴孔太大 ②气源不足	①改用较小的喷嘴 ②提高气源压力或流量
胶管经常破裂	①滚轮损坏或有毛刺 ②同一位置上使用过长	①修复或更换滚轮 ②适时更换滚轮压紧胶管的部位
胶管往外跑或往泵壳里缩	胶管规格不对	按规定更换胶管

8. 包衣过程常见问题及解决方法

(1) 薄膜衣片（表 4-18）

表 4-18　薄膜衣片常见问题及解决方法

常见问题	原　因	解决办法
起泡	固化条件不当，干燥速度过快	掌握成膜条件，控制干燥温度和速度
皱皮	选择衣料不当，干燥条件不当	更换衣料，改善成膜温度
剥落	选择衣料不当，两次包衣间的加料间隔过短	更换衣料，调节间隔时间，调节干燥温度和适当降低包衣液的浓度
花斑	增塑剂、色素等选择不当。干燥时，溶剂可溶性成分带到衣膜表面	改变包衣处方，调节空气温度和流量，减慢干燥速度

(2) 糖衣片（表 4-19）

表 4-19　糖衣片常见问题及解决方法

常见问题	原　因	解决办法
糖浆不粘锅	锅壁上蜡未除尽	洗净锅壁，或再涂一层热糖浆，撒一层滑石粉
色泽不均	片面粗糙，有色糖浆用量过少且未搅匀；温度太高，干燥过快，糖浆在片面上析出过快，衣层未干就加蜡打光	针对原因予以解决，如可用浅色糖浆，增加所包层数，“勤加少上”控制温度，情况严重时，可洗去衣层，重新包衣
片面不平	撒粉太多，温度过高衣层未干就包第二层	改进操作方法，做到低温干燥，勤加料，多搅拌

续表

常见问题	原　因	解决办法
龟裂或爆裂	糖浆与滑石粉用量不当，芯片太松；温度太高，干燥过快，析出粗糖晶使片面留有裂缝	控制糖浆和滑石粉用量，注意干燥时的温度与速度，更换片芯
露边与麻面	衣料用量不当，温度过高或吹风过早	注意糖浆和粉料的用量，糖浆以均匀润湿片芯为度，粉料以能在片面均匀黏附一层为宜，片面不见水分和产生光亮时，再吹风
粘锅	加糖浆过多，黏性大，搅拌不均	糖浆的含量应恒定，一次用量不宜过多，锅温不宜过低
膨胀磨片或剥落	片芯或糖衣层未充分干燥，崩解剂用量过多	注意干燥，控制胶浆或糖浆的用量

活动 2　判断产品的质量

1. 外观检查

任取 100 片药片，目测。药片表面应光亮，色泽均匀，颜色一致。表面不得有缺陷（碎片、粘连剥落、起皱、起泡等）。药片不得有严重畸形。如有一片轻微畸形，另取 1000 片，轻微畸形不得超过 0.3%。

2. 脆碎度

取 20 片药片置 Roche 脆碎度测定仪中，以 25r/min 速度转动，4min 后取出，药片不得有破碎。

3. 被覆强度检查

将包衣片 50 片置 250W 红外线灯下 15cm 处，加热 4h，片面应无变化。

4. 含水量检查

取药片 20 片，研细，取 1 片药片重量之细粉，置水分快速测定仪中。检测水分不得大于 3%～5%。

5. 崩解度

按 2010 版《中国药典》崩解时限检查法检测，取药片 6 片，分别置吊篮玻璃管中，吊篮浸入 1000ml 烧杯中，内盛有 (37±1)℃的水，吊篮上下移动距离为 (55±2)mm，往返频率为 30～32 次/min，调节水位高度使吊篮上升时筛网在水面下 15mm 处。各药片应在 30min 内崩解成碎粒，通过筛网。如有 1 片不能完全崩解，应另取 6 片复试，应符合规定。

活动 3　审核生产记录

包薄膜衣操作实训过程中的记录包括包衣生产记录、清场记录。可从以下几方面进行记录的审核。

① 审查记录填写的及时性、字迹清晰程度、内容真实性、数据完整性。

② 审查记录上有无操作人与复核人的签名。

③ 审查记录的整洁程度、有无撕毁和任意涂改，若有更改，看更改处有无签名、原数据是否可辨认。

活动 4　讨论与分析

① 试分析包衣液处方中各组分的作用?

② 在包衣过程中应注意哪些问题?

③ 分析薄膜衣表面有花斑的原因，并提出解决办法。

活动 5　考核包薄膜衣操作

考核内容	技能要求		分值/分
生产前准备	生产工具准备	①检查核实清场情况，检查清场合格证 ②对设备状况进行检查，确保设备处于合格状态 ③对计量容器、衡器进行检查核准 ④对生产用的工具的清洁状态进行检查	15
	物料准备	①按生产指令领取生产原辅料 ②按生产工艺规程制订标准核实所用原辅料（检验报告单，规格，批号）	
包衣液的配制	①正确计算物料量 ②正确配制包衣液		15
包衣	①正确安装及调试蠕动泵、喷嘴及滴管 ②正确调试及使用高效包衣机或糖衣锅机（按设备 SOP 操作） ③根据包衣片量调整转速 ④正确调节喷雾量 ⑤正确使用自动卸料装置卸出包衣片		30
质量控制	①片外观整洁，色泽均匀 ②崩解时限合格		10
记　录	生产记录准确完整		10
生产结束清场	①作业场地清洁 ②工具和容器清洁 ③生产设备的清洁 ④清场记录		10
实操问答	正确回答考核人员的提问		10

第五章　胶囊填充工艺操作

胶囊剂是将一定量的药物加辅料制成均匀的粉末或颗粒，填充于空心胶囊中制成的剂型。胶囊剂是使用广泛的口服剂型之一，具有以下特点：可掩盖药物的不良臭味、崩解快、吸收好、剂量准确、稳定性好、质量容易控制等。随着制药设备的不断发展，全自动胶囊填充机的广泛使用，大大提高了硬胶囊剂的生产效率和质量，同时也降低了生产成本。硬胶囊剂的制备一般分为填充物料的制备、胶囊填充、胶囊抛光、分装和包装等过程，其生产工艺流程见图 5-1，其中胶囊填充是关键步骤。

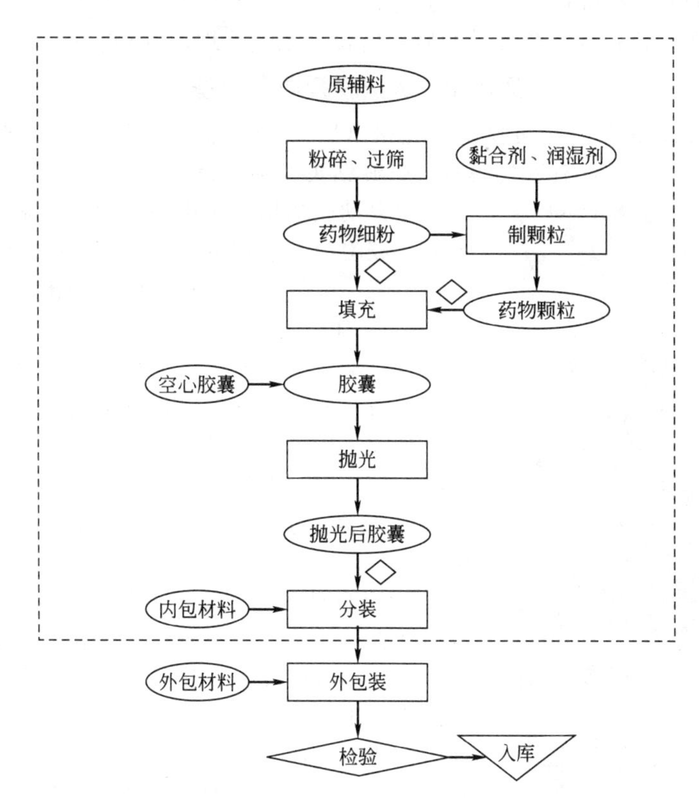

图 5-1　胶囊剂生产工艺流程图

物料：◯　工序：□　检验：◇　入库：▽

注：虚线框内代表 D 级洁净生产区域

【教学目标】

1. 掌握胶囊填充岗位操作程序
2. 掌握胶囊填充工艺管理要点及质量控制要点
3. 掌握 NJP-1000A 全自动胶囊填充机的标准操作规程
4. 掌握 NJP-1000A 全自动胶囊填充机的清洁和保养标准操作规程
5. 能操作 NJP-1000A 全自动胶囊填充机，并进行清洁保养工作
6. 能对 NJP-1000A 全自动胶囊填充机生产过程中出现的一般故障进行排除
7. 能对填充好的胶囊进行质量判断

任务一　熟悉胶囊填充操作的相关背景资料

活动1　了解胶囊填充操作适用的岗位

本工艺操作适用于胶囊填充工、胶囊填充质量检查工、工艺员。

1. 胶囊填充工

(1) 工种定义　胶囊填充工是指将药物粉末或颗粒，使用全自动胶囊填充机填充于空心胶囊中，抛光成为合格胶囊剂的操作人员。

(2) 适用范围　胶囊填充机操作、质量自检。

2. 胶囊填充质量检查工

(1) 工种定义　胶囊填充质量检查工是指从事胶囊填充全过程的各工序质量控制点的现场监督和对规定的质量指标进行检查、判定的人员。

(2) 适用范围　胶囊填充全过程的质量监督（工艺管理、QA)。

活动2　认识胶囊填充设备

胶囊填充主要设备为全自动胶囊填充机（图5-2)，辅助设备有真空泵、空气压缩机、抛光机、吸尘器。主要配件有胶囊模具、螺旋钻头、刮粉板。

图5-2　全自动胶囊填充机

全自动胶囊填充机由主要由机座和电控系统、液晶界面、胶囊料斗、播囊装置、旋转工作台、药物料斗、充填装置、胶囊闭合装置、胶囊导出装置组成。

1. 全自动胶囊填充机的特点

全自动胶囊填充机主要功能是向空心胶囊内填充药物，配备不同规格的模具，能同时完成播囊、分离、充填、剔废、锁紧、成品出料、模块清洁等动作。机器全封闭设计，符合GMP要求，具有结构新颖、剂量准确、生产效率高、安全环保等特点，广泛应用于药品的生产。

2. 全自动胶囊填充机的工作原理（图5-3)

装在料斗里的空心胶囊随着机器的运转，逐个进入顺序装置的顺序叉内，经过胶囊导槽和拨叉的作用使胶囊调头，机器每动作一次，释放一排胶囊进入模块孔内，并使其囊体在下，囊帽在上。转台的间隙转动，使胶囊在转台的模块中被输出到各工位，真空分离系统把胶囊顺入到模块孔中的同时将帽体分开。随着机器的运转，下模块向外伸出，与上模块错开，以备填充物料。药粉由一个不锈钢料斗进入计量装置的盛粉环内，盛粉环内药粉的高度由料位传感器控制。充填杆把压实的药柱推到胶囊体内，调整每组充填杆的高度可以改变装药量。下模块缩回与上模块并合，经过推杆作用使充填好的胶囊扣合锁紧，并将扣合好的成品胶囊推出收集。真空清理器清理模块孔后进入下一个循环。

活动3　识读胶囊填充岗位职责

(1) 严格执行《胶囊填充岗位操作程序》和《胶囊填充设备标准操作规程》。

(2) 负责胶囊填充所用设备的安全使用及日常保养，防止发生生产安全事故。

(3) 严格执行生产指令，保证胶囊填充所有物料名称、数量、规格、质量准确无误、胶囊质量符合规定质量要求。

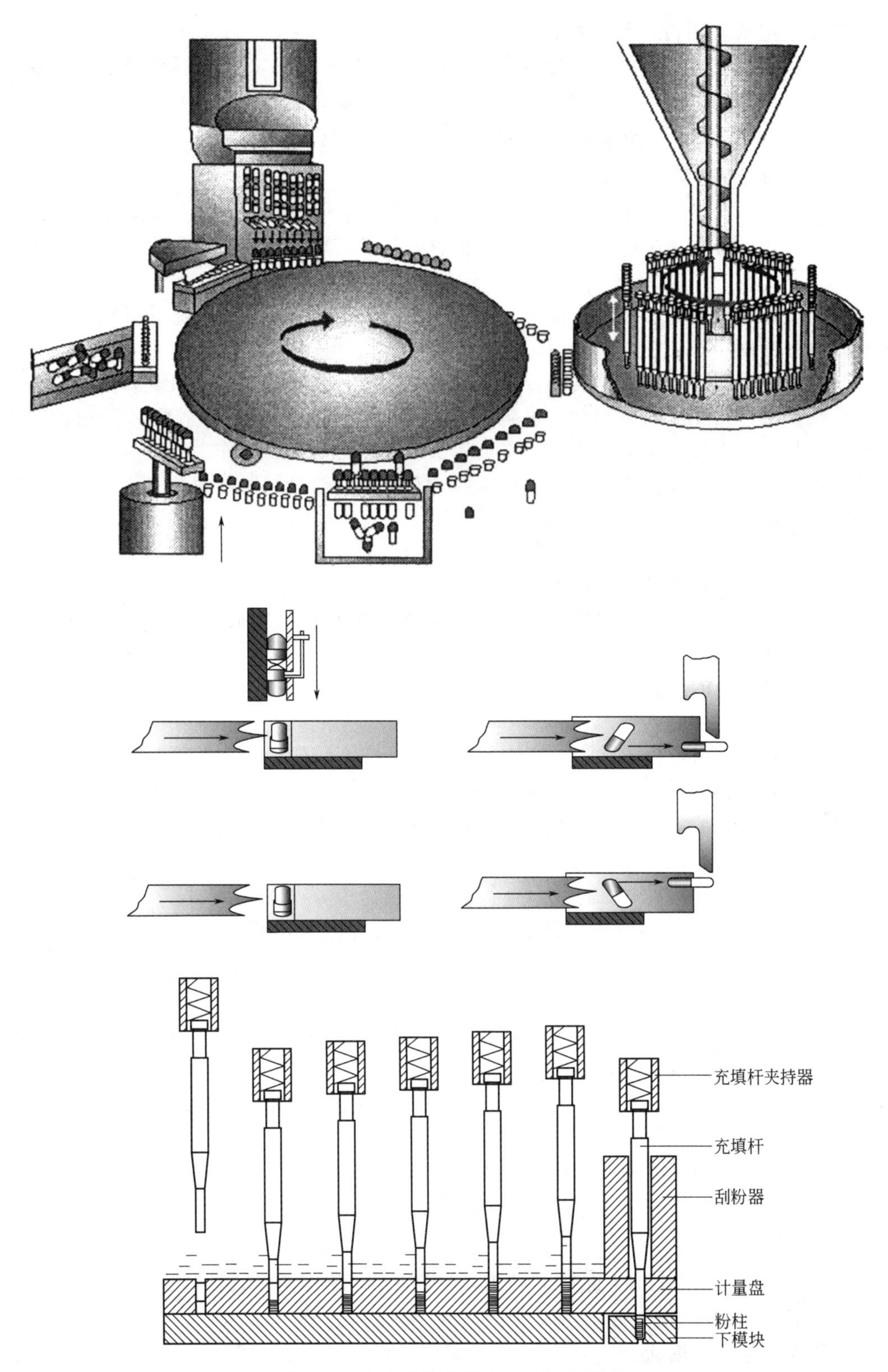

图 5-3　全自动胶囊填充机的工作原理

(4) 自觉遵守工艺纪律，保证胶囊填充岗位不发生混药、错药或对药品造成污染。

(5) 认真如实填写生产记录，做到字迹清晰、内容真实、数据完整、不得任意涂改和撕毁，做好交接记录，顺利进入下道工序。

（6）工作结束或更换品种时应及时做好清洁卫生并按有关 SOP 进行清场工作，认真填写相应记录。做到岗位生产状态标识、设备所处状态标识、清洁状态标识清晰明了。

活动 4 识读胶囊填充岗位操作程序

1. 生产前准备

（1）检查操作间是否有清场合格标志，并在有效期内，检查工具、容器等是否清洁干燥，否则按清场标准程序进行清场并经 QA 检查合格后，填写清场合格证，方可进行下一步操作。

（2）检查设备是否有“合格”标牌、“已清洁”标牌，并对设备状况进行检查，确认设备正常，方可使用。

（3）调节电子天平，核对模具是否与生产指令相符，并仔细检查模具是否完好。

（4）根据生产指令填写领料单，并向中间站领取所需囊号的空心胶囊和药物粉末或颗粒，并核对品名、批号、规格、数量、质量无误后，进行下一步操作。

（5）按《胶囊填充设备消毒标准操作规程》对设备、模具及所需容器、工具进行消毒。

（6）挂本次操作状态标志，进入操作程序。

2. 操作

（1）接通电源，启动设备空转运行，观察是否能正常运作。

（2）按《NJP-1000A 全自动胶囊填充机标准操作规程》进行胶囊填充，同时向料斗补充空心胶囊和药物。

（3）将填充完毕的胶囊收集，挂标示牌，送至抛光工序或中间站。

3. 生产结束

（1）回收剩余物料，标明状态，交中间站，剩余空心胶囊退库，并填写清场记录。

（2）按《胶囊填充设备清洁标准操作规程》、《胶囊填充间清场操作规程》对设备、场地、用具、容器进行清洁消毒，经 QA 人员检查合格后，发清场合格证。

4. 记录

如实填写生产操作记录。

活动 5 识读胶囊填充质量控制关键点

（1）外观　套合到位，锁扣整齐，松紧合适，无叉口或凹顶现象，应随时观察，及时调整。

（2）重量差异　是胶囊填充质量控制关键的环节。装量差异与多方面因素有关，应经常测定，及时调整，使重量差异符合内控标准要求。

（3）水分　与空间温湿度、物料及时密封有关，应做好相关工作，使水分符合内控标准。

（4）含量、均匀度　应符合内控标准要求。

任务二 训练胶囊填充操作

活动 1 操作 NJP-1000A 型全自动胶囊填充机

1. 开机前的准备工作

（1）检查电源连接正确。

（2）检查润滑部位，加注润滑油。

（3）检查机器各部件是否有松动或错位现象，若有加以校正并坚固。

（4）将吸尘器软管插入填充机吸尘管内。

（5）检查真空泵水箱水位是否足够。

（6）转动手摇离合机构中的拨钗离合手轮使两锥齿轮处于啮合位置（注：此时主电机处于不启动保护状态，以防止摇手柄尚未取出而主电机启动后摇手柄甩出伤及人员或损坏机器），并用摇手柄转动手摇轴套使主电机带动机器运转 1～3 个循环后再转动拨钗离合手轮使两锥齿轮处于脱开位置，确认无异常情况取下手柄接通电源。

2. 开机

（1）合上主电源开关，将电源总开关从“0”位置转至“1”位置，吸尘机电机运转。

（2）旋动显示屏上的钥匙开关旋至“开”位置，接通主机电源，悬挂操作箱面板上的显示屏显示出“欢迎使用”页面，在该页面上首先点击语言选择，然后操作控制页面（图 5-4）。

（3）进入操作控制页后，在〈模式选择〉栏里按“操作模式”上的“→”键，可以进行手动和自动切换，而只有在主机和真空泵处于停止状态才能切换；按“加料切换”上的“→”键，可以进行手动加料和自动加料切换，而只有在加料系统处于非工作状态时才能切换（图 5-4）。

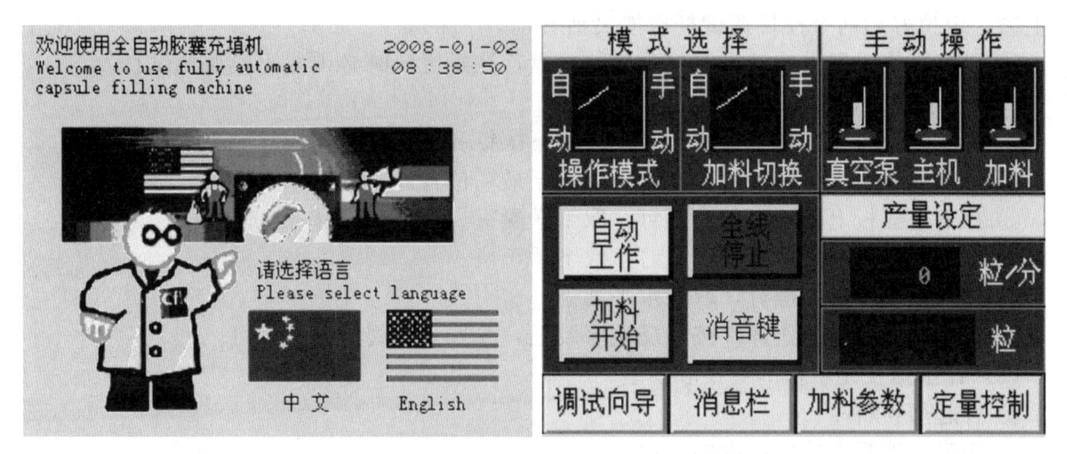

图 5-4　NJP-1000A 全自动胶囊填充机显示屏欢迎页面及操作控制页面

（4）“操作模式”选择手动，按住〈手动操作〉栏里面的主机键（点动），空机试运行 8～10 个循环，运转正常后，进行加料、加空心胶囊。

（5）在〈模式选择〉栏里选择“手动”，按“真空泵”、“主机”、“加料”键进行填充，装量合格后选择“自动工作”。

（6）按下“自动工作”、“加料开始”键，进行胶囊填充生产。

（7）按“定量控制”键，根据物料性质设置产量（粒/min）。

【NJP-1000A 型全自动胶囊填充机安全操作注意事项】

（1）启动前检查确认各部件完整可靠，电路系统是否安全完好。

（2）检查各润滑点润滑情况，各部件运转是否自如顺畅。

（3）检查各螺钉是否拧紧，有松动应及时拧紧。

（4）检查上下模具是否运动灵活顺畅，配合良好。

（5）在机器运转时，手不得接近任何一个运动的机器部位，防止因惯性带动造成人身伤害。

（6）安装或更换部件时，应关闭总电源，并一人操作，防止发生危险。

（7）机器运转时操作人员不得离开，经常检查设备运转情况，机器有异常现象应立即停机，并排除故障。

3. 停机

(1) 按“全线停止”键，真空泵电机、主电机、加料电机停止运转。

(2) 将显示屏上的钥匙开关旋至“关”位置，主机电源切断，显示屏关闭。

(3) 将电源总开关从“1”转至“0”位置，吸尘机电机停止运转。

(4) 关闭电气箱总电源。

(5) 紧急情况下按下“急停开关”停机。

4. 更换或安装模具

胶囊规格改变时，必须更换计量盘、上下模块、顺序叉、拨叉、导槽等物件，每次换完物件在开机前都必须用手扳动主电机手轮运转1～2个循环，如果感到异常阻力就不能再继续转动，需对更换部分进行检查，并排除故障。

(1) 上下模块的更换和安装

① 松开上下模具的紧固螺钉取下上下模块。

② 下模块由两个圆柱销定位，装完下模块后再把螺钉拧紧。

③ 装下模块时，先将调试杆分别插入到两个外侧载囊孔中使上下模块孔对准，再把螺钉上紧，定位好后两个模块调试杆应能灵活转动。

④ 更换模块时用手扳动主电机手轮旋转盘，注意旋转时必须取出模块调试杆。

(2) 胶囊分送部件的更换和安装

① 松开胶囊料斗的两个紧固螺钉，并取下螺钉和料斗。

② 用手柄搬运主电机轴，使送囊板运行至最高位置。

③ 拧下送囊板上的四个固定螺钉，取下送囊板。

④ 拧下矫正块上的两个紧固螺钉，取下矫正块。

⑤ 拧下水平叉上的螺钉，取下水平叉。

⑥ 将更换的胶囊分送部件按相反顺序装上，并拧紧各固定螺钉即可。

(3) 计量盘及充填杆的更换和安装

① 升起药粉料斗。

② 用吸尘器吸去盛粉槽内的药粉。

③ 用手柄转动主动电机轴轮，使充填杆支座处于最高位置。

④ 拧松取下盖形螺母，拧松旋钮螺杆，将压板、夹持器和充填杆向上提起拿下。

⑤ 将夹持体下方有长孔的小压板螺钉松开，取下充填杆。注意不能让弹簧掉出来，更换充填杆后压上小压板拧紧螺钉即可。

⑥ 拧下盖板两端的两个紧固螺钉，再取下盛粉环外的挡板，松开盛粉环周边的四个紧固螺钉，将盛粉环和盖板慢慢提离计量盘一起从侧面取出，不必卸掉充填杆底盘。

⑦ 用专用扳手卸下三个紧固计量盘的螺钉，取下计量盘。

⑧ 将托座内的药粉清除干净后，装上要更换的计量盘，三个紧固螺钉装上后不能拧紧。

⑨ 计量盘校正杆分别插入充填座盘多个位置的孔中，稍微转动计量盘，使校正杆顺利的插入孔中，然后轮换拧紧三个螺钉，紧固后如调试不能顺利通过计量盘孔，则需重新调整，直至顺利通过为止。

⑩ 将盛粉环和盖板一起从侧面进入安装到位，拧紧四个固定盛粉环的螺钉，如更换的计量盘比原盘厚时，则先将刮粉器往上调整，再把固定盖板的两个螺钉拧紧。

⑪ 盖板固定好后，需仔细调整刮粉器的高度，使刮粉器下平面与计量盘的间隙在0.005～0.1mm，然后拧紧固定螺母。

⑫ 按原位将充填杆、夹持器体及压板装上，并将盖形螺母拧紧。

5. 清洁与清场

（1）用吸尘机除去盛粉槽内、上下模块、设备台面的残留药粉。

（2）依次拆下计量及充填装置各部件、胶囊分送装置各部件、上下模块，用纯化水洗净后吹干，再用75%酒精消毒。

（3）用湿布抹干净设备表面及不能拆卸的部件，再用75%酒精消毒。

（4）用湿布抹干净设备外罩有机玻璃面板。

（5）将真空泵水箱的水排出，并清洗干净。

（6）除去吸尘机内部收集袋的物料，并清洗干净。

6. 保养

（1）每班保养项目　检查设备紧固螺栓及各连接件有无松动，需保持设备内外清洁，更换真空泵水箱的水，清理吸尘机内部收集袋的粉尘，清除传动链、链轮、凸轮、轴承、滚轮的油污，并加注润滑油（脂）。

（2）每月保养项目　检查主传动减速器的油量是否足够，清洗真空过滤器。

表 5-1　胶囊填充工序生产记录 1

品名：	规格：	批号：	批量：　万粒	日期：	
操作步骤			记录	操作人	复核人
1. 检查房间上次生产清场记录			已检查，符合要求 □		
2. 检查房间温度，相对湿度，压力			温度____℃ 相对湿度____% 压力____MPa		
3. 检查房间中有无上次生产的遗留物；有无与本批产品无关的物品、文件			已检查，符合要求 □		
4. 检查磅秤、天平是否有效，调节零点			已检查，符合要求 □		
5. 检查用具、容器是否干燥洁净			已检查，符合要求 □		
6. 按生产指令领取模具、药物和空心胶囊			已领取，符合要求 □		
7. 按程序安装模具，试运转，应无异常情况			已安装，已试运行，符合要求 □		
8. 及时加料，保证料斗内的药粉量充足			已加料，符合要求 □		
9. 试填充，检查胶囊重量、装量差异、锁口、外观			已检查，符合要求 □		
10. 正常填充，随时检查胶囊重量、装量差异、锁口、外观			已检查，符合要求 □		
11. 填充结束，关机			已检查，符合要求 □		
12. 填充好的胶囊和回收物料交中间站，剩余空心胶囊退库			已完成，办好交接手续 □		
13. 生产结束后清洁机器、工作间，清点工具，定位摆放；填写清场记录			已清场，并填好了清场记录 □		
14. 及时填好各种记录，进行物料平衡			已按要求填写 □ 物料平衡符合要求 □		
15. 关闭水、电、气			水、电、气已关闭 □		
备注：					

表 5-2　胶囊填充工序生产记录 2

品名：　　　规格：　　　批号：　　　计划产量：

指　　令：按《胶囊填充岗位操作程序》进行

工艺参数要求：　　空胶囊颜色、型号：　　；理论装量：　　g/粒；　　粒重范围：　～　　g；　　崩解时限：　min

操作记录

压差：前室→填充室　　　Pa　　　温度：　　　℃　　　相对湿度：　　%

项目																		
时间																		
粒重																		
时间																		
粒重																		
时间																		
粒重																		
时间																		
粒重																		

填充时间：　月　　日～　　月　　日　　　　抛光时间：　　时　　分～　　时　　分

投入颗粒量：　　kg，折　　（万）粒　　　　总得产品量：　　kg，折　　（万）粒

余粉量：　　kg，折　　（万）粒　　　　废品量：　　kg，折　　（万）粒　　　　桶号：

可见损失量：　　kg，折　　（万）粒　　　　胶囊净重/kg：

批物料平衡 $= \frac{总得产品量+废品量+余粉量+可见损失量}{颗粒投入量} \times 100\% =$　　　　收率 $= \frac{总得产品量}{颗粒投入量} \times 100\% =$

操作人：　　　年　　月　　日　　　　复核人：　　　年　　月　　日

质量检查记录　　外观合格（　）　　装量差异合格（　）　　水分合格（　）　　崩解时限（　）

工艺执行情况：　　工艺员：　　　年　　月　　日　　　　质量评价：　　QA：　　年　　月　　日

检查项目符合要求的在该项（　）内打√，否则打×。本记录内所有操作记录由操作人填写，所有检查记录由 QA 填写。

（3）每半年保养项目　卸下转台盘的凸轮，清除油污，检查凸轮轮廓线，涂润滑脂；检查安装在滑动架上的轴承，更换松动、磨损的轴承；检查、修理胶囊分送机构，更换损坏的轴承及零部件；检查、修理送粉机构，更换损坏件；检查、修理计量装置的充填杆、夹持器，更换失效的夹持器弹簧；检查清洗传动链、链轮、齿轮，修理或更换损坏件；检查、修理真空泵、管路及其他附件，更换损坏件。

（4）每年保养项目　解体检查、修理六工位分度箱，检查分度定位机械，更换磨损件；解体检查、修理计量装置，更换磨损件及轴承；检查、修理或更换主轴凸轮、链轮、齿轮；检修吸尘器等附属设备。

7. 记录

实训过程中需要及时、真实、完整、正确地填写各类生产记录（表 5-1～表 5-3）。

表 5-3　胶囊填充工序清场记录

清场前	批　号：	生产结束日期：　　年　月　日　班	
检查项目	清场要求	清场情况	QA 检查
物料	结料，剩余物料退料	按规定做 □	合格 □
中间产品	清点、送规定地点放置，挂状态标记	按规定做 □	合格 □
工具器具	冲洗、湿抹干净，放规定地点	按规定做 □	合格 □
清洁工具	清洗干净，放规定处干燥	按规定做 □	合格 □
容器管道	冲洗、湿抹干净，放规定地点	按规定做 □	合格 □
生产设备	湿抹或冲洗，标志符合状态要求	按规定做 □	合格 □
工作场地	湿抹或湿拖干净，标志符合状态要求	按规定做 □	合格 □
废弃物	清离现场，放规定地点	按规定做 □	合格 □
工艺文件	与续批产品无关的清离现场	按规定做 □	合格 □
注：符合规定在“□”中打“√”，不符合规定则清场至符合规定后填写			
清场时间	年　月　日　班		
清场人员			
QA 签名	年　月　日　班		
检查合格发放清场合格证，清场合格证粘贴处			
备注			

8. 实训设备常见故障及排除方法

NJP-1000A 型全自动胶囊填充机常见故障及排除方法见表 5-4。

表 5-4　NJP-1000A 型全自动胶囊填充机常见故障及排除方法

序号	故障状态	故障原因	排除方法
1	送囊缺粒	①残次胶囊堵塞送囊板进口 ②送囊开关过大或过小 ③卡囊片损坏或位置不均匀	①用胶囊通针剔除，将其清理出胶囊罐 ②调正送囊开关位置 ③更换卡囊片，或将角度修正均匀
2	胶囊入模孔成品率低	水平叉太前或太后	调正水平叉位置
3	胶囊分离时飞帽	真空度过大	调正真空阀适量减低真空度

续表

序号	故障状态	故障原因	排除方法
4	胶囊未能正常分离	①真空度过小 ②模孔积垢 ③模孔同轴度不对 ④胶囊碎片堵塞吸囊头气孔 ⑤模块损坏 ⑥真空管路堵塞	①调正真空阀适量增加真空度 ②清洗上、下模孔 ③用上、下模块芯棒校正同轴度 ④用小钩针清理胶囊碎片 ⑤更换模块 ⑥疏通真空管路
5	胶囊锁合出现擦皮、凹口	①模孔同轴度不对 ②锁囊顶针弯曲 ③顶针端面积垢 ④顶针高度偏高 ⑤模孔损坏或磨损	①用上、下模块芯棒校正同轴度 ②调整或更换锁囊顶针 ③清洗顶针端面 ④调整顶针高度 ⑤更换模块
6	锁紧不到位	①锁囊顶针偏低 ②充填过量	①调整锁囊顶针高度 ②调整工艺
7	主机故障停机	①离合器摩擦片过松 ②剂量盆下平面与铜环上平面摩擦力增大	①调整摩擦片压力 ②降低生产环境相对湿度；调整剂量盘下平面间隙

活动 2 判断胶囊填充产品的质量

（1）外观 胶囊应整洁光亮，锁口松紧合适，无叉口或凹顶变形等现象。

（2）水分 水分应符合内控标准或药典要求。

（3）装量差异 取填充好的胶囊，进行称重，应符合内控标准或药典要求（表 5-5）。

表 5-5 胶囊剂装量差异限度（药典标准）

装量/g	装量差异限度/%
0.3 以下	±10
0.3 或 0.3 以上	±7.5

（4）崩解时限 取胶囊剂 6 粒，用崩解仪测定，应在 30min 内全部崩解，否则应复试。

（5）溶出度 溶出度应符合 2010 版《中国药典》要求。

活动 3 审核生产记录

胶囊填充操作实训过程中的记录包括批生产记录、批检验记录、清场记录。可以从以下几个方面进行记录的审核。

① 看记录填写的及时性、字迹清晰程度、内容真实性、数据完整性。

② 看记录上有无操作人与复核人的签名。

③ 看记录的整洁程度、有无撕毁和任意涂改，若有更改，看更改处有无签名、原数据是否可辨认。

活动 4 讨论与分析

① NJP-1000A 型全自动胶囊填充机开机前应做哪些准备工作？

② 发生锁口过松的原因是什么？怎样排除？

③ 发生叉口或凹顶的原因是什么？怎样排除？

④ 发生胶囊锁紧不到位的原因是什么？怎样排除？

⑤ NJP-1000A 型全自动胶囊填充机运行中发生主机停机的原因是什么？怎样排除？

⑥ NJP-1000A 型全自动胶囊填充机送囊缺粒的原因是什么？怎样排除？

⑦ NJP-1000A 型全自动胶囊填充机在哪些情况下需要更换模具？如何更换？

⑧ 请列举胶囊帽体分离不良的原因？怎样排除？

活动 5　考核胶囊充填操作

<table>
<tr><th>考核内容</th><th colspan="2">技能要求</th><th>分值/分</th></tr>
<tr><td rowspan="2">生产前准备</td><td>生产工具准备</td><td>①检查核实清场情况，检查清场合格证
②对设备状况进行检查，确保设备处于合格状态
③对计量容器、衡器进行检查核准
④对生产用的工具的清洁状态进行检查</td><td rowspan="2">15</td></tr>
<tr><td>物料准备</td><td>①按生产指令领取生产原辅料
②按生产工艺规程制订标准核实所用原辅料（检验报告单，规格，批号）</td></tr>
<tr><td>填充</td><td colspan="2">①准确计算每粒胶囊填充量
②正确安装各部件，接上电源，连接空压机
③开机空转，确认无异常情况后，加入空胶囊和药物粉末或颗粒，进行试填充
④称量内容物重后调整装量，检查外观、套合、锁口是否符合要求，并根据实际情况进行调整
⑤试填充合格后，进行正式填充</td><td>40</td></tr>
<tr><td>质量控制</td><td colspan="2">①胶囊外观整洁光亮，锁口松紧合适，无黏结、叉口或凹顶变形等现象
②装量差异和崩解时限符合药典合格</td><td>15</td></tr>
<tr><td>记录</td><td colspan="2">生产记录准确完整</td><td>10</td></tr>
<tr><td>生产结束清场</td><td colspan="2">①作业场地清洁
②工具和容器清洁
③生产设备的清洁
④清场记录</td><td>10</td></tr>
<tr><td>实操问答</td><td colspan="2">正确回答考核人员的提问</td><td>10</td></tr>
</table>

第六章　丸剂制备工艺操作

丸剂是指药物细粉或药材提取物中加适宜的黏合剂或辅料制成的球形或类球形制剂，分为蜜丸、水蜜丸、水丸、糊丸、蜡丸和浓缩丸等类型。丸剂的制备方法有塑制法和泛制法两种，塑制法适用于蜜丸、糊丸、浓缩丸的制备，泛制法适用于水丸、水蜜丸、浓缩丸、糊丸等的制备。现在工业生产主要采用塑制法，其工艺流程见图 6-1。

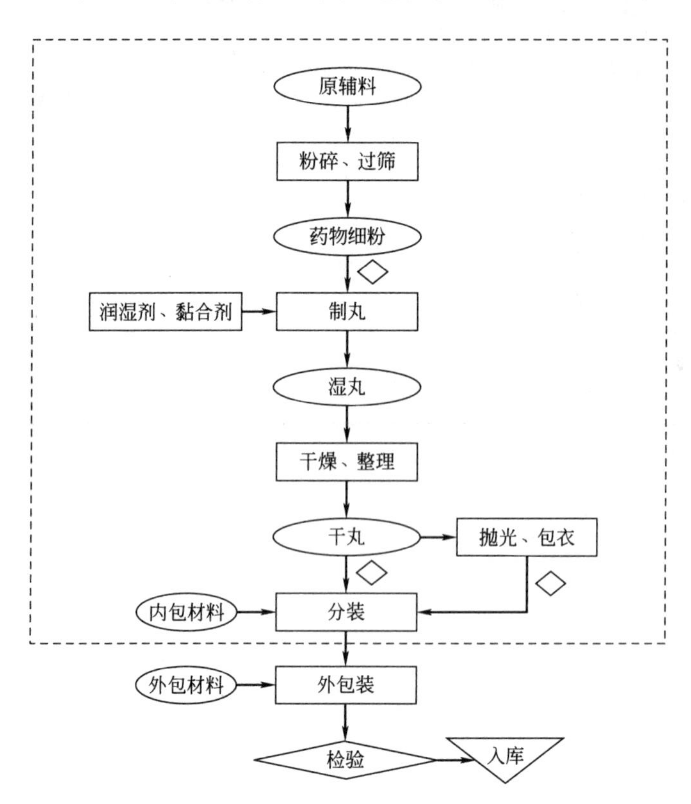

图 6-1　丸剂制备工艺流程图

物料：○　工序：□　检验：◇　入库：▽

注：虚线框内代表 D 级洁净生产区域

【教学目标】

1. 掌握丸剂制备岗位操作程序
2. 掌握丸剂制备工艺管理要点及质量控制要点
3. 掌握 YUJ-16A 全自动速控中药丸剂机的标准操作规程
4. 掌握 YUJ-16A 全自动速控中药丸剂机的清洁和保养标准操作规程
5. 能操作 YUJ-16A 全自动速控中药丸剂机，并进行清洁保养工作
6. 能对 YUJ-16A 全自动速控中药丸剂机出现的一般故障进行排除
7. 能对制备的丸剂进行质量判断

任务一 熟悉丸剂制备操作的相关背景资料

活动1 了解丸剂制备操作适用的岗位

本工艺操作适用于丸剂制备工、丸剂质量检查工、工艺员。

1. 丸剂制备工

（1）工种定义 丸剂制备工系指将药物细粉和药材提取物中加适宜的黏合剂或辅料用泛制法或塑法制成丸剂的操作人员。

（2）适用范围 中药丸剂的制备、质量自检。

2. 丸剂质量检查工

（1）工种定义 丸剂质量检查工是指从事丸剂生产全过程的各工序质量控制点的现场监督和对规定的质量指标进行检查、判定的人员。

（2）适用范围 制剂全过程的质量监督（工艺管理、QA）。

活动2 认识制丸常用设备

中药丸剂的制备方法有泛制法和塑制法，泛制法如同“滚雪球”，塑制法如同“搓汤丸”。蜜丸和蜡丸常用塑制法制造，水丸、水蜜丸、糊丸、浓缩丸可用泛制法或塑制法制造。

1. 泛制法制丸设备

糖衣锅：泛制法常用糖衣锅制丸。

糖衣锅泛丸的原理：泛丸设备主要由糖衣锅、电器控制系统、加热装置组成，糖衣锅泛丸是将药粉置于糖衣锅中，用喷雾器将润湿剂喷入糖衣锅内的药粉上，转动糖衣锅或人工搓揉使药粉均匀润湿，成为细小颗粒，继续转动成为丸模，再撒入药粉和润湿剂，滚动使丸模逐渐增大成为坚实致密、光滑圆整，大小适合的丸子，经过筛选，剔除过大或过小的丸子，最后一次加入极细粉盖面，润湿后滚动磨光、干燥、抛光、筛分即得。

泛制法制丸工艺较复杂，质量难控制，粉尘大，易污染，较少用。

2. 塑制法制丸设备（图6-2）

塑制法是制备中药丸剂的常用方法，目前多采用制丸联动装置，主要设备有全自动制丸机，辅助设备有炼蜜锅、混合机、干燥设备、抛光机。塑制法利用现代化生产设备，自动化程度高，工艺简单，丸大小均匀、表面光滑，而且粉尘少，污染少，效率高，目前药厂多采用塑制法制备中药丸剂。

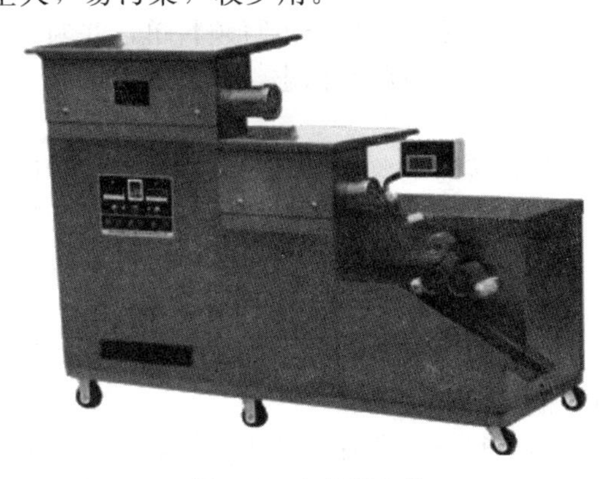

图6-2 中药制丸机

全自动制丸机主要由捏合、制丸条、轧丸和搓丸等部件构成，其工作原理是：将药粉置于混合机中，加入适量的润湿剂或黏合剂混合均匀制成软材，即丸块，丸块通过制条机制成药条，药条通过顺条器进入有槽滚筒切割、搓圆成丸。

3. 常用的丸剂干燥设备

（1）烘箱 由干燥室和加热装置组成，干燥室内有多层支架和烘盘，加热装置可用电或蒸汽。烘箱的成本低，但烘干不均匀，效率低、效果不理想。

（2）红外烘干隧道 由传送带、干燥室、加热装置组成。将物料置于传送带上，开动传送带并根据物料性质调整速度。传送带略微倾斜，丸子从进口滚动着移至出口完成干燥过程。隧道式烘箱烘干较均匀，效率高。

(3) 微波烘干隧道　微波干燥机具有干燥时间短、干燥温度低、干燥物体受热均匀等优点，能满足水分和崩解的要求，是丸剂理想的干燥设备。

活动3　识读丸剂制备岗位职责

(1) 严格执行《丸剂制备岗位操作程序》、《丸剂生产设备标准操作规程》。

(2) 负责丸剂所用设备的安全使用及日常保养，防止发生安全事故。

(3) 严格执行生产指令，保证丸剂制备所有物料名称、数量、规格、质量准确无误、丸剂质量达到规定要求。

(4) 自觉遵守工艺纪律，保证丸剂制备岗位不发生混药、错药。

(5) 认真如实填好生产记录，做到字迹清晰、内容真实、数据完整、不得任意涂改和撕毁，做好交接记录，顺利进入下道工序。

(6) 工作结束或更换品种时应及时做好清洁卫生并按有关SOP进行清场工作，认真填写相应记录；做到岗位生产状态标识、设备所处状态标识、清洁状态标识清晰明了。

活动4　识读丸剂制备岗位操作程序

1. 生产前准备

(1) 检查操作间、工具、容器、设备等是否有清场合格标志，并核对是否在有效期内。否则按清场标准操作规程进行清场，QA人员检查合格后，填写清场合格证，进入本操作。

(2) 根据要求使用适宜的生产设备，设备要有"合格"标牌，"已清洁"标牌，并对设备状况进行检查，确认设备正常后方可使用。

(3) 清理设备、容器、工具、工作台。

(4) 检查整机各部件是否完整、干净，酒精罐内是否有酒精。

(5) 检查各开关是否处于正常状态，如调频开关扳向关，速度调节旋钮和调频旋钮处于最低位。

(6) 根据生产指令填写领料单，并领取制丸物料。

(7) 挂运行状态标志，进入操作。

2. 操作

(1) 接通电源后，启动设备低速空转运行，观察是否能正常运作。

(2) 操作人员按生产指令领取制丸用物料，核对名称、批号、规格、数量等。

(3) 填写"生产状态标志"、"设备状态标志"挂于指定位置，取下原标志牌，并放于指定位置。

(4) 按《YUJ-16A全自动速控中药丸剂机标准操作规程》进行丸剂制备操作，同时往搅拌槽内加丸块。

(5) 制备完毕后，将丸剂收集，挂标示牌，送往干燥工序（如采用丸剂联动生产线，制备好的丸剂由传送带直接送至微波干燥设备）。

3. 生产结束

(1) 将剩余的丸块收集，标明状态，交中间站。

(2) 按《制丸设备清洁标准操作规程》、《丸剂制备间清场操作规程》对设备、场地、用具、容器进行清洁消毒，经QA人员检查合格后，发清场合格证。

4. 记录

及时如实填写生产操作记录。

活动5　识读丸剂制备质量控制关键点

(1) 外观　丸子大小一致，圆整性好，无裂缝，色泽符合要求。

（2）重量差异　应符合质量差异限度要求。

（3）水分　是丸剂质量的关键内容，水分过高易变质，过干则难崩解。

（4）崩解时限　黏合剂的性质和用量、干燥时间对崩解度均有影响。

（5）微生物污染　丸剂容易染菌，应做好防止污染的措施。

任务二　训练制丸操作

活动 1　操作 YUJ-16A 全自动速控中药丸剂机

1. 开机前的准备工作

（1）检查设备是否挂有“完好”、“已清洁”设备状态标志牌。

（2）取下“已清洁”标示牌，准备生产。

（3）检查电源连接是否正确。

（4）检查润滑部位，是否有加注润滑油。

（5）检查机器各部件是否有松动或错位现象，若有加以校正并坚固。

（6）检查酒精罐内是否有酒精。

（7）接通电源后，启动设备低速空转运行，观察是否能正常运作。

2. 开机

（1）接通主电源，电源指示灯亮，调节变频调速器，频率显示为零。

（2）启动搓丸按钮，指示灯亮。

（3）启动伺服机按钮，待指示灯亮，按顺时针方向缓慢转动速度调节旋钮，伺服机开始转动。

（4）启动制条机按钮，把调频开关扳向开。

（5）按顺时针方向转动调频旋钮至所需速度，制出药条。

（6）打开酒精罐阀门，把制丸刀润湿。

（7）先将一根药条，通过测速电机和减速控制器，进行速度确认调整。

（8）再将其余药条从减速控制器下面穿过，再放到送条轮上，通过顺条器进入有槽滚筒进行制丸。

（9）将制好的丸剂及时进行干燥。

【YUJ-16A 全自动速控中药丸剂机操作注意事项】

（1）安装各部件时，必须检查搅拌器、搓丸模具是否有松动或错位现象；制丸刀轮安装时，两个制丸刀轮牙尖必须对齐。

（2）启动主机前确认变频调速频率处于零，调频开关处于“关”位置。

（3）启动和关闭时，应按操作规程的顺序操作，顺序不能颠倒。

（4）加料时，应注意加料用具不能进入搅拌器内。

（5）在机器运转时，手不得接近任何一个运动的机器部位，防止因惯性带动造成人身伤害。

（6）安装或更换部件时，应关闭总电源，并由一人操作，防止发生危险。

3. 停机

（1）工作完毕，切断药条，关闭酒精罐阀门。

（2）先按反时针方向转动速度调节旋钮和调频旋钮至最低位置，并把调频开关扳向关。

（3）依次关闭制条机、搓丸机、伺服机。

（4）关闭电器箱主开关，电源指示灯熄灭。

4. 清洁与清场

（1）将剩余的丸块收集，标明状态，交中间站。

（2）将搅拌器、出条板、顺条器、制丸刀轮、毛刷等部件拆下，用纯化水清洗干净后吹干。

（3）机器台面用湿布擦拭干净。

（4）用75%乙醇擦拭设备与药物接触的各部位。

（5）清洗时，不得使控制操作面板上沾水，以免损坏设备或发生漏电事故。

（6）清洁天花板、墙壁、地面。

5. 保养

（1）每班保养项目　检查设备紧固螺栓及各连接件有无松动，需保持设备内外清洁。

（2）每月保养项目　清洗酒精罐；将机器的传动部件的油污擦净，以便清楚地观察运转情况；检查传送带的张紧程度；检查测速电机轮、减速控制器灵敏度。

（3）每年保养项目　整机解体，清洗、检查；检查或更换制丸刀轮；检查或修理测速电机轮、减速控制器。

6. 记录

实训过程中应及时、真实、完整、正确地填写各类生产记录（表6-1～表6-3）。

表6-1　丸剂生产记录1

品名：	规格：	批号：	日期：	
操作步骤		记录	操作人	复核人
1. 检查房间上次生产清场记录		已检查，符合要求 □		
2. 检查房间中有无上次生产的遗留物；有无与本批产品无关的物品、文件		已检查，符合要求 □		
3. 检查磅秤、天平是否有效，调节零点		已检查，符合要求 □		
4. 检查用具、容器是否干燥洁净		已检查，符合要求 □		
5. 按生产指令领取物料		已领取，符合要求 □		
6. 检查整机各部件是否完整、干净，各部件是否正确安装		已检查，符合要求 □		
7. 酒精桶内是否有酒精		已检查，符合要求 □		
8. 检查各开关是否处于正常状态，如调频开关扳向关，速度调节旋钮和调频旋钮处于最低位		已检查，符合要求 □		
9. 通电后，低速检查机器运行是否正常		已检查，符合要求 □		
10. 制丸：将制好的丸块加入料斗，启动搓丸、伺服机、制丸条按钮，调频开关扳向开		已按要求操作 □		
11. 操作结束，速度调节旋钮和调频旋钮调至最低位，调频开关扳向关，依次关闭制条机、搓丸机、伺服机		已按要求操作 □		
12. 将制好的需干燥的丸剂及时进行干燥		已按要求操作 □		
13. 将干燥好的丸剂筛分，用物料袋装好，放进洁净周转桶，贴签，交中间站		已按要求操作 □		
14. 关闭水、电、气		水、电、气已关闭 □		
备注：				

表 6-2　丸剂生产记录 2

<table>
<tr><td colspan="2">品名</td><td colspan="2"></td><td colspan="2">规格</td><td></td><td>批号</td><td>计划产量</td><td></td></tr>
<tr><td colspan="10">指　　令：
工艺参数要求：　制丸模径：Φ　　mm；　干燥温度：　　；　干燥时间：</td></tr>
<tr><td rowspan="10">操作记录</td><td colspan="3">压差：走廊→称量室　　Pa</td><td colspan="2">压差：走廊→混合室　　Pa</td><td>温度　　℃</td><td colspan="3">相对湿度：　　%</td></tr>
<tr><td rowspan="3">称量</td><td>物料名称</td><td>物料代码</td><td colspan="2">批号</td><td>报告书编号</td><td colspan="2">水分/%</td><td>配料/kg</td></tr>
<tr><td></td><td></td><td colspan="2"></td><td></td><td colspan="2"></td><td></td></tr>
<tr><td></td><td></td><td colspan="2"></td><td></td><td colspan="2"></td><td></td></tr>
<tr><td rowspan="4">制软材</td><td>搅拌开始时间</td><td></td><td rowspan="4">制丸</td><td>制丸开机时间</td><td></td><td rowspan="4">干燥</td><td>干燥开机时间</td><td></td></tr>
<tr><td>搅拌结束时间</td><td></td><td>制丸结束时间</td><td></td><td>干燥结束时间</td><td></td></tr>
<tr><td>调蜜加水量</td><td></td><td>酒精用量</td><td></td><td>干燥温度</td><td></td></tr>
<tr><td>软材重量</td><td></td><td>湿丸总重量</td><td></td><td>干丸总重量</td><td></td></tr>
<tr><td colspan="6">粉尾量：　　kg</td><td colspan="3">废弃量：　　kg</td></tr>
<tr><td colspan="9">物料平衡 $=\frac{\text{干丸总重量}+\text{尾粉量}+\text{废弃量}}{\text{药粉投入量}+\text{炼蜜量}}\times 100\% =$　　收率 $=\frac{\text{干丸总重量}}{\text{药粉投入量}+\text{炼蜜量}}\times 100\% =$</td></tr>
<tr><td colspan="7">操作人：　　年　月　日</td><td colspan="3">复核人：　　年　月　日</td></tr>
<tr><td colspan="3">质量检查记录</td><td colspan="3">制软材：混合均匀（　）</td><td>湿丸：圆整度（　）重量合格（　）</td><td colspan="3">干丸：水分（　）外观（　）重量差异（　）</td></tr>
<tr><td colspan="7">工艺执行情况：　　工艺员：　　年　月　日</td><td colspan="3">质量评价：　QA：　年　月　日</td></tr>
</table>

检查项目符合要求的在该项（　）内打√，否则打×。本记录内所有操作记录由操作人填写，所有检查记录由 QA 填写。

表 6-3　制丸工序清场记录

清场前	批 号：	生产结束日期：　年　月　日　班	
检查项目	清场要求	清场情况	QA 检查
物料	结料，剩余物料退料	按规定做 □	合格 □
中间产品	清点、送规定地点放置，挂状态标记	按规定做 □	合格 □
工具器具	冲洗、湿抹干净，放规定地点	按规定做 □	合格 □
清洁工具	清洗干净，放规定处干燥	按规定做 □	合格 □
容器管道	冲洗、湿抹干净，放规定地点	按规定做 □	合格 □
生产设备	湿抹或冲洗，标志符合状态要求	按规定做 □	合格 □
工作场地	湿抹或湿拖干净，标志符合状态要求	按规定做 □	合格 □
废弃物	清离现场，放规定地点	按规定做 □	合格 □
工艺文件	与续批产品无关的清离现场	按规定做 □	合格 □
注：符合规定在“□”中打“√”，不符合规定则清场至符合规定后填写			
清场时间	年　月　日　班		
清场人员			
QA 签名	年　月　日　班		
检查合格发放清场合格证，清场合格证粘贴处			
备　注：			

7. 实训设备常见故障及排除方法（表 6-4）

表 6-4　YUJ-16A 全自动速控中药丸剂机故障发生原因及排除

序号	故障现象	发生原因	排除方法
1	制条速度慢	①制条推进器间隙过大 ②物料不符合要求	①更换推进器 ②使用符合要求的物料
2	搓丸光洁度、圆整性差	刀轮牙尖没有对齐	对齐刀轮牙尖
3	制条和搓丸不协调	速度失调	手动状态下进行微调

活动 2　判断丸剂产品的质量

（1）外观　应圆整均匀，色泽一致，无裂缝，蜜丸应细腻滋润，软硬适中。

（2）水分　除另有规定外，水分在表 6-5 规定的限度内判为符合规定。蜡丸、包糖衣丸剂、薄膜衣丸剂不检查水分。

表 6-5　丸剂水分检查限度

丸剂类型	限度
蜜丸	不得过 15.0%
水蜜丸、浓缩水蜜丸	不得过 12.0%
水丸、糊丸和浓缩水丸	不得过 9.0%

(3) 重量差异限度（表 6-6）以 10 丸为一份（丸重 1.5g 及 1.5g 以上的丸剂以 1 丸为一份），取供试品 10 份，分别称定重量，再与标示量比较，超过重量差异限度不得多于 2 份，并不得有一份超出重量差异限度一倍。

表 6-6　丸剂重量差异限度

每份标示重量(或平均重量)/g	重量差异限度/%
0.05 及 0.05 以下	±12
0.05 以上至 0.1	±11
0.1 以上至 0.3	±10
0.3 以上至 1.5	±9
1.5 以上至 3	±8
3 以上至 6	±7
6 以上至 9	±6
9 以上	±5

包糖衣丸剂应检查丸芯的重量差异，并符合规定，包糖衣后不再检查。其他包衣丸剂（系指薄膜衣丸、肠溶衣丸以及用滑石粉、青黛、赭石等作为包衣材料的包衣丸）应在包衣后检查重量差异。

(4) 装量差异限度（表 6-7）取供试品 10 袋（或瓶），分别称定每袋内容物的重量后，每袋（或瓶）装量与标示量相比较，应符合规定。超出装量差异限度的不得多于 2 袋（或瓶），不得有 1 袋（或瓶）超出装量差异限度一倍。

表 6-7　单剂量包装丸剂装量差异限度

标示装量/g	装量差异限度/%
0.5 及 0.5 以下	±12
0.5 以上至 1	±11
1 以上至 2	±10
2 以上至 3	±8
3 以上至 6	±6
6 以上至 9	±5
9 以上	±4

本法适用于单剂量包装的丸剂的装量差异检查，称重过程中不得用手直接接触供试品。

（5）溶散时限（表6-8）　除另有规定外，取供试品6丸，按表6-8规定选择适当孔径筛网的吊篮，照崩解时限检查法标准操作规范丸剂项下的方法，加挡板进行检查。

表6-8　吊篮筛网孔径的选择

丸剂直径/mm	筛网孔径/mm
2.5以下	0.42
2.5～3.5	1.0
3.5以上	2.0

供试品6丸，在表6-9规定的时限内均能全部溶散并通过筛网者；或如有细小颗粒状物未通过筛网，但已软化且无硬心者，均判为符合规定。在规定的时限内有1丸或1丸以上不能完全溶散，并不能通过筛网者，判为不符合规定。

表6-9　丸剂溶散时限

丸剂类型	限度
小蜜丸	1h以内
浓缩小蜜丸、浓缩水蜜丸、浓缩水丸、糊丸	2h以内
蜡丸[在磷酸盐缓冲液(pH6.8)中检查]	1h以内*

*先在盐酸溶液（9→1000）中检2h，每丸均不得有裂缝、溶散或软化现象。

操作过程中如供试品黏附挡板妨碍检查时，应另取供试品6丸，以不加挡板进行检查。其他详见崩解时限检查法标准操作规范。

（6）微生物检查　照微生物限度检查法标准操作规范检查，应符合规定。

活动3　审核生产记录

胶囊填充操作实训过程中的记录包括批生产记录、批检验记录、清场记录。可以从以下几个方面进行记录的审核。

① 看记录填写的及时性、字迹清晰程度、内容真实性、数据完整性。

② 看记录上有无操作人与复核人的签名。

③ 看记录的整洁程度、有无撕毁和任意涂改，若有更改，看更改处有无签名、原数据是否可辨认。

活动4　讨论与分析

① 丸剂质量有哪些方面的要求？

② 塑制法制丸时怎样的丸块有利于成丸？

③ 黏合剂的性质和用量对丸剂的质量有何影响？

④ 造成丸剂表面光洁度差的原因是什么？应如何解决？

⑤ 如何控制制条速度与制丸速度同步？

⑥ YUJ-16A全自动速控中药丸剂机开机前应做哪些准备工作？

⑦ YUJ-16A全自动速控中药丸剂机开机停机应如何操作？

活动 5　考核丸剂制备操作

考核内容	技能要求		分值/分
生产前准备	生产工具准备	①检查核实清场情况，检查清场合格证 ②对设备状况进行检查，确保设备处于合格状态 ③对计量容器、衡器进行检查核准 ④对生产用的工具的清洁状态进行检查	10
	物料准备	①按生产指令领取生产原辅料 ②按生产工艺规程制订标准核实所用原辅料（检验报告单，规格，批号）	
制备	投料量计算	①正确计算原辅料和黏合剂的比例 ②正确计算投料量	10
	制丸操作	①按处方量混合原辅料和黏合剂，制备软材 ②将软材放进料斗后按正确步骤启动机器 ③按正确步骤进行速度确认调整 ④试调完成后正式制丸	40
质量控制	外观圆整、色泽一致、无粘连、无裂缝，重量差异和溶散时限符合药典要求		10
记录	岗位操作记录填写准确完整		10
生产结束清场	①作业场地清洁 ②工具和容器清洁 ③生产设备的清洁 ④清场记录		10
实操问答	正确回答考核人员的提问		10

第七章 软胶囊的制备工艺操作

软胶囊剂（又称胶丸）：系指将一定量的药液（或药材提取物）加适宜的辅料密封于各种形状的软质囊材中制成的剂型。囊材由明胶、甘油、水或和其他适宜的药用材料制成。囊壳柔软、有弹性、含水量高。

软胶囊的生产方法有模压法（压制法）和滴制法两种，生产时成型与填充药物是同时进行的。现介绍模压法的生产流程及操作。生产工艺流程见图 7-1。

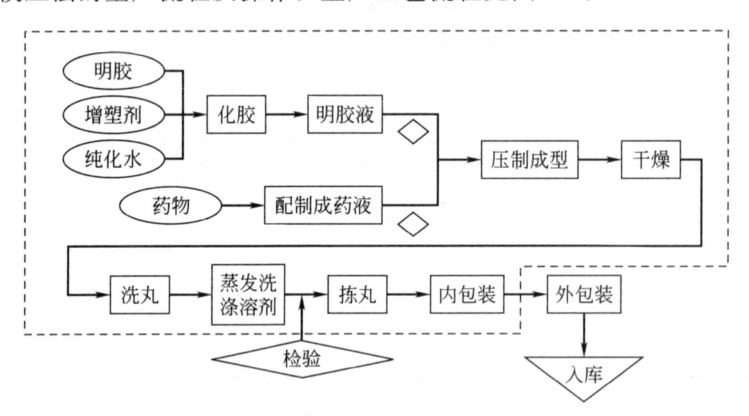

图 7-1 胶囊剂生产工艺流程图

物料：◯ 工序：□ 检验：◇ 入库：▽

注：虚线框内代表 D 级洁净生产区域

项目一 化胶工艺操作

【教学目标】

1. 掌握化胶岗位操作程序
2. 掌握化胶工艺管理要点及质量控制要点
3. 掌握 HJG-700A 水浴式化胶罐、VMP-60 真空搅拌罐的标准操作规程
4. 掌握 HJG-700A 水浴式化胶罐、VMP-60 真空搅拌罐的清洁、保养标准操作规程
5. 能操作 VMP-60 真空搅拌罐进行化胶，并进行清洁保养工作
6. 能对 VMP-60 真空搅拌罐生产过程中出现的一般故障进行排除

任务一 熟悉化胶操作的相关背景资料

活动 1 了解化胶操作的适用岗位

本工艺操作适用于软胶囊化胶工、明胶液质量检查工、工艺员。

1. 软胶囊化胶工

（1）工种定义 软胶囊化胶工（或称煮胶工）是指将明胶、水、甘油及防腐剂、色素等辅料，使用规定的化胶设备，煮制成适用于压制软胶囊的明胶液的操作人员。

（2）适用范围 化胶操作、质量自检。

2. 明胶液质量检查工

（1）工种定义　明胶液质量检查工是指在化胶间进行现场监控和对规定的质量指标进行检查、判定的人员。

（2）适用范围　化胶全过程质量监督（工艺管理、QA）。

活动 2　认识化胶常用设备

1. HJG-700A 水浴式化胶罐（图 7-2）

该型号化胶罐化胶量为 200～700L，结构紧凑、传动平稳；搅拌器采用套轴双桨，由正转的两层平桨和反转的三层锚式桨组成，搅动平稳，均质效果好。罐体与胶液接触部分由不锈钢制成。罐外设有加热水套，用循环热水对罐内明胶进行加热，升温平稳。罐上还设有安全阀、温度计和压力表等。与该设备配套使用的有真空泵、冷热水循环泵、煮水锅、缓冲罐等。

2. VMP-60 真空搅拌罐（图 7-3）

VMP-60 真空搅拌罐是一种控温水浴式加热搅拌罐，罐内可承受一定的正、负压力。溶胶能力为 2.5～15kg，可溶胶、贮胶，并可实现地面压力供胶。该搅拌罐是用不锈钢焊接而成的三层夹套容器。内桶用于装胶液，夹层装加热用的纯净水。罐体上带有温度控制组件及温度指示表，可准确控制和指示夹层中的水温，以保证胶液需要的工作温度。罐盖上设有气体接头、安全阀及压力表，工作安全可靠，通过压力控制可将罐内胶液输送至主机的明胶盒中。

图 7-2　HJG-700A 水浴式化胶罐

图 7-3　VMP-60 真空搅拌罐

活动 3　识读化胶工艺及岗位职责

1. 化胶工艺过程

纯化水通入化胶罐内，加热至 80～90℃→加入防腐剂搅拌至全溶→加入明胶、甘油，溶解后启动真空泵脱泡→加入色素，继续搅拌至均匀→检验合格后出胶→在保温桶中放置供制备软胶囊使用。

2. 化胶岗位职责

（1）严格执行《软胶囊化胶操作程序》及《化胶罐标准操作规程》。

（2）负责化胶设备的安全使用及日常清洁、保养，保障设备的良好状态，防止生产安全事故的发生。

（3）严格按生产指令核对配制胶液的物料名称、数量、规格、外观无误。

（4）认真检查化胶罐是否清洁干净、清场状态。

(5) 自觉遵守工艺纪律，监控化胶罐的正常运行，发现偏差及时上报。

(6) 认真如实填好生产记录，做到字迹清晰、内容真实、数据完整，不得任意涂改和撕毁，做好交接记录，不合格产品不能进入下道工序。

(7) 工作结束或更换品种时应及时做好清洁卫生并按有关规程进行清场工作，认真填写相应记录。做到岗位生产状态标识、设备及生产工具所处状态标识清晰明了。

活动4 识读化胶岗位操作程序

以 HJG-700A 水浴式化胶罐操作为例。

1. 生产前准备

(1) 复核清场情况

① 检查生产场地无上一批生产遗留的胶液、生产工具、物料、废弃物、状态标志等。

② 检查化胶工作间的门窗、天花板、墙壁、地面、灯罩、开关外箱、风口是否已清洁，无浮尘、无油污。

③ 文件检查：无上一批生产记录及与本批生产无关文件等。

④ 检查是否有上一次生产的“清场合格证”，且是否在有效期内，证上所填写的内容齐全，有 QA 签字。

(2) 接收生产指令

① 工艺员发“软胶囊化胶工序生产记录”、物料标志、“运行中”标志。

② 仔细阅读“批生产指令”的要求和内容。

③ 填写“运行中”标志的各项内容。

(3) 设备、生产用具的准备

① 按《化胶罐操作规程》检查。

② 检查化胶罐及其附属设备（煮水锅、真空泵、冷热水循环泵、搅拌机、仪器、仪表工具）是否处于正常状态；化胶罐盖密封情况，开关灵敏正常；紧固件无松动，零部件齐全完好，润滑点已加油润滑，且无泄漏。

③ 检查化胶罐、生产用具是否已清洁、干燥；检查电子秤、流量计的计量范围是否符合生产要求，并清洁完好，有计量检查合格证，在规定的使用期内，并在使用前进行校正。

④ 检查煮水锅内水量是否足够（水位线应在视镜 4/5 处），如水量不足，应开启补水阀，补足水量。从安全角度考虑，水位不能超过视镜 4/5 处，以防通入蒸汽后造成锅内压力过大发生爆炸。

(4) 由班组申请 QA 检查，检查合格后领取 QA 签发的“准产证”。

2. 生产操作

(1) 在生产时所用的化胶罐挂上“运行中”标志，标志上应具备所生产物料品名、批号、规格、生产日期及填写人签名。

(2) 开启循环水泵，然后开启蒸汽阀门，蒸汽与循环水直接接触并加热循环水。当循环水温度达到 95℃时应适当减少蒸汽阀门的开启度（以排汽口没有大量蒸汽溢出为准）。

(3) 根据胶液配方及配制量，用流量计测量定量纯净水放入化胶罐内。

(4) 开启热水循环泵，将煮水锅内热水循环至化胶罐夹层，加热罐内纯净水。

(5) 按生产指令准确称量明胶、甘油。各成分比例为明胶：水：甘油＝1：1：(0.3～0.4)（在寒冷或干燥地区，可适当增加甘油用量）。

(6) 待化胶罐内纯净水温度达 50～60℃时，关闭罐上的排气阀和上盖，开启搅拌机和真空泵，将称量好的明胶和甘油等原辅料用吸料管吸入化胶罐内，吸料完毕，关闭真空泵。

(7) 待罐内明胶完全吸水膨胀，搅拌均匀。

(8) 待罐内胶液达到65～70℃时，开启缓冲罐的冷却水阀门，然后开启真空泵，对罐内胶液进行脱泡。

(9) 通过视镜观察罐内胶液的情况，脱泡至最少量为止。关闭真空泵，打开排气阀。

(10) 如胶液需加入色素，此时将称量好的色素加入化胶罐内，继续搅拌15min至均匀后，关闭搅拌。

(11) 测定黏度合格和气泡量均符合要求后，用60目双层尼龙滤袋，滤过胶液到保温储胶罐中，50～55℃保温备用。

3. 生产结束，清洁及清场

(1) 生产用具按《软胶囊生产用具清洁规程》、设备按《化胶罐清洁规程》、生产环境按《D级洁净区清洁规程》进行清洁。

(2) 按《化胶间清场规程》进行清场。

4. 记录

如实填写各生产记录。

活动5　识读化胶操作质量控制关键点

1. 化胶的温度和时间

温度越高、时间越长，胶液的黏度破坏越严重，应根据每批明胶的质量不同，控制化胶温度及时间。

2. 加入色素

如加入Fe_2O_3、Fe_3O_4等色素，应增加甘油的用量，以保持制成软胶囊后胶皮的柔软性。

任务二　训练化胶操作

活动1　操作VMP-60真空搅拌罐

1. 开机前的准备工作

(1) 检查化胶室的温湿度、压力是否符合要求。

(2) 使用前应注意检查各气阀有无泄漏，各仪表是否正常，搅拌系统是否能正常运转，各机件有无松脱，发现异常情况应通知维修或设备管理人员处理后方可使用。

(3) 检查化胶罐夹套是否有水（纯化水），水位应漫至视镜高度2/3，若低于1/3，应及时补充。

2. 开机

(1) 接通电源，设定加热温度为80℃。

(2) 按比例称取原料（明胶、纯化水、增塑剂、防腐剂等）。

(3) 将纯净水倒入化胶罐中。

(4) 待桶内温度上升至约80℃，加入增塑剂、防腐剂（羟苯乙酯）并搅拌至完全溶解。

(5) 将明胶投入，边加边用不锈钢棍搅拌均匀，防止结块。

(6) 投料结束后，放入搅拌桨，盖要放平稳并扣紧，防止搅拌桨运转时与桶内壁碰撞（注意：放搅拌桨后要确认吸液管已取出，避免搅拌桨运转时与之发生碰撞）。

(7) 接通搅拌机电源，听搅拌桨运转声音是否正常（不正常应断电检查故障）。

(8) 80℃保温搅拌至胶液黏度测定达到4.5～5.2°E（60℃），一般约需2h。

(9) 开启真空阀脱气，脱气过程胶液液面会上升，观察液面，调节排空阀，不要让液面上升接近真空出口。

(10) 脱气后取样检查胶液是否无气泡，检查合格后停止搅拌，设定50～55℃保温（保温时间长温度设置应稍低，防止黏度被破坏，临用前再升高）。

【VMP-60 真空搅拌罐安全操作注意事项】

（1）严禁搅拌罐在夹套缺水条件下通电加热。

（2）插入搅拌桨进行搅拌操作前，必须先将吸液管移走，否则搅拌桨会与吸液管发生碰撞而损坏。

（3）在开启真空阀进行脱气操作时，随时观察胶液液面，调节排空阀防止胶液进入真空口。

3. 停机

待完成压制软胶囊操作完成后，便可停机。

（1）关闭压缩空气阀门。

（2）拔下化胶罐的插头，拔除连接在罐上的压缩空气管。

（3）关闭电箱主开关。

4. 清洁与清场

由于化胶罐与滚模式软胶囊压制机放置在同一房间内，待压制软胶囊结束后，按以下流程进行清洁。

（1）关闭罐底的出液口，往罐内放入热水，用不掉毛尼龙刷刷洗，直至内部及罐底出液口上无残留胶渍，用纯化水冲淋。

（2）取出搅拌桨和吸液管，用热水冲洗，直至无残留胶渍，然后用纯化水冲淋。

（3）用饮用水擦拭罐外壁，至设备外无浮尘、无污渍。

（4）待搅拌桨、吸液管等部件干燥后，安装到罐上。

（5）罐外挂“已清洁”标志，上填写清洗人、清洗日期、有效期等。

（6）清洁天花板、墙壁、地面。

5. 保养

（1）每班保养项目　检查化胶罐的密封圈是否完好，检查紧固螺栓及连接件是否紧固；需保持设备内外的清洁。

（2）每年保养项目　对搅拌桨电动机上的轴承进行润滑，必要时更换轴承。

6. 记录

实训过程中应及时、真实、完整、正确地填写各类生产记录（表 7-1，表 7-2）。

活动 2　审核生产记录

化胶操作实训过程中的记录包括化胶生产记录、清场记录。可从以下几方面进行记录的审核。

① 审查记录填写的及时性、字迹清晰程度、内容真实性、数据完整性。

② 审查记录上有无操作人与复核人的签名。

③ 审查记录的整洁程度、有无撕毁和任意涂改，若有更改，看更改处有无签名、原数据是否可辨认。

活动 3　讨论与分析

① 在化胶时加入甘油有什么作用？甘油的用量对胶皮质量有什么影响？

② 化胶时甘油的用量受哪些因素的影响？

③ 化胶时加热时间和温度对胶皮质量有什么影响？

④ 制备的明胶液黏度偏低的原因有哪些？生产中应如何避免？

⑤ 明胶溶解后抽真空有什么作用？操作时应注意的事项是什么？

⑥ 明胶液中含气泡较多的原因有哪些？应如何排除？

表 7-1　化胶生产记录

产品名称		胶液		胶液批号		
生产车间		软胶囊车间		生产日期	年　月　日　班	
执行文件:《化胶岗位操作程序》				温 度	℃	相对湿度　%
生产前检查	1 文件 已查 □ 2 现场 已查 □ 3 设备 已查 □ 4 物料 已查 □		(贴"清场合格证"处) 检查人:　复核人:　日期:　年　月　日　班			
化胶	物料名称	物料编码	批号	检验单编号	领入量	投料量
	明胶					
	甘油					
	羟苯乙酯					
	纯化水					
	明　胶 已加 □ 甘　油 已加 □ 羟苯乙酯 已加 □ 色　素 已加 □		开始加热时间	蒸汽压力/MPa	罐内温度/℃	真空度/MPa
						结束加热时间
	放料		胶液总量:共______罐			
	操作人:　复核人:　日期:　年　月　日　班					
结料	物料名称	使用量/kg	损耗量/kg	剩余量/kg	去 向	
	明胶					
	甘油					
	羟苯乙酯					
	检查人:　复核人:　日期:　年　月　日　班					
物料平衡	物料平衡在规定范围内,无偏差,同意移交下工序。 □ 物料平衡超出规定范围,有偏差,需分析偏差原因;填写偏差分析记录并附在记录后。 □ QA 签名:　日期:　年　月　日　班					
交接	(背面贴"中间产品递交许可证")					

表 7-2　化胶工序清场记录

清场前	批 号:	生产结束:　年　月　日　班	
检查项目	清场要求	清场情况	QA 检查
物料	结料,剩余物料退料	按规定做 □	合格 □
中间产品	清点,送规定地点放置,挂状态标记	按规定做 □	合格 □
工具器具	冲洗、湿抹干净,放规定地点	按规定做 □	合格 □
清洁工具	清洗干净,放规定处干燥	按规定做 □	合格 □
容器管道	冲洗、湿抹干净,放规定地点	按规定做 □	合格 □
生产设备	湿抹或冲洗,标志符合状态要求	按规定做 □	合格 □

续表

工作场地	湿抹或湿拖干净，标志符合状态要求	按规定做 □	合格 □
废弃物	清离现场，放规定地点	按规定做 □	合格 □
工艺文件	与续批产品无关的清离现场	按规定做 □	合格 □
注：符合规定在"□"中打"√"，不符合规定则清场至符合规定后在"□"中打"√"			
清场时间	年　月　日　班		
清场人员			
QA 签名	年　月　日　班		
检查合格发放清场合格证，清场合格证粘贴处			
备　注			

活动 4　考核化胶操作

考核内容	技能要求		分值/分
生产前准备	生产工具准备	①检查核实清场情况，检查清场合格证 ②对设备状况进行检查，确保设备处于合格状态 ③对计量容器、衡器进行检查核准 ④对生产用的工具的清洁状态进行检查	10
	物料准备	①按生产指令领取生产原辅料 ②按生产工艺规程制订标准核实所用原辅料（检验报告单，规格，批号）	
投料量	根据明胶、纯化水、增塑剂的比例正确计算投料量		10
化胶操作	①检查化胶罐夹层水位，如不够进行补充 ②设定夹层水的加热温度，将定量纯化水倒入罐内 ③按步骤将甘油、防腐剂、明胶投进罐内 ④正确安装搅拌桨，并启动搅拌机 ⑤正确开启真空阀，经常注意液面是否接近真空口，并作出相应的调整 ⑥检查胶液质量合格后停止搅拌，设置保温温度		40
质量控制	明胶完全溶解，胶液黏度合格		10
记录	岗位操作记录填写准确完整		10
生产结束清场	①作业场地清洁 ②工具和容器清洁 ③生产设备的清洁 ④清场记录		10
实操问答	正确回答考核人员的提问		10

项目二　软胶囊内容物配制操作

【教学目标】

1. 掌握软胶囊内容物配制岗位操作程序
2. 掌握软胶囊内容物配制工艺管理要点及质量控制要点
3. 掌握胶体磨、真空乳化搅拌罐的标准操作规程
4. 能操作胶体磨或真空乳化搅拌罐进行软胶囊内容物的配制，并进行清洁工作

任务一　熟悉软胶囊内容物配制操作的相关背景资料

活动1　了解内容物配制操作的适用岗位

本工艺操作适用于软胶囊内容物配制工、软胶囊内容物质量检查工、工艺员。

1. 软胶囊内容物配制工

（1）工种定义　软胶囊内容物配制工是指将药物及辅料通过调配罐、胶体磨、乳化罐等设备制成符合软胶囊质量标准的溶液、混悬液或乳液内容物的操作人员。

（2）适用范围　软胶囊内容物配制、质量自检。

2. 软胶囊内容物质量检查工

（1）工种定义　软胶囊内容物质量检查工是指从事软胶囊内容物配制全过程的各工序质量控制点进行现场监控和对规定的质量指标进行检查、判定的人员。

（2）适用范围　软胶囊内容物配制全过程的质量监督（工艺管理、QA）。

活动2　认识软胶囊内容物配制常用设备

1. JM280QF型胶体磨（图7-4）

在JM280QF型胶体磨中，流体或半流体物料通过高速相对联动的定齿与动齿之间，使物料受到强大的剪切力、摩擦力及高频振动等作用，有效地被粉碎、乳化、均质、混合，从而获得符合软胶囊要求的内容物。其主机部分由壳体、动磨片、静磨片、调节机构、冷却机构、电机等组成。

2. TZGZ系列真空乳化搅拌机（图7-5）

TZGZ系列真空乳化搅拌机可用于软膏剂的加热、溶解、均质乳化，本机组主要由预处

图7-4　JM280QF型胶体磨

图7-5　TZGZ系列真空乳化搅拌机

理锅、主锅、真空泵、液压、电器控制系统等组成，均质搅拌采用变频无级调速，加热采用电热和蒸汽加热两种，乳化快，操作方便。

活动 3 识读软胶囊内容物配制工艺及岗位职责

1. 工艺过程（以配制乳剂做内容物为例）

固体物料粉碎混合→过筛→在调配容器中加入液体物料搅拌均匀→将混合物放入胶体磨或乳化罐中研磨乳化→研磨至符合软胶囊内容物要求，备用。

2. 软胶囊内容物配制岗位职责

（1）严格执行《软胶囊内容物配制操作程序》及《配制设备标准操作规程》。

（2）负责配制设备的安全使用及日常清洁、保养，保障设备的良好状态，防止生产安全事故的发生。

（3）严格按照生产指令核对配制药液所有物料名称、数量、规格、外观无误。

（4）认真检查配制设备是否清洁干净、清场状态。

（5）自觉遵守工艺纪律，监控配制设备的正常运行。发现偏差及时上报。

（6）认真如实填好生产记录，做到字迹清晰、内容真实、数据完整，不得任意涂改和撕毁，做好交接记录，不合格产品不能进入下道工序。

（7）工作结束或更换品种时应及时做好清洁卫生并按有关规程进行清场工作，认真填写相应记录。做到岗位生产状态标识、设备及生产工具所处状态标识清晰明了。

活动 4 识读软胶囊内容物配制岗位操作程序

1. 生产前准备

（1）检查上次生产清场记录。

（2）检查配制操作间温度、相对湿度是否符合生产要求。

（3）检查配制操作间中有无上次生产的遗留物，有无与本批产品无关的物品、文件。

（4）检查磅秤、天平是否有效，调节零点。

（5）检查用具、容器是否干燥洁净。

（6）检查水、电、气供应是否正常。

（7）检查调配罐、胶体磨、乳化罐等设备是否运转正常。

（8）按生产指令领取物料，复核各物料的品名、规格、数量。

2. 生产操作

（1）将固体物料分别粉碎，过 100 目筛。

（2）液体物料过滤后加入调配罐中。

（3）将固体物料按照一定的顺序加入调配罐中，与液体物料混匀。

（4）将上一步得到的混合物视情况加入胶体磨或乳化罐中，进行研磨或乳化。

（5）将研磨或乳化后得到的药液过滤后用干净容器盛装，标明品名、规格、批号、数量。

3. 生产结束

（1）关闭水、电、气。

（2）设备、生产工具按清洁规程进行清洁，配料间按清场标准操作规程进行清场。

4. 记录

如实填写各生产记录（表 7-3、表 7-4）。

表 7-3　软胶囊内容物配制生产记录

内容物批号：		生产日期：		
操作步骤		记录	操作人	复核人
1. 生产前检查	文件	已检查,符合要求 □		
	现场	已检查,符合要求 □		
	设备	已检查,符合要求 □		
	物料	已检查,符合要求 □		
2. 检查房间温度、相对湿度		温度____℃ 相对湿度____%；		
3. 按生产指令领取物料,复核各物料的品名、规格、数量；		物料 1 ____kg 物料 2 ____kg 物料 3 ____kg		
4. 将固体物料分别粉碎,过 100 目筛；		已粉碎 □　已过筛 □		
5. 液体物料过滤后加入调配罐中；		已过滤 □		
6. 将固体物料按照一定的顺序加入调配罐中,与液体物料混匀；		物料 1、2、3 均已加入 □ 已混匀 □		
7. 将混合物加入胶体磨或乳化罐中,进行研磨或乳化；		已研磨 □ 已乳化 □		
8. 将研磨或乳化后得到的内容物过滤后用干净容器盛装,标明品名、规格、批号、数量；		已标明 □		
9. 生产结束清洁机器及工作间,清点工具,定位摆放		已清洁 □		
10. 关闭水、电、气		已关闭 □		
备注：				

表 7-4　软胶囊内容物配制工序清场记录

清场前	批 号：	生产结束：　年　月　日　班	
检查项目	清场要求	清场情况	QA 检查
物料	结料,剩余物料退料	按规定做 □	合格 □
中间产品	清点、送规定地点放置,挂状态标记	按规定做 □	合格 □
工具器具	冲洗、湿抹干净,放规定地点	按规定做 □	合格 □
清洁工具	清洗干净,放规定处干燥	按规定做 □	合格 □
容器管道	冲洗、湿抹干净,放规定地点	按规定做 □	合格 □
生产设备	湿抹或冲洗,标志符合状态要求	按规定做 □	合格 □
工作场地	湿抹或湿拖干净,标志符合状态要求	按规定做 □	合格 □
废弃物	清离现场,放规定地点	按规定做 □	合格 □
工艺文件	与续批产品无关的清离现场	按规定做 □	合格 □
注:符合规定在“□”中打“√”,不符合规定则清场至符合规定后在“□”中打“√”			
清场时间	年　月　日　班		
清场人员			
QA 签名	年　月　日　班		
检查合格发放清场合格证,清场合格证粘贴处			
备　注			

活动 5　识读软胶囊内容物配制注意事项及质量控制要点

1. 注意事项

(1) 房间温度应低于 25℃，相对湿度应低于 65%。

(2) 配制时根据物料性质选用胶体磨或乳化罐，如物料中有固体则要用胶体磨或球磨机等粉碎设备磨碎并过筛，如物料中有水油两相则需用乳化罐乳化。

(3) 软胶囊内容物配制好后，应当天使用，尽量减少污染。

2. 质量控制要点

(1) 含量　药液的含量应符合药典要求或企业内控标准。

(2) 粒度或液滴大小　固体粒子过大或液滴大小不均易造成软胶囊含量不均，大粒子也容易造成软胶囊机柱塞泵磨损。因此固体物料粉碎后应用合适规格的筛网控制粒度，研磨或乳匀后也应该过合适规格的筛网。

活动 6　讨论与分析

① 哪些药物不适宜做软胶囊内容物？

② 为什么物料中有固体必须磨碎并过筛？

任务二　考核软胶囊内容物配制操作

以配制乳剂做内容物为例。

<table>
<tr><th>考核内容</th><th colspan="2">技能要求</th><th>分值/分</th></tr>
<tr><td rowspan="2">生产前准备</td><td>生产工具准备</td><td>①检查核实清场情况，检查清场合格证
②对设备状况进行检查，确保设备处于合格状态
③对计量容器、衡器进行检查核准
④对生产用的工具的清洁状态进行检查</td><td rowspan="2">15</td></tr>
<tr><td>物料准备</td><td>①按生产指令领取生产原辅料
②按生产工艺规程制订标准核实所用原辅料(检验报告单，规格，批号)</td></tr>
<tr><td>配制操作</td><td colspan="2">①根据处方准确计算投料量
②正确操作设备配制药液
③配制完毕将药液转移到储罐储存</td><td>40</td></tr>
<tr><td>质量控制</td><td colspan="2">含量准确，液滴大小均匀</td><td>15</td></tr>
<tr><td>记录</td><td colspan="2">岗位操作记录填写准确完整</td><td>10</td></tr>
<tr><td>生产结束清场</td><td colspan="2">①作业场地清洁
②工具和容器清洁
③生产设备的清洁
④清场记录</td><td>10</td></tr>
<tr><td>实操问答</td><td colspan="2">正确回答考核人员的提问</td><td>10</td></tr>
</table>

项目三　压制软胶囊操作

【教学目标】

1. 掌握软胶囊压制岗位操作程序
2. 掌握软胶囊（压制法）生产工艺管理要点及质量控制要点
3. 掌握 RGY6X15F 软胶囊压制机的标准操作规程
4. 掌握 RGY6X15F 软胶囊压制机的清洁保养标准操作规程

5. 能操作 RGY6X15F 软胶囊压制机压制软胶囊，并进行清洁保养工作

6. 能解决 RGY6X15F 软胶囊压制机生产过程中出现的常见问题

7. 能对压制的软胶囊进行质量判断

任务一　熟悉压制软胶囊操作的相关背景资料

活动 1　了解压制软胶囊操作的适用岗位

本操作适用于软胶囊压制工、软胶囊压制质量检查工、工艺员。

1. 软胶囊压制工

(1) 工种定义　软胶囊压制工是指将合格的药物油溶液或混悬液，使用规定的模具和软胶囊压制设备，压制成合格软胶囊的操作人员。

(2) 适用范围　软胶囊压制机操作、模具保管、质量自检。

2. 软胶囊压制质量检查工

(1) 工种定义　软胶囊压制质量检查工是指从事软胶囊压制生产全过程的各工序质量控制点进行现场监控和对规定的质量指标进行检查、判定的人员。

(2) 适用范围　软胶囊压制全过程的质量监督（工艺管理、QA）。

活动 2　认识压制软胶囊常用设备

RGY 系列软胶囊机（图 7-6、图 7-7）是由主机、制冷机、胶丸输送机、旋转干燥机、化胶罐、电器控制系统及其他辅助设备组成的一条滚模式软胶囊自动生产线。该生产线损耗功率小，生产率高，适合企业 24h 连续生产。该机能把各类药品、食品、化妆品、各种油类物质和疏水混悬液或糊状物定量压注并包封于明胶膜内，形成大小形状各异的密封软胶囊。

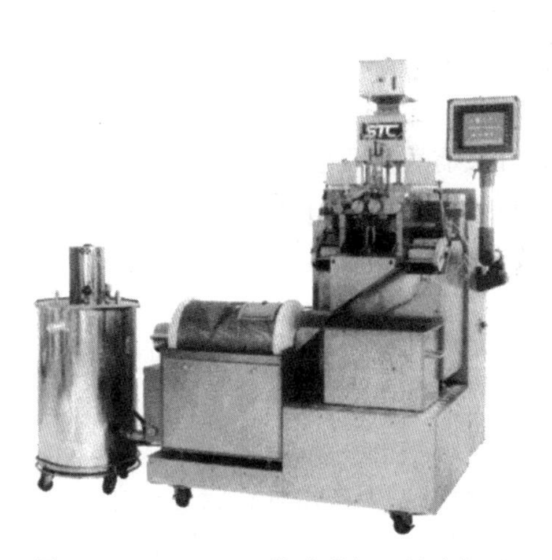

图 7-6　RGY6X15F 软胶囊机（风冷却型）

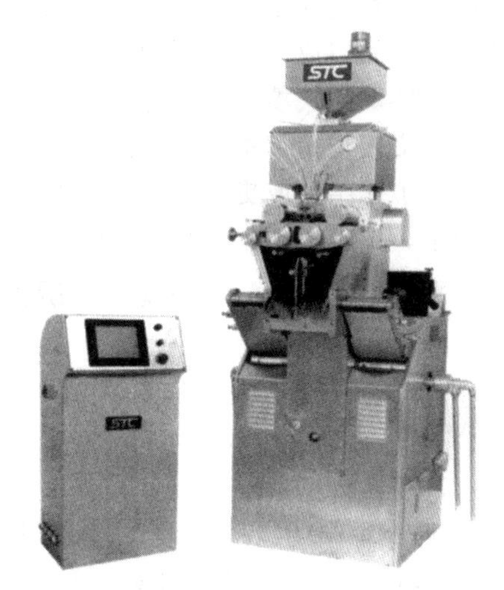

图 7-7　RGY10X25S 软胶囊机（水冷却型）

RGY6X15F 软胶囊机结构示意图见图 7-8。

活动 3　识读压制软胶囊岗位职责

(1) 严格执行《压制软胶囊岗位操作程序》及《软胶囊压制设备标准操作规程》。

(2) 负责压制软胶囊所用设备的安全使用及日常清洁、保养，保障设备的良好状态，防止生产安全事故的发生。

(3) 严格按照生产指令核对压制软胶囊所有物料名称、数量、规格、外观无误。

(4) 认真检查软胶囊机是否清洁干净、清场状态。

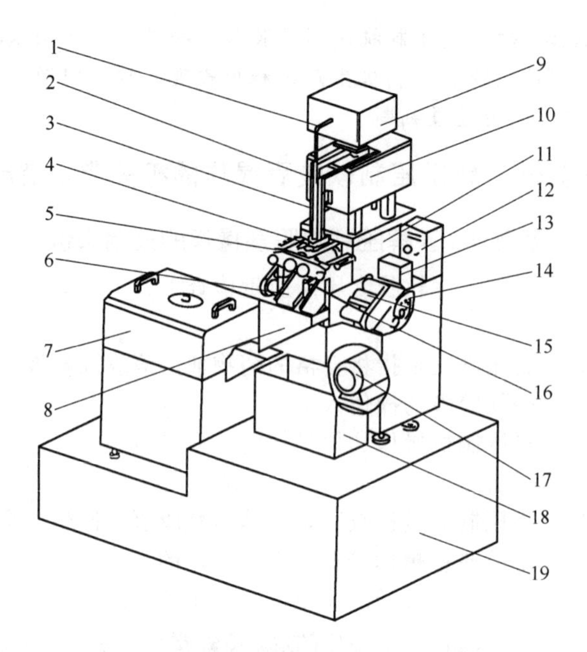

图 7-8 RGY6X15F 软胶囊机结构示意图

1—多余物料返回管；2—注料管；3—加热注射器提升机构；4—加热注射器（喷体）；
5—模具；6—接丸漏斗；7—转笼干燥机；8—软胶囊输送漏斗；9—料斗；10—供料泵；
11—传动系统；12—控制系统盒；13—胶盒；14—胶皮轮；15—油滚系统；
16—下丸器；17—马达及油泵；18—废胶桶；19—移动平台

（5）自觉遵守工艺纪律，监控软胶囊机的正常运行，确保压制软胶囊岗位不发生混药、错药或对药品造成污染。发现偏差及时上报。

（6）认真如实填好生产记录，做到字迹清晰、内容真实、数据完整，不得任意涂改和撕毁，做好交接记录，不合格产品不能进入下道工序。

（7）工作结束或更换品种时应及时做好清洁卫生并按有关规程进行清场工作，认真填写相应记录。做到岗位生产状态标识、设备及生产工具所处状态标识清晰明了。

活动 4 识读压制软胶囊岗位操作程序

识读 DIY

查找相关资料，整理出压制软胶囊岗位的洁净度要求，以及软胶囊质量的判断标准。

1. 生产前准备

（1）复核清场情况

① 检查生产场地是否无上一批生产遗留的软胶囊、物料、生产用具、状态标志等。

② 检查压制操作间的门窗、天花板、墙壁、地面、地漏、灯罩、开关外箱、出风口是否已清洁、无浮尘、无油污。

③ 检查是否无上一批生产记录及与本批生产无关文件等。

④ 检查是否有上一次生产的“清场合格证”，且是否在有效期内，证上所填写的内容齐全，有 QA 签字。

（2）接收生产指令

① 工艺员发“软胶囊压制工序生产记录”、物料标志、“运行中”标志（皆为空白）。

② 仔细阅读“批生产指令”的要求和内容。

③ 填写“运行中”标志的各项内容。

（3）设备、生产用具准备

① 准备所需模具、喷体及洁净明胶盒等。

② 检查生产用具、压制软胶囊设备清洁、完好、是否干燥。

③ 按《软胶囊机操作规程》进行配件安装和试运行，检查设备是否运作正常。

④ 检查电子秤、电子天平是否符合如下要求：计量范围符合生产要求，清洁完好，有计量检查合格证，并在规定的使用期内，且在使用前进行校正。

（4）物料的接收与核对

① 对配料工序送来的药液，核对“中间产品递交许可证”上的产品名称、规格、有无QA签字，并复秤重量。

② 按“中间产品递交许可证”核对保温储胶罐内胶液的名称、规格、有无QA签字、储胶罐编号，清点个数。对储胶罐进行保温，保温温度为50～60℃。

（5）检查操作间的室内温度及相对湿度是否符合工艺规程要求，并记录。

（6）检查操作人员的着装，应穿戴整齐，服装干净。

（7）由班组申请QA检查，检查合格后领取QA签发的“准产证”。

2. 生产操作

（1）加料

① 用加料勺将药液倒入盛料斗，注意不要加得过满，盖上盖子。

② 将储胶罐的出料口用引胶管与主机箱连接，引胶管外包裹加热套用以保温，明胶盒温度设置为50～55℃。

③ 开启储胶罐的出料口。

④ 储胶罐进气口连接压缩空气接口，压缩空气压力可根据胶液的黏稠度作适当调整。

（2）压制软胶囊

① 按《软胶囊机操作规程》进行软胶囊机调试操作。

② 根据工艺规程规定对喷体进行加热（通常设定温度为32～38℃，视环境和明胶液温度、胶皮厚度、设备转速等情况而定）。

③ 调整转模压力，以刚好压出丸为宜，压力过大会损坏模具。

④ 根据工艺规程规定的内容物重进行装量调节。取样检测压出胶丸的夹缝质量、外观、内容物重，及时作出调整，直至符合工艺规程为止。

⑤ 正常开机，每小时每排胶丸取样，检查夹缝质量、外观、内容物重，每班检测胶皮厚度，并在批生产记录上记录，如有偏离控制范围的情况，应及时调整药液泵和胶皮涂布器。

⑥ 若在压制过程中，出现故障或意外停机后再开，须重复④的操作。

⑦ 开启转笼开关，边压制软胶囊边进行转笼定型干燥。

⑧ 生产过程中，定时将产生的胶网用胶袋盛装，放于指定地点，等待进一步处理。

3. 生产结束

（1）全批生产结束后，收集产生的废丸，称重并记录数量，用胶袋盛装，放于指定地点，作废弃物处理。

（2）清洁与清场

① 连续生产同一品种时，在规定的清洁周期将生产用具按《软胶囊生产用具清洁规程》进行清洁，设备按《软胶囊机清洁规程》、《干燥转笼清洁规程》进行清洁，生产环境按《D级洁净区清洁规程》进行清洁；非连续生产时，在最后一批生产结束后按以上要求进行清洁。

② 每批生产结束后按《压丸间清场规程》进行清场。

（3）将本批生产的“清场合格证”、“中间产品递交许可证”、“准产证”贴在批生产记录规定位置上。

（4）出现偏差，执行《生产过程偏差处理管理规程》。

4. 记录

如实填写各生产操作记录。

活动5 识读压丸生产安全管理要点及质量控制关键点

1. 安全管理要点

（1）压丸操作室温度应控制在20～24℃、相对湿度在40%以下。

（2）生产场地的地面比较光滑，应随时保持地面清洁，在行走时动作要轻，跨步不要太大，严禁跑跳，慎防滑倒；生产过程中登上台级加料前，必须先检查是否有滑动现象，要慢上慢落，避免因台级滑动或鞋底打滑而摔倒。

（3）应经常检查明胶液储罐夹层水位是否保持正常高度。

2. 质量控制关键点

（1）软胶囊的外观（左右是否对称）及夹缝质量（是否粗大、有无漏液）。

（2）内容物重及装量差异。

（3）左右胶皮厚度。

任务二 训练压制软胶囊操作

活动1 操作RGY6X15F软胶囊机

1. 开机前准备工作

（1）检查压丸间的温湿度、压力是否符合要求。

（2）将控制箱、冷风机面板上的所有控制开关置于关断位置。

（3）检查传动系统箱内的润滑油是否足够（一般应注入约3L）。

（4）检查供料泵壳体内的石蜡油应浸没盘形凸轮滑块。

（5）检查主机左侧的润滑油箱内的石蜡油是否足够。

（6）安装转模及调整同步

① 将准备压制软胶囊的转模装入定位轴上。

a. 拆开门梁，将转模安装在相应的主轴上，使转模端面有刻线的一端朝外。

b. 安装好转模后将门梁复位，将模具座上的定位销插入孔中，锁紧门梁和滚模。

② 调整两转模、转模与喷体、泵体与转模三个同步。

a. 调整两转模同步，使模腔一一对应：旋转转模左边的加压旋钮，使两转模不加压力自然接触，松开机器背面对线机构的紧固螺钉，用对线扳手转动右主轴，使左右转模端面上的刻度线对准（最好以模腔边缘对齐为准），对准误差应不大于0.05mm，然后锁紧紧固螺钉。

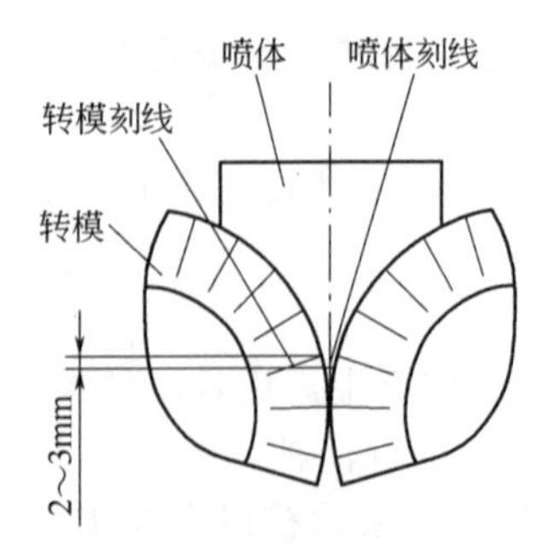

图7-9 调节喷体与转模同步示意图

b. 调整转模与喷体同步：将喷体放下，以自重压在转模上（应在喷体与转模之间放一纸垫，以防互相摩擦损伤），通过微动操作主机运转，调整喷体端面的刻线与转模端面上的刻线的相互位置，使喷体上喷孔置于模腔内，经供料泵注出的药液即可注入胶囊内，调整时必须考虑胶膜厚度的影响，使喷体刻线略低于转模刻线（图7-9）。

c. 调整泵体与转模同步：脱开传动系统顶盖上的中介齿轮与变换齿轮，使其处于非啮合状态，转动供料泵方轴（由上向下观察顺时针方向转动），使供料泵前面的三根柱塞处于极前位置且消除盘形凸轮空行程（即柱塞即将向后推进），然后将中介齿轮与传动变换齿轮啮合，锁紧。

（7）将明胶盒分别安装到左右胶皮轮上方，固定好。

（8）将控制箱上的选择开关拧到“Ⅰ”位置，使机器通电。

（9）将引胶管的加热插头连接到主机上，对引胶管进行加热。

（10）在确认保温胶桶内的明胶液可顺利流出胶桶后，将引胶管的接头接在保温胶桶的出胶口上。

（11）将喷体加热棒、传感器和明胶盒加热棒、传感器分别插入喷体和明胶盒，插头连接到相应的插座位置上。

（12）将左右明胶盒的温控仪的目标温度调至50～55℃。

（13）将压缩空气胶管插入保温储胶罐的接口上，开启罐盖上的进气阀，开启罐出胶阀，罐内的明胶液受压而流进左右明胶盒内（注意保持罐内气压在0.015～0.04MPa范围内）。

2. 开机操作

（1）调节机器的速度控制旋钮，使机器按一定转速运转。

（2）将左右明胶盒的出胶挡板适量开启，明胶液均匀涂布在转动的胶皮轮上形成胶皮。

（3）开启冷风机，并调节冷风机的出风量，以胶皮不粘在胶皮轮上为宜（视室温等实际情况而定）。

（4）将胶皮轮带出的胶皮送入胶皮导轮，然后进入模具，胶皮从模具挤出后，用镊子引导胶皮进入下丸器的胶丸滚轴及拉网轴，最后送入废胶桶。

（5）检查胶皮的厚度，视实际情况调节明胶盒出胶挡板的开启度，以调节胶皮厚度至0.80mm左右（应使内外两侧胶皮厚度均匀）。

（6）检查胶网的输送情况，若正常，放下喷体，使喷体以自重压在胶皮上。

（7）设定喷体温控仪的目标温度为32～38℃（温度视室温、胶皮厚度、设备转速等情况而定），开启喷体加热开关，插在喷体上的发热棒受电加热。

（8）调节模具的加压旋钮，令左右转模受力贴合，调节量以胶皮刚好被转模切断为准，注意模具过量的靠压会损坏。

（9）待喷体加热至目标温度后，将喷体上的滑阀开关杆向内推动，接通料液分配组合的通路，定量的药液喷入两胶皮之间，通过模具压成胶丸。此时应检查每个喷孔对应的胶丸装量（即内容物重），及时修正柱塞泵的喷出量（通过转动供料泵后面调节手轮进行调节，改变柱塞行程，进而改变装量）。

测定装量方法：在转模上由前至后取出第一粒至最后一粒软胶囊，放在烧杯内用乙醚洗去胶囊表面的油渍，快速干燥后用电子天平称得软胶囊重并记录；随后剖开软胶囊，用乙醚洗去全部内容物，快速干燥后称得胶囊壳重量并记录，两次重量之差即内容物重。

（10）启动干燥转笼，使S4旋钮置于“L”，将压出的符合要求的软胶囊送入笼内。

【RGY6X15F软胶囊机（含干燥转笼）安全操作注意事项】

（1）模具及喷体为精密部件，必须轻拿轻放，严禁在模具转动时持硬物在其上方操作；发现喷体出料孔堵塞时，必须停机后方可进行清理，否则容易夹伤手指和损坏模具；如发现模具腔内有胶皮黏附时，不能用手或镊子在模具上方挑出，以防伤及人手或损坏模具。

（2）每次启动主机前确认调速旋钮处于零。

（3）拆装模具及料液泵等部件时，不得2人同时操作，避免因操作不协调而发生伤人或设备事故。

（4）严禁喷体在不接触胶皮的情况下通电加热。

（5）机器运转时操作人员不得离开，经常检查设备运转情况，在压制生产过程中遇到以下情况必须停机处理。

① 剥丸器及拉网花轴缠住胶网或胶皮。

② 喷体堵塞。

③ 在模具上方进行一切持硬物的操作。

④ 胶皮过黏，经调节后仍不能做正常的生产。

（6）储胶罐上机使用时，应常检查罐内压力是否超过规定值，以防因压力过大将罐盖炸飞伤人。

（7）干燥转笼转动换向时，必须等转笼完全静止后方可进行换向操作，严禁突然换向，否则可能导致电器元件损坏。

（8）工作完毕停机后，及时把所有电加热附件的电源插头拔出。

3. 停机操作

（1）将喷体开关杆向外拉动切断料液通路，关闭喷体加热，将喷体升起架在喷体架上。

（2）松开模具加压旋钮，使两转模分开。

（3）关闭压缩空气开关，开启胶桶盖上的排气阀，拆掉压缩空气管，拔除引胶管加热开关。

（4）关闭左右明胶盒、胶桶、冷风机的开关。

（5）继续运转主机，排净明胶盒内胶液及胶皮轮上胶皮，然后停止主机。

（6）在转笼出口处放上接胶丸容器，将转笼上的S4旋钮置于“R”，转笼正转，使胶丸自动排出转笼。

（7）关闭所有电机电源、总电源。

4. 清洁与清场

（1）将剩余的明胶及物料等从机器上清除下来，按规定处理。将模具、喷体、泵体、输料柱塞、料斗、明胶盒、引胶管、干燥转笼等拆下。

（2）将拆下的机械部件拆散，用洗涤剂溶液仔细清洗干净，至无生产时的遗留物，然后用大量饮用水冲洗至水清澈无泡沫，再用纯化水冲洗2次；待水挥发后，用75%乙醇溶液浸泡冲洗；挥发多余乙醇后，将泵体、输料柱塞浸入液体石蜡，均匀沾满液体石蜡后，重新装机。将转笼安装回原位。其余部件晾干后，按规定收藏，保存于工具间。

（3）装机后往供料泵壳体内加入石蜡油，油面应浸没盘形凸轮滑块；往料斗加入少量液体石蜡，开动主机运转排出空气，避免供料泵柱塞氧化。

（4）干燥转笼机箱及不可拆卸的设备表面等用清洁布或不掉毛刷子沾洗涤剂溶液清洗掉污物、油渍等，用饮用水擦净后，用75%乙醇溶液擦拭，最后按要求装机。

注意：胶皮轮上严禁用锐器铲残留胶皮，否则轮上易被划伤，影响涂布胶皮质量。

（5）清洁天花板、墙壁、地面。

5. 保养

（1）坚持每班检查和清洁、润滑、紧固等日常保养。

（2）经常注意仪表的可靠性和灵敏性。

（3）每星期更换一次料泵箱体石蜡油。

发现问题应及时与实训中心管理人员联系，进行维修，正常后方可继续生产。

6. 记录

实训过程中应及时、真实、完整、正确地填写各类生产记录（表7-5～表7-7）。

表 7-5　软胶囊压制生产记录

<table>
<tr><td colspan="2">品名：</td><td colspan="2">批号：</td><td colspan="2">规格：</td><td colspan="2">批量：</td></tr>
<tr><td colspan="2">操作开始</td><td colspan="2">年　月　日　时</td><td colspan="2">操作结束</td><td colspan="2">年　月　日　时</td></tr>
<tr><td colspan="5">执行文件：《压制软胶囊岗位操作程序》</td><td colspan="3" rowspan="2">“清场合格证”副本及
“准产证”粘贴处</td></tr>
<tr><td colspan="5">生产前检查：文件□　设备□　现场□　物料□
检查人：</td></tr>
<tr><td rowspan="2">物料</td><td colspan="4">内 容 物　　数量：　　kg</td><td colspan="3">在贮存期内：是□　否□</td></tr>
<tr><td colspan="4">胶　液</td><td colspan="3">在贮存期内：是□　否□</td></tr>
<tr><td colspan="8">喷体编号：　　　　模具编号：</td></tr>
<tr><td rowspan="12">压
制</td><td>室温/℃</td><td></td><td></td><td colspan="2"></td><td colspan="2"></td></tr>
<tr><td>相对湿度/%</td><td></td><td></td><td colspan="2"></td><td colspan="2"></td></tr>
<tr><td>喷体温度/℃</td><td></td><td></td><td colspan="2"></td><td colspan="2"></td></tr>
<tr><td>左胶盒温度/℃</td><td></td><td></td><td colspan="2"></td><td colspan="2"></td></tr>
<tr><td>右胶盒温度/℃</td><td></td><td></td><td colspan="2"></td><td colspan="2"></td></tr>
<tr><td>胶液批号</td><td></td><td></td><td colspan="2"></td><td colspan="2"></td></tr>
<tr><td>胶皮厚度</td><td>符合规定□</td><td>符合规定□</td><td colspan="2">符合规定□</td><td colspan="2">符合规定□</td></tr>
<tr><td>操作人</td><td></td><td></td><td colspan="2"></td><td colspan="2"></td></tr>
<tr><td>复核人</td><td></td><td></td><td colspan="2"></td><td colspan="2"></td></tr>
<tr><td>日期/班次</td><td>日　班</td><td>日　班</td><td colspan="2">日　班</td><td colspan="2">日　班</td></tr>
<tr><td colspan="4">合计本批耗用胶液：　　罐</td><td colspan="3">记录人：</td></tr>
<tr><td>平均丸重：　g</td><td>废丸重：　kg</td><td colspan="2">复核人：</td><td colspan="3">日期：</td></tr>
<tr><td>偏
差
分
析</td><td colspan="4">生产过程无偏差，同意移交下工序　□
生产过程有偏差，需分析偏差原因，在备注栏填写偏差分析记录　□</td><td colspan="3">QA 签名：
年　月　日</td></tr>
<tr><td colspan="8">备注：</td></tr>
</table>

表 7-6 软胶囊丸重抽查记录

日期	年 月 日	班次：		设备号：	装量内控范围：	
品名		批号：			标示装量：	
排数	检测时间					
1	总重 g					
	胶皮 g					
	内容物 g					
2	总重 g					
	胶皮 g					
	内容物 g					
3	总重 g					
	胶皮 g					
	内容物 g					
4	总重 g					
	胶皮 g					
	内容物 g					
5	总重 g					
	胶皮 g					
	内容物 g					
6	总重 g					
	胶皮 g					
	内容物 g					
称量人						
备 注						

表 7-7 压制工序清场记录

清场前	批 号：	生产结束日期： 年 月 日 班	
检查项目	清场要求	清场情况	QA 检查
物料	结料，剩余物料退料	按规定做 □	合格 □
中间产品	清点，送规定地点放置，挂状态标记	按规定做 □	合格 □
工具器具	冲洗、湿抹干净，放规定地点	按规定做 □	合格 □
清洁工具	清洗干净，放规定处干燥	按规定做 □	合格 □
容器管道	冲洗、湿抹干净，放规定地点	按规定做 □	合格 □
生产设备	湿抹或冲洗，标志符合状态要求	按规定做 □	合格 □
工作场地	湿抹或湿拖干净，标志符合状态要求	按规定做 □	合格 □
废弃物	清离现场，放规定地点	按规定做 □	合格 □

续表

工艺文件	与续批产品无关的清离现场	按规定做 □	合格 □
注：符合规定在“□”中打“√”，不符合规定则清场至符合规定后打“√”			
清场时间	年　月　日　班		
清场人员			
QA 签名：	日期及班次：		
检查合格发放清场合格证，清场合格证粘贴处			
备　注：			

7. 实训过程常见问题及解决方法

实训过程常见问题及解决方法见表 7-8。

表 7-8　实训过程常见问题及解决方法

常见问题	发生原因	解决方法
喷体漏液	接头漏液	更换接头
	喷体内垫片老化弹性下降	更换垫片
机器振动过大或有异常声音	泵体箱内石蜡油不足，以致润滑不足	在泵体箱内添加石蜡油
喷体漏液	明胶盒和上层胶液水分蒸发后与浮子黏结在一起，阻碍浮子活动，使盒内液面高度不稳定	清除黏结的胶液
	明胶盒出胶挡板下有异物垫起挡板，使胶皮一边厚一边薄	清除异物
胶皮有线状凹沟或割裂	明胶盒出口处有异物或硬胶块	清除异物或硬胶块
	明胶盒出胶挡板刃口损伤	停机修复或更换明胶盒出胶挡板
胶皮高低不平有斑点	胶皮轮上有油或异物	用清洁布擦净胶皮轮，不需停机
	胶皮轮划伤或磕碰	停机修复或更换胶皮轮
单侧胶皮厚度不一致	明胶盒端盖安装不当，明胶盒出口与胶皮轮母线不平行	调整端盖，使明胶盒在胶皮轮上摆正
胶皮在油滚系统与转模之间弯曲、堆积	胶皮过重	校正胶皮厚度，不需停机
	喷体位置不当	升起喷体，校正位置，不需停机
	胶皮润滑不良	改善胶皮润滑，不需停机
	胶皮温度过高	降低冷风温或明胶盒温度
胶皮粘在胶皮轮上	冷风量偏小、风温或胶液温度过高	增大冷气量，降低风温及明胶盒温度，不需停机
明胶盒出口处有胶块拖曳	开机后短暂停机胶液结块或开机前明胶盒清洗不彻底	清除胶块，必要时停机重新清洗明胶盒

续表

常见问题	发生原因	解决方法
胶丸内有气泡	料液过稠夹有气泡	排除料液中气泡
	供液管路密封不良	更换密封件
	胶皮润滑不良	改善润滑
	喷体变形,使喷体与胶皮间进入空气	更换喷体
	喷体位置不正确,使喷体与胶皮间进入空气	摆正喷体
	加料不及时,使料斗内药液排空	关闭喷体并加料,待输液管内空气排出后继续压制
胶丸夹缝处漏液	胶皮太厚	减少胶皮厚度
	转模间压力过小	调节加压手轮
	胶液不合格	更换胶液
	喷体温度过低	升高喷体温度
	两转模模腔未对齐	停机,重新校对滚模同步
	内容物与胶液不适宜	检查内容物与胶液接触是否稳定并作出调整
	环境温度太高或湿度太大	降低环境温度和湿度
胶丸夹缝质量差(夹缝太宽、不平、张口或重叠)	转模损坏	更换转模
	喷体损坏	更换喷体
	胶皮润滑不足	改善胶皮润滑
	胶皮温度低	升高喷体温度
	转模模腔未对齐	停机,重新校对转模同步
	两侧胶皮厚度不一致	校正两侧胶皮厚度,不需停机
	供料泵喷注定时不准	停机,重新校正喷注同步
	转模间压力过小	调节加压手轮
胶皮过窄引起破囊	明胶盒出口有阻碍物	除去阻碍物
	胶皮轮过冷	降低空调冷气,以增加胶皮宽度
胶丸形状不对称	两侧胶皮厚度不一致	校正两侧胶皮厚度,使之一致
胶丸表面有麻点	胶液不合格,存在杂质	更换胶液
	胶皮轮划伤或磕碰	停机修复或更换胶皮轮
胶丸崩解迟缓	胶皮过厚	调整胶皮厚度
	干燥时间过长,使胶壳含水量过低	缩短干燥时间
胶丸畸形	胶皮太薄	调节胶皮厚度
	环境温度低,喷体温度不适宜	调节环境温度,调节喷体温度
	内容物温度高	调节内容物温度
	内容物流动性差	改善内容物流动性
	转模模腔未对齐	停机,重新校对转模同步

续表

常见问题	发生原因	解决方法
胶丸装量不准	内容物中有气体	排除内容物中气体
	供液管路密封不严,有气体进入	更换密封件
	供料泵泄漏药液	停机,重新安装供料泵
	供料泵柱塞磨损,尺寸不一致	更换柱塞
	料管或喷体有杂物堵塞	清洗料管、喷体等供料系统
	供料泵喷注定时不准	停机,重新校对喷注同步
胶皮缠绕下丸器六方轴或毛刷	胶皮温度过高	降低喷体温度
胶网拉断	拉网轴压力过大	调松拉网轴紧定螺钉
	胶液不合格	更换胶液
转模对线错位	主机后面对线机构紧固螺钉未锁紧	停机,重新校对转模同步,并将螺钉锁紧
胶丸干燥后丸壁过硬/过软	配制明胶液时增塑剂用量不足/过多	调整增塑剂用量

活动 2 判断产品的质量

(1) 外观 软胶囊应完整光洁，不得有黏结、变形、渗漏或囊壳破裂现象，并应无异臭。

(2) 装量差异 不合格会导致胶丸内容物含量不一，对治疗可能产生不利影响。装量差异应符合表 7-9 的规定。

表 7-9 软胶囊装量差异限度

平均装量/g	装量差异限度/%
0.3 以下	±10
0.3 或 0.3 以上	±7.5

测定方法：取供试品 20 粒，分别精密称定重量后，倾出内容物（不得损失囊壳），用乙醚等易挥发性溶剂清洗干净，置通风处使溶剂自然挥尽，在分别精密称定囊壳重量，求出每粒内容物的装量与平均装量，每粒内容物的装量与平均装量比较，超出装量差异限度的不得多于 2 粒，并不得有 1 粒超出限度 1 倍。

(3) 崩解时限 测定方法：取供试品 6 粒，按片剂的装置与方法，可改在人工胃液中进行检查，应在 1h 内全部崩解，如有 1 粒不能完全崩解，应另取 6 粒复试，均应符合规定。

(4) 溶出度 凡检查溶出度的软胶囊，可不进行崩解时限检查。

(5) 微生物限度检查 参照药典标准。

(6) 胶皮水分 有企业将干燥后软胶囊的胶皮含水量作为内控标准，控制胶皮水分不大于 12%，防止胶丸在包装后互相粘连。

活动 3 审核生产记录

压制软胶囊操作实训过程中的记录包括软胶囊压制生产记录、软胶囊丸重抽查记录、清场记录。可从以下几方面进行记录的审核。

① 审查记录填写的及时性、字迹清晰程度、内容真实性、数据完整性。

② 审查记录上有无操作人与复核人的签名。

③ 审查记录的整洁程度、有无撕毁和任意涂改，若有更改，看更改处有无签名、原数据是否可辨认。

活动 4 讨论与分析

① 对比压制法和滴制法生产软胶囊的优缺点。
② 在软胶囊生产间内行走、登台级有何注意事项？
③ 模具和喷体的安装、使用和拆卸有何注意事项？
④ 为何拆装模具和料液泵时不能两人同时操作？
⑤ 造成胶丸左右不对称的主要原因是什么？应如何解决？
⑥ 造成胶丸漏液的主要原因是什么？应如何解决？
⑦ 造成胶丸内有气泡的原因是什么？应如何解决？
⑧ 造成装量差异超限的原因是什么？应如何解决？
⑨ 造成崩解迟缓的原因是什么？应如何解决？

活动 5 考核压制软胶囊操作

<table>
<tr><th>考核内容</th><th colspan="2">技 能 要 求</th><th>分值/分</th></tr>
<tr><td rowspan="2">生产前准备</td><td>生产工具准备</td><td>①检查核实清场情况，检查清场合格证
②对设备状况进行检查，确保设备处于合格状态
③对电子天平、电子秤进行检查核准
④对生产用的工具的清洁状态进行检查</td><td rowspan="2">10</td></tr>
<tr><td>物料准备</td><td>①按生产指令领取药液、明胶液
②按生产工艺规程制订标准核实所用原辅料(检验报告单，规格，批号)</td></tr>
<tr><td>压制软胶囊操作</td><td colspan="2">①按正确步骤将模具安装到主机上，并调节好三个同步
②按正确步骤将引胶管接到胶液保温罐和明胶盒上，并将胶液送入明胶盒内
③能制备胶皮，并调整至合适厚度
④按正确步骤将喷体喷出的药液包裹进胶皮内，压制出外观合格的软胶囊
⑤经常调整各参数，以保证软胶囊外观质量</td><td>40</td></tr>
<tr><td>质量控制</td><td colspan="2">①外观对称、不漏液
②装量差异合格</td><td>20</td></tr>
<tr><td>记录</td><td colspan="2">岗位操作记录填写准确完整</td><td>10</td></tr>
<tr><td>生产结束清场</td><td colspan="2">①作业场地清洁
②工具和容器清洁
③生产设备的清洁
④清场记录</td><td>10</td></tr>
<tr><td>实操问答</td><td colspan="2">正确回答考核人员的提问</td><td>10</td></tr>
</table>

项目四 软胶囊干燥、清洗操作

【教学目标】

1. 掌握软胶囊干燥及清洗岗位操作程序
2. 掌握软胶囊干燥及清洗工艺管理要点及质量控制要点
3. 掌握软胶囊干燥定型转笼、XWJ-Ⅱ型超声波软胶囊清洗机的标准操作规程
4. 掌握软胶囊干燥定型转笼、XWJ-Ⅱ型超声波软胶囊清洗机的清洁、保养标准操作规程
5. 能操作软胶囊干燥定型转笼、XWJ-Ⅱ型超声波软胶囊清洗机，并进行清洁保养工作

任务一 熟悉软胶囊干燥、清洗操作的相关背景资料

软胶囊在压制成型后胶皮水分含量较高，为使软胶囊外壳定型，必须进行干燥工序；在

压制工艺过程中，做润滑剂用的石蜡油黏附在胶囊壳上，必须在干燥后清洗干净。

活动 1　了解软胶囊干燥、清洗操作的适用岗位

本工艺操作适用于软胶囊干燥及清洗工、软胶囊干燥及清洗质量检查工、工艺员。

1. 软胶囊干燥及清洗工

(1) 工种定义　软胶囊干燥及清洗工是指将压制成型后的软胶囊置于干燥定型转笼以及干燥车上进行干燥，待软胶囊定型后，使用软胶囊清洗机将胶壳表面的石蜡油清洗干净并挥干清洗剂的操作人员。

(2) 适用范围　软胶囊干燥定型转笼操作、软胶囊清洗机操作、质量自检。

2. 软胶囊干燥及清洗质量检查工

(1) 工种定义　软胶囊干燥及清洗质量检查工是指从事软胶囊干燥及清洗生产全过程的各工序质量控制点进行现场监控和对规定的质量指标进行检查、判定的人员。

(2) 适用范围　制剂全过程的质量监督（工艺管理、QA）。

活动 2　认识软胶囊干燥、清洗常用设备

1. 软胶囊干燥定型转笼（图 7-10）

软胶囊干燥定型转笼是用于对主机压制的合格胶丸经输送机送入干燥转笼内进行干燥定型。干燥机可一节也可多节串联组成，能顺时转与逆向转动。干燥箱一端由鼓风机输出恒温的空调风以保证软胶丸干燥之用。

2. XWJ-Ⅱ型超声波软胶囊清洗机（图 7-11）

该设备可对软胶囊进行一次性清洗，并且整个过程不会出现挤压现象。清洗过程分为：超声波浸洗、浸泡、丸体与酒精分离、喷淋四个步骤。

图 7-10　软胶囊干燥定型转笼

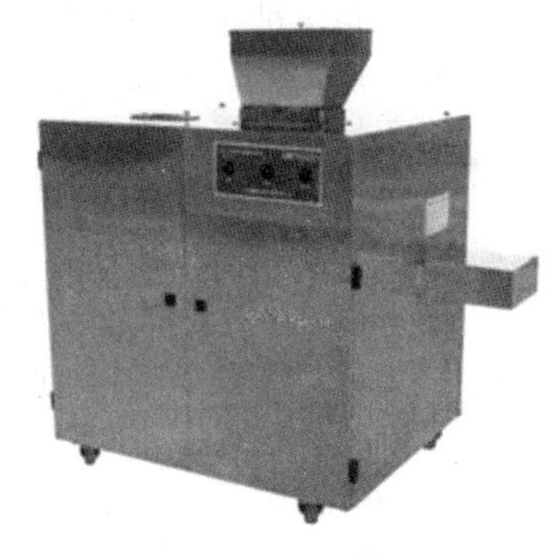

图 7-11　XWJ-Ⅱ型超声波软胶囊清洗机

活动 3　识读软胶囊干燥、清洗岗位职责

(1) 严格按工艺要求和操作规程进行软胶囊产品的干燥、清洗工作，保证质量，防止差错。

(2) 按生产计划，积极与上下工序进行沟通，按时按量完成生产。

(3) 按生产指令及时正确填写领料单，按时领入本工序所需的原辅料（酒精等）；生产结束，及时填写退料单，将物料退仓。

(4) 做好中间产品进出站的清点、复核工作，认真填写中间站台账。

(5) 负责保管进入车间的酒精溶液。

(6) 认真如实填好生产记录，做到字迹清晰、内容真实、数据完整，不得任意涂改和撕毁，做好交接记录。

(7) 按要求做好清场和清洁工作。

（8）负责本工序设备和工具的清洁、养护、保管、检查，发现问题及时上报。

（9）负责本工序各工作间的清洁。

（10）工作结束或更换品种时应及时做好清洁卫生并按有关规程进行清场工作，认真填写相应记录。做到岗位生产状态标识、设备及生产工具所处状态标识清晰明了。

活动4　干燥、清洗岗位操作程序

识读DIY

查找相关资料，找出软胶囊干燥间的温湿度要求，以及干燥后测定胶皮水分的方法。

1．生产前准备

（1）复核清场情况

① 检查生产场地是否无上一批生产遗留的软胶囊、物料、生产用具、状态标志等。

② 检查干燥操作间和洗丸操作间的门窗、天花板、墙壁、地面、地漏、灯罩、开关外箱、出风口是否已清洁、无浮尘、无油污。

③ 检查是否无上一批生产记录及与本批生产无关文件等。

④ 检查是否有上一次生产的“清场合格证”，且是否在有效期内，证上所填写的内容是否齐全，有无QA签字。

（2）接收生产指令

① 工艺员发生产记录、物料标志、“运行中”标志（皆为空白）。

② 仔细阅读“批生产指令”的要求和内容。

③ 填写“运行中”标志的各项内容。

（3）设备、生产用具准备

① 按生产指令准备所需干燥车、不锈钢勺、装丸盘等用具。

② 检查生产用具、干燥转笼、干燥车、超声波软胶囊清洗机是否清洁、完好、干燥。

③ 按《干燥转笼操作规程》、《超声波软胶囊清洗机操作规程》检查设备是否运作正常。

④ 检查电子秤是否计量范围符合要求，清洁完好，有计量检查合格证，在规定的使用期内，并在使用前进行校正。

（4）领取软胶囊中间产品　从压制工序领取批生产指令所要求的软胶囊中间产品。复核品名、规格和QA签发的“中间产品递交许可证”。

（5）领用清洗软胶囊用的乙醇（浓度95%），同时核对其品名、规格、质量合格证、重量。领用的乙醇必须放置在有防爆功能的洗丸间。

（6）生产环境的工艺条件检查

① 干燥软胶囊前，检查干燥间的温度、相对湿度是否符合工艺规程要求，并记录。

② 清洗软胶囊前，检查洗丸间的室内温度、相对湿度。

（7）检查操作人员的着装，是否穿戴整齐，服装干净。

（8）有班组申请QA检查，检查合格后领取QA签发的“准产证”。

2．干燥、清洗软胶囊操作

（1）将压制完毕的胶丸放入干燥转笼进行干燥。

① 按《干燥转笼操作规程》启动转笼，从转笼进丸口倒入胶丸，装丸量不应超过转笼容量的3/4。

② 设备外挂上“运行中”标志，填写名称、规格、批号、日期，操作者签名。每班检查两次室温、室内相对湿度，并记录。

③ 干燥7～16h，准备好托盘放在胶丸出口处，将干燥转笼旋转方向调至右转，放出胶丸。

（2）将转笼放出的胶丸放上干燥车进行干燥

① 将胶丸分置于干燥车上的筛网上（每个筛不宜放入过多，以2～3层胶丸为宜），并摊平。干燥车外挂已填写各项内容的“运行中”标志。

② 将盛有胶丸的干燥车推入干燥间静置干燥。

③ 干燥时每隔3h翻丸一次，使干燥均匀和防止粘连，尤其注意翻动筛盘边角位置的胶丸。

④ 干燥期间每2h记录一次干燥条件。

⑤ 达到工艺规程所要求的干燥时间（8～16h）后，每车按上、中、下层随机抽取若干胶丸检查，胶丸坚硬不变形，即可送入洗丸间，或用胶桶装好密封并送至洗前暂存间。

（3）清洗软胶囊操作

① 调节频率，打开电源总开关。

② 打开浸洗缸、喷淋缸的缸盖，倒入一定量（各约40L）乙醇，盖上缸盖，打开冷水阀（用于冷却洗丸时产生的热量）。

③ 调节各开关阀至工作状态，倒入胶丸于料斗中至略满，盖上斗盖。

④ 调节出丸口大小，以传送带上出丸顺畅不漏丸为宜。

⑤ 按顺序开动按钮，进行洗丸。

（注：超声波按钮必须待乙醇充满机内胶管后才可开启）

⑥ 经浸洗、喷淋后出丸，清洗的胶丸表面应无油腻感，即可放置干燥车并摊平。

⑦ 洗完胶丸后，关闭各按钮和电源总开关。

（4）清洗软胶囊后的干燥操作

① 将洗后的软胶囊放上干燥车，分置于筛网上（每筛以2～3层胶丸为宜），并摊平。干燥车外挂已填写各项内容的“运行中”标志。

② 将干燥车推入干燥隧道，挥去乙醇。

③ 干燥期间每隔3h翻丸一次，使干燥均匀和防止粘连，尤其注意翻动筛盘边角位置的胶丸。

④ 每2h记录一次干燥条件。

⑤ 达到工艺规程所要求的干燥时间（5～9h）后，抽取若干胶丸检查，丸形坚硬不变形，即可收丸。

⑥ 将干燥好的胶丸放入内置洁净胶袋的胶桶中，扎紧胶袋，盖好桶盖，防止吸潮。

⑦ 装桶后的干丸用电子秤称量净重。桶外挂物料标志，注明品名、批号、规格、生产日期、班次、净重、数量。

3. 生产结束

（1）将本批生产的“清场合格证”、“中间产品递交许可证”、“准产证”贴在批生产记录规定位置上。

（2）出现偏差，执行《生产过程偏差处理管理规程》。

（3）清洁及清场

① 连续生产同一品种时，按规定的清洁周期将生产用具按《软胶囊生产用具清洁规程》进行清洁，设备按《干燥转笼清洁规程》、《干燥车清洁规程》、《超声波软胶囊清洗机清洁规程》进行清洁，生产环境按《D级洁净区清洁规程》进行清洁；若非连续生产同一品种，在最后一批生产结束后按以上要求进行清洁。

② 按《软胶囊干燥间清场规程》、《洗丸间清场规程》进行清场。

4. 记录

如实填写各种生产操作记录。

活动5　识读干燥、清洗软胶囊工艺及安全管理要点

(1) 转笼和干燥车干燥条件：温度20～25℃，相对湿度＜20%。

隧道干燥条件：温度18～26℃，相对湿度25%～40%。

(2) 洗丸间是防爆作业区，属化学危险区。因工艺需要使用浓度较高乙醇，应按每日使用量领用，且只能放置在有防爆功能的洗丸间内；使用过的废乙醇应及时清离；停产前应将所有乙醇退回物资部危险品仓库。

(3) 洗丸间与车间走廊有一缓冲间间隔，且洗丸间内相对车间走廊呈负压，压差＞10Pa，防止乙醇蒸发后外溢。

(4) 洗丸间有乙醇存放时，不可维修任何设备，进行洗丸时应避免金属物件的直接碰撞，以防产生火花引燃乙醇。

任务二　训练软胶囊干燥、清洗操作

活动1　操作软胶囊干燥转笼

1. 开机前检查和准备工作

(1) 检查干燥间的温湿度、压力是否符合要求。

(2) 确认准备使用的转笼已清洁，符合生产卫生要求。

(3) 将转笼按顺序放置在机座上，确认转笼上的大光轮及大齿轮以完全和机座上的小光轮和小齿轮啮合。

(4) 检查转笼活门上的螺母是否已上紧。

(5) 盖上转笼护罩（注意护罩上的感应器要与机座上的感应开关相对应）。

(6) 检查电箱上的风机、转笼旋钮是否在关闭位置。

(7) 在末端转笼的出丸口盖上不锈钢盖。

2. 开机操作

(1) 将电源开关置于开启位置。

(2) 开启风机，使风机开始送风。

(3) 将控制转笼转向的旋钮置于“L”位置，转笼此时反转，从转笼入口处倒入待干燥的软胶囊，此时软胶囊滞留在笼中进行干燥。

(4) 待到达干燥时间后，在转笼出口放置清洁的胶箱，将转向旋钮置于停位置上，等转笼停定后，再调至“R”位置，转笼此时正转，软胶囊自动排出转笼，跌入胶箱中。

如采用较大型的数节干燥转笼串联的干燥机，将胶丸送入笼中操作如下（假设有五节转笼串联）。

① 将$5^{\#}$转笼的转向旋钮置于反转位置，$1^{\#}$～$4^{\#}$转笼的转向旋钮置于正转位置。

② 从转笼入口倒入待干燥软胶囊，此时软胶囊会经过$1^{\#}$～$4^{\#}$转笼，送入$5^{\#}$转笼内。

③ 当$5^{\#}$转笼内软胶囊装至笼内容积约80%时，将$4^{\#}$转笼开关置于停位置上。

④ 等数秒后使$4^{\#}$转笼反转，此时倒入的软胶囊经过$1^{\#}$～$3^{\#}$转笼进入$4^{\#}$转笼内。

⑤ 按上述方法将软胶囊依次送入$3^{\#}$～$1^{\#}$转笼内。

⑥ 当到达干燥时间后，依次将$1^{\#}$～$5^{\#}$转笼开关从正转位置旋到停止位置。

⑦ 取下$5^{\#}$转笼出口处的封盖，在出口下方放置清洁的胶箱放软胶囊。

⑧ 依次将$5^{\#}$～$1^{\#}$转笼开关置于正转位置上，软胶囊会依次通过转笼，最后经过$5^{\#}$转笼进入胶箱内。

(5) 完成出胶丸后，将粘在转笼内壁的胶丸手工取出：先取下笼护罩，拧下活门上的螺母，打开活门取出胶丸。

（6）完成后将活门合上并拧紧螺母。

【RGY6X15F 软胶囊机配套干燥转笼安全操作注意事项】

当转笼转动换向时，必须等转笼完全静止后方可进行换向操作，严禁突然换向，否则可能导致电器元件损坏。

3. 停机

（1）将控制转笼转向的旋钮置于“0”，并关闭风机。

（2）关闭电源。

4. 清洁与清场

（1）拆除与软胶囊直接接触的部分（转笼和软胶囊入口、出口）后送至清洗间清洗，不可拆卸的部分在干燥间进行清洁。

（2）用沾有清洁剂溶液的刷子反复刷洗转笼上残留的油渍、污垢，用饮用水冲洗至无滑腻感，再用纯化水冲洗 2min。

（3）用洗洁精溶液擦抹转笼护罩表面、机底、机外壁，直至无污物残留，再用饮用水擦抹至无滑腻感。

（4）用 75%乙醇溶液或 0.2%新洁尔灭溶液擦抹消毒。

（5）清洁效果评价：无油污、无软胶囊残留、无污物、无积垢。

（6）将废物装入洁净的胶袋中，密闭放在指定地点，生产结束及时清离洁净区。

（7）清洁合格，机外挂“已清洁”标志，并填写清洁人、清洁日期、清洁有效期。

（8）清洁天花板、墙壁、地面。

5. 保养

（1）每班保养项目　检查转笼网上各紧固螺钉及连接件是否紧固。

（2）每季度保养项目　检查各支承轮轴的紧固情况。

（3）每半年保养项目　更换各减速器的润滑油（30 号机油）。

6. 记录

实训过程中应及时、真实、完整、正确地填写各类生产记录（表 7-10，表 7-11）。

活动 2　操作 XWJ-Ⅱ型超声波软胶囊清洗机

1. 开机前准备

（1）检查洗丸间的温湿度、压力是否符合要求。

（2）打开设备后盖板。

（3）在两乙醇缸内分别倒入乙醇，观察左侧液位计。

（4）将设备后盖板盖上。

（5）根据软胶囊的大小调整加料斗闸板的位置。

（6）在出料口放置装料容器。

（7）打开乙醇缸冷却水管阀门。

（8）将设备面板各阀门置于“工作”位置。

2. 开机

（1）打开“浸泡”旋钮，观察超声波桶液位上升情况，不要让乙醇溢出，如乙醇溢出，应立即关闭“浸泡”开关，通过调节“液位”阀门，控制液位的高低。

（2）启动“浸泡”旋钮，并确认浸洗系统工作正常。

（3）启动“喷淋”旋钮，喷淋系统开始工作，将“喷淋速度”阀门调至合适位置，使喷淋速度适中。

（4）启动“超声波”旋钮，听到尖锐的声音，同时检查传送带，确认系统正常。

表 7-10　转笼干燥记录

<table>
<tr><td colspan="2">产品名称</td><td></td><td>规 格</td><td colspan="2">mg/粒</td></tr>
<tr><td colspan="2">操作开始</td><td>年　月　日　时</td><td>操作结束</td><td colspan="2">年　月　日　时</td></tr>
<tr><td colspan="4">生产前检查：
文件□　设备□　现场□　物料□
检查人：</td><td colspan="2">“清场合格证”副本及“准产证”
粘贴处</td></tr>
<tr><td colspan="2">日期/班次</td><td>记录时间</td><td>室温/℃</td><td>相对湿度/%</td><td>操作人</td></tr>
<tr><td colspan="2">日　　班</td><td></td><td></td><td></td><td></td></tr>
<tr><td colspan="2">日　　班</td><td></td><td></td><td></td><td></td></tr>
<tr><td colspan="2">日　　班</td><td></td><td></td><td></td><td></td></tr>
<tr><td colspan="2">日　　班</td><td></td><td></td><td></td><td></td></tr>
<tr><td colspan="2">日　　班</td><td></td><td></td><td></td><td></td></tr>
<tr><td colspan="2">干燥开始时间</td><td colspan="2">月　　日　　时　　分</td><td>记录人</td><td></td></tr>
<tr><td colspan="2">干燥结束时间</td><td colspan="2">月　　日　　时　　分</td><td>记录人</td><td></td></tr>
<tr><td rowspan="9">清
场</td><td>时间</td><td>年　月　日　班</td><td colspan="3">执行:《软胶囊干燥间清场规程》</td></tr>
<tr><td>检查项目</td><td>清场要求</td><td>清场情况</td><td>清场人</td><td>QA 检查</td></tr>
<tr><td>工艺文件</td><td>与下批产品无关的清离现场</td><td>□</td><td rowspan="6"></td><td>□</td></tr>
<tr><td>中间产品</td><td>送下工序，挂状态标志</td><td>□</td><td>□</td></tr>
<tr><td>生产设备</td><td>将转笼中胶丸清除并洗净</td><td>□</td><td>□</td></tr>
<tr><td>工作场地</td><td>无关物品清离本区域</td><td>□</td><td>□</td></tr>
<tr><td>废弃物</td><td>清离现场，放置规定地点</td><td>□</td><td>□</td></tr>
<tr><td>清洁工具</td><td>清洗干净，放置规定地点干燥</td><td>□</td><td>□</td></tr>
<tr><td colspan="5">QA 签名：　　　　　　　　　　年　　月　　日　　班

检查合格，发清场合格证粘贴处</td></tr>
</table>

表 7-11　上车干燥记录

<table>
<tr><td>产品名称</td><td colspan="2"></td><td colspan="4">“清场合格证”副本及“准产证”粘贴处</td></tr>
<tr><td colspan="7">自开始每 2h 记录一次干燥条件</td></tr>
<tr><td>记录时间
（时:分）</td><td>室温
/℃</td><td>相对湿度
/%</td><td>记录时间
（时:分）</td><td>室温
/℃</td><td>相对湿度
/%</td><td>记录人</td></tr>
<tr><td></td><td></td><td></td><td></td><td></td><td></td><td></td></tr>
<tr><td></td><td></td><td></td><td></td><td></td><td></td><td></td></tr>
<tr><td></td><td></td><td></td><td></td><td></td><td></td><td></td></tr>
<tr><td></td><td></td><td></td><td></td><td></td><td></td><td></td></tr>
<tr><td></td><td></td><td></td><td></td><td></td><td></td><td></td></tr>
<tr><td></td><td></td><td></td><td></td><td></td><td></td><td></td></tr>
<tr><td></td><td></td><td></td><td></td><td></td><td></td><td></td></tr>
<tr><td></td><td></td><td></td><td></td><td></td><td></td><td></td></tr>
<tr><td colspan="2">干燥开始时间</td><td colspan="3">年　月　日　时　分</td><td>记录人</td><td></td></tr>
<tr><td colspan="2">干燥结束时间</td><td colspan="3">年　月　日　时　分</td><td>记录人</td><td></td></tr>
<tr><td rowspan="10">清
场</td><td>时间</td><td colspan="3">年　月　日　班</td><td>收胶丸量/桶</td><td></td></tr>
<tr><td>检查项目</td><td colspan="2">清场要求</td><td>清场情况</td><td>清场人</td><td>QA 检查</td></tr>
<tr><td>工艺文件</td><td colspan="2">与下批产品无关的清离现场</td><td>□</td><td rowspan="6"></td><td>□</td></tr>
<tr><td>中间产品</td><td colspan="2">以洁净胶桶盛装，挂状态标志</td><td>□</td><td>□</td></tr>
<tr><td>设备、工具</td><td colspan="2">湿抹或冲净，见本色，标志符合状态要求</td><td>□</td><td>□</td></tr>
<tr><td>工作场地</td><td colspan="2">与下批产品无关的清离本区域，作有效间隔</td><td>□</td><td>□</td></tr>
<tr><td>废弃物</td><td colspan="2">清离现场，放置规定地点</td><td>□</td><td>□</td></tr>
<tr><td>清洁工具</td><td colspan="2">清洗干净，放置规定地点干燥</td><td>□</td><td>□</td></tr>
<tr><td colspan="6">QA 签名：　　　　　　年　月　日　班

检查合格，发清场合格证粘贴处</td></tr>
</table>

（5）将软胶囊倒入料斗内，开始洗丸。

（6）观察软胶囊在输送带上的输送情况，应使软胶囊既能铺满输送带，又不会从输送带上跌落。如未能满足以上条件，可通过调节料斗闸板来实现。

（7）检查冷却水量是否合适，通过冷却水管阀门来调节水流量大小。

（8）及时将装料容器中的软胶囊转移到干燥车上。

3. 换液

（1）系统乙醇变混浊时应及时更换。

（2）将浸洗系统混浊乙醇排出。

① 在设备左侧“排液”管口接上软管，软管的另一侧接到乙醇容器内。

② 将“浸洗”、面板下部的工作状态阀门置于“排旧液”状态。

③ 将“浸泡”旋钮置于开位置，打开后盖板观察混浊乙醇排出设备情况，待缸内乙醇即将排尽时（注意：不可将乙醇排尽），将“浸泡”旋钮置于关位置。

④ 用抹布将缸内残留乙醇吸收，并用干净乙醇清洁缸体内壁。

⑤ 将“浸洗”、工作状态阀门置于“工作”状态。

（3）将喷洗系统乙醇注入浸洗系统。

① 将“浸洗”阀门置于“吸新液”状态，“喷洗”、工作状态阀门置于“排旧液”状态。

② 将“喷淋”旋钮置于开位置，打开后盖板观察乙醇从喷淋缸注入浸洗缸情况，待缸内乙醇即将排尽时（注意：不可将乙醇排尽），将“喷淋”旋钮置于关位置。

③ 用干净抹布将缸内残留乙醇吸收，并用干净乙醇清洁缸体内壁。

④ 将“浸洗”、“喷洗”及工作状态阀门置于“工作”状态。

（4）往喷洗缸内加入新乙醇约40L。

【XWJ-Ⅱ型超声波软胶囊清洗机安全操作注意事项】

（1）真空泵严禁空转。

（2）超声波桶内无乙醇时，严禁开启超声波，避免损坏设备。

（3）开机前必须检查各阀门均处于工作位置，检查各管路、电路、网路均处于正常情况，方可开机。

（4）如有紧急情况，应首先关闭电源。

（5）乙醇缸内冷却水管阀门在工作时必须打开，使乙醇温度保持在25～30℃。

（6）如设备长时间停用，必须把缸内乙醇全部排出，并将缸内壁擦洗干净。

（7）经常清洗各过滤网，经常检查各管路是否有泄漏，一经发现应及时维修。

4. 停机

按“超声波”→“浸洗”→“喷淋”顺序依次关闭系统。

5. 清洁与清场

（1）吸除清洗机内的废乙醇：调节排旧液开关阀，把浸洗缸、喷淋缸内的废乙醇吸到存放容器内，放置在规定地点，清洁完毕后清离洁净区（注：吸乙醇时，应保留少许乙醇在缸内，避免损坏真空泵）。

（2）关闭旋钮，关闭冷水阀及电源总开关。

（3）用干净毛巾吸收浸洗缸、喷淋缸内剩余乙醇，清除缸内杂物，清除隔网筛的废丸。

（4）擦洗设备表面至无油污。

（5）用75%乙醇溶液擦拭消毒。

（6）废物要及时装入洁净的胶袋中，密闭放在指定地点，生产结束及时清离洁净区。

（7）清洁合格，机外挂“已清洁”标志，并填写清洁人、清洁日期、清洁有效期。

（8）清洁天花板、墙壁、地面。

6. 保养

（1）每月保养项目

① 拆卸面板清洗内部，防爆电气设备应保持外壳及环境清洁。

② 检查各部位紧固螺钉及弹簧垫圈，不得有松动现象。

③ 检查机器的各种保护、报警接地等装置，应齐全完整。

④ 检查运行声音是否有异常。

⑤ 清洗各位置过滤筛网。

⑥ 检查各管路密封性。

⑦ 检查电气件安全性。

（2）每年保养项目

① 包括每月保养项目的全部内容。

② 检修防爆磁力泵。

③ 检查输送带，如有必要进行修整或更换。

7. 记录

实训过程中应及时、真实、完整、正确地填写各类生产记录（表7-12，表7-13）。

表7-12 洗丸、隧道干燥记录

<table>
<tr><td colspan="2">产品名称</td><td></td><td colspan="3" rowspan="2">“清场合格证”副本及“准产证”
粘贴处</td></tr>
<tr><td colspan="3">洗 丸</td></tr>
<tr><td colspan="2">乙醇用量/kg</td><td></td><td>操作人</td><td></td><td>日 班</td></tr>
<tr><td rowspan="9">清
场</td><td>时间</td><td colspan="4">年 月 日 班</td></tr>
<tr><td>检查项目</td><td>清场要求</td><td>清场情况</td><td>清场人</td><td>QA检查</td></tr>
<tr><td>工艺文件</td><td>与下批产品无关的清离现场</td><td>□</td><td></td><td>□</td></tr>
<tr><td>中间产品</td><td>挂状态标志，移交后续操作</td><td>□</td><td></td><td>□</td></tr>
<tr><td>生产设备</td><td>将设备中残留胶丸清理干净</td><td>□</td><td></td><td>□</td></tr>
<tr><td>工作场地</td><td>无关物品清离本区域</td><td>□</td><td></td><td>□</td></tr>
<tr><td>废弃物</td><td>清离现场，放置规定地点</td><td>□</td><td></td><td>□</td></tr>
<tr><td>清洁工具</td><td>清洗干净，放置规定地点干燥</td><td>□</td><td></td><td>□</td></tr>
<tr><td colspan="5">QA签名： 年 月 日 班
检查合格，发清场合格证（粘贴附后）</td></tr>
</table>

<table>
<tr><td colspan="4">隧道干燥</td><td colspan="2">“清场合格证”副本及“准产证”粘贴处</td></tr>
<tr><td colspan="4">自隧道干燥开始每2h记录一次干燥条件
（温度℃/相对湿度%）</td><td>操作人</td><td>日期/班次</td></tr>
<tr><td></td><td></td><td></td><td></td><td></td><td></td></tr>
<tr><td colspan="2">干燥开始时间：</td><td colspan="2">干燥结束时间：</td><td colspan="2">记录人：</td></tr>
</table>

<table>
<tr><td rowspan="9">清
场</td><td>时间</td><td>年 月 日 班</td><td colspan="2">收胶丸量(桶)</td><td></td></tr>
<tr><td>检查项目</td><td>清场要求</td><td>清场情况</td><td>清场人</td><td>QA检查</td></tr>
<tr><td>工艺文件</td><td>与下批产品无关的清离现场</td><td>□</td><td rowspan="6"></td><td>□</td></tr>
<tr><td>中间产品</td><td>用洁净胶桶装好，挂标志，送暂存间</td><td>□</td><td>□</td></tr>
<tr><td>设备、工具</td><td>将设备中残留胶丸清理干净</td><td>□</td><td>□</td></tr>
<tr><td>工作场地</td><td>与下批产品无关的清离本区域</td><td>□</td><td>□</td></tr>
<tr><td>废弃物</td><td>清离现场，放置规定地点</td><td>□</td><td>□</td></tr>
<tr><td>清洁工具</td><td>清洗干净，放置规定地点干燥</td><td>□</td><td>□</td></tr>
<tr><td colspan="5">QA签名： 年 月 日 班
检查合格，发清场合格证（粘贴附后）</td></tr>
</table>

表 7-13 洗丸后统计记录

<table>
<tr><td>累计收丸总数</td><td>桶 kg</td><td>平均丸重</td><td>g</td><td>废丸重</td><td>kg</td></tr>
<tr><td>统 计 人</td><td></td><td>时 间</td><td colspan="3">年 月 日</td></tr>
<tr><td rowspan="2">物料平衡</td><td colspan="5">物料平衡限度：
$实际产量=\frac{收丸总重+废丸重}{平均丸重}(干燥工序)+\frac{废丸重}{平均丸重}(压制工序)$
$=$
$理论产量=\frac{配制后总量}{每丸理论内容物重}=$
$物料平衡=\frac{实际产量}{理论产量}\times 100\%=$
计算人： 年 月 日</td></tr>
<tr><td colspan="4">偏差分析：
物料平衡在规定范围内，无偏差，同意移交下一工序 □
物料平衡超出规定范围，有偏差，需分析偏差原因；填写偏差分析记录并附在后 □</td><td>QA 签名：
月 日</td></tr>
<tr><td colspan="6">“中间产品递交许可证”粘贴处</td></tr>
<tr><td>备注</td><td colspan="5"></td></tr>
</table>

活动 3 审核生产记录

软胶囊干燥、清洗操作实训过程中的记录包括转笼干燥记录、上车干燥记录、洗丸和隧道干燥记录、洗丸后统计记录。可从以下几方面进行记录的审核。

① 审查记录填写的及时性、字迹清晰程度、内容真实性、数据完整性。

② 审查记录上有无操作人与复核人的签名。

③ 审查记录的整洁程度、有无撕毁和任意涂改，若有更改，看更改处有无签名、原数据是否可辨认。

活动 4 讨论与分析

① 洗丸间与车间走廊有一缓冲间间隔，且洗丸间内相对车间走廊呈负压，有何作用？

② 为什么软胶囊清洗机上的超声波按钮必须待乙醇充满机内胶管后才可开启？

③ 排出浸洗缸和喷洗缸内乙醇时，为什么不能将乙醇排尽？

活动 5 考核软胶囊干燥、清洗操作

考核内容	技能要求		分值/分
生产前准备	生产工具准备	①检查核实清场情况，检查清场合格证 ②对设备状况进行检查，确保设备处于合格状态 ③对计量容器、衡器进行检查核准 ④对生产用的工具的清洁状态进行检查	10
	物料准备	在压制操作间领取待干燥的软胶囊，并在中间产品移交记录上填写数量及签名	
干燥操作	①将软胶囊放入干燥转笼，按正确方向启动各串联转笼 ②待软胶囊干燥后倾出并用容器收集，然后关闭转笼		25
洗丸操作	①正确设置超声波洗丸机各旋钮及阀门 ②启动软胶囊清洗机，进行软胶囊的清洗 ③待软胶囊的清洗完毕后，将浸洗缸和喷洗缸内乙醇排出，然后关闭软胶囊清洗机		25
质量控制	①胶皮水分≤12% ②崩解时限或溶出度合格		10
记录	岗位操作记录填写准确完整		10
生产结束清场	①作业场地清洁 ②工具和容器清洁 ③生产设备的清洁 ④清场记录		10
实操问答	正确回答考核人员的提问		10

第八章　滴丸制备工艺操作

滴丸系指固体、液体药物或药材提取物与基质加热熔化混匀后，滴入不相混溶的冷凝液中，收缩冷凝而成的制剂。选择适宜的基质与冷凝剂十分重要，常用水溶性基质有聚乙二醇6000、聚乙二醇4000、硬脂酸钠等，脂肪性基质有硬脂酸、单硬脂酸甘油酯等。

一般生产流程如图8-1所示。

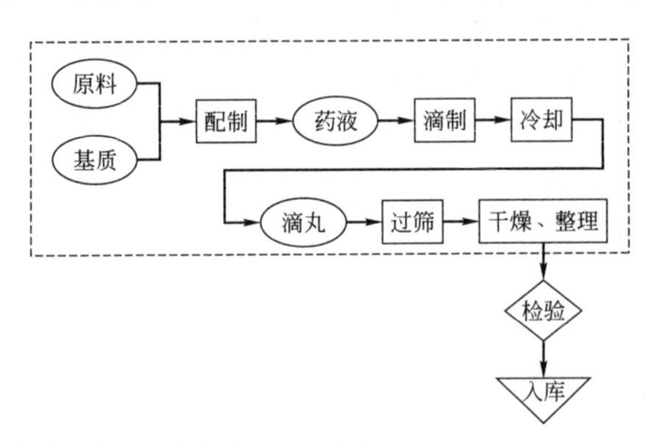

图8-1　滴丸生产流程图

物料：◯　工序：□　检验：◇　入库：▽

注：虚线框内代表D级洁净生产区域

【教学目标】

1. 掌握滴丸制备岗位操作程序
2. 掌握滴丸制备工艺管理要点及质量控制要点
3. 掌握DWJ-2000型滴丸试验机的标准操作规程
4. 掌握DWJ-2000型滴丸试验机的清洁及保养标准操作规程
5. 能操作DWJ-2000型滴丸试验机制备滴丸，并进行清洁保养工作
6. 能对DWJ-2000型滴丸试验机生产过程中出现的一般故障进行排除
7. 能对滴丸进行质量判断

任务一　熟悉滴丸制备操作的相关背景资料

活动1　了解滴丸制备操作的适用岗位

本工艺操作适用于滴丸工、滴丸质量检查工、工艺员。

1. 滴丸工

（1）工种定义　滴丸工是指将固体或液体药物与基质加热熔化混匀后，使用规定的设备将药液滴入不相混溶的冷凝液中，使其收缩冷凝成球状制剂的操作人员。

（2）适用范围　滴丸机操作、质量自检。

2. 滴丸质量检查工

（1）工种定义　滴丸质量检查工是指从事滴丸滴制生产全过程的各工序质量控制点进行现场监控和对规定的质量指标进行检查、判定的人员。

（2）适用范围　滴丸滴制成型全过程的质量监督（工艺管理、QA）。

活动 2　认识滴丸制备设备

DWJ-2000 型滴丸试验机（图 8-2、图 8-3）是采用机电一体化紧密组合方式，集动态滴制收集系统、循环制冷系统、电气控制系统于一体的滴丸制备设备。

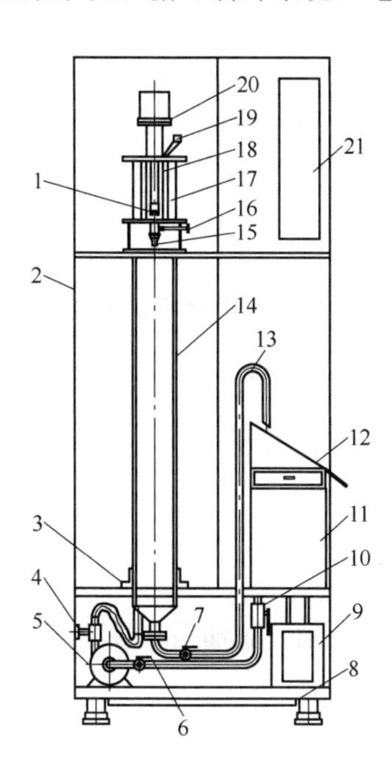

图 8-2　DWJ-2000 型滴丸试验机结构图

1—搅拌器；2—柜体；3—升降装置；4—液位调节手柄；5—冷却油泵；6,7—放油阀；8—接油盘；9—制冷系统；10—油箱阀；11—油箱；12—出料斗；13—出料管；14—冷却柱；15—滴制滴头；16—滴制速度手柄；17—导热油；18—药液；19—加料口；20—搅拌电机；21—控制面板

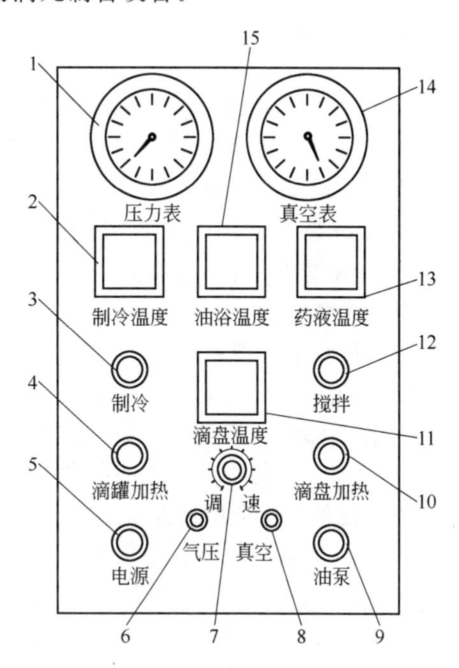

图 8-3　控制盘示意图

1—气压压力显示；2—制冷温度显示；3—制冷系统启动开关；4—滴罐加热启动开关；5—总电源启动开关；6—气压调节旋钮；7—搅拌电机速度调节旋钮；8—真空调节旋钮；9—冷却油泵气动开关；10—滴盘加热气动开关；11—滴盘温度显示；12—搅拌电机启动开关；13—药液温度显示；14—真空度显示；15—导热油温度显示

活动 3　识读滴丸制备岗位职责

（1）严格执行《滴丸岗位操作程序》及《滴丸滴制设备标准操作规程》。

（2）负责滴丸所用设备的安全使用及日常清洁、保养，保障设备的良好状态，防止安全事故的发生。

（3）严格按照生产指令核对滴丸物料名称、数量、规格、外观无误。

（4）认真检查滴丸机是否清洁干净、清场状态。

（5）自觉遵守工艺纪律，监控滴丸机的正常运行，确保滴丸岗位不发生混药、错药或对药品造成污染。发现偏差及时上报。

（6）认真如实填好生产记录，做到字迹清晰、内容真实、数据完整，不得任意涂改和撕毁，做好交接记录，不合格产品不能进入下道工序。

（7）工作结束或更换品种时应及时做好清洁卫生并按有关规程进行清场工作，认真填写相应记录。做到岗位生产状态标识、设备及生产工具所处状态标识清晰明了。

活动 4 识读滴丸岗位操作程序

识读 DIY

查找相关资料，找出滴丸质量的判断标准以及影响质量的因素。

1. 生产前准备

(1) 复核清场情况

① 检查生产场地是否无上一批生产遗留的滴丸、物料、生产用具、状态标志等。

② 检查滴丸操作间的门窗、天花板、墙壁、地面、地漏、灯罩、开关外箱、出风口是否已清洁、无浮尘、无油污。

③ 检查是否无上一批生产记录及与本批生产无关文件等。

④ 检查是否有上一次生产的“清场合格证”，且是否在有效期内，证上所填写的内容齐全，有 QA 签字。

(2) 接收生产指令

① 工艺员发“滴丸生产记录”、物料标志、“运行中”标志（皆为空白）。

② 仔细阅读“批生产指令”的要求和内容。

③ 填写“运行中”标志的各项内容。

(3) 设备、生产用具准备

① 准备所需接丸盘、合适规格的筛丸筛、装丸胶袋、装丸胶桶、脱油用布袋等。

② 检查滴丸机、离心机、接丸盘等生产用具是否已清洁、完好。

③ 按《滴丸机操作规程》检查设备是否运作正常。

④ 检查滴头开关是否关闭。

⑤ 检查油箱内的液体石蜡是否足够。

⑥ 检查电子秤、电子天平是否计量范围符合要求，清洁完好，有计量检查合格证，在规定的使用期内，并在使用前进行校正。

⑦ 接入压缩空气管道。

2. 生产操作

(1) 按《滴丸机标准操作规程》设定“制冷温度”、“油浴温度”和“滴盘温度”，启动制冷、油泵、滴罐加热、滴盘加热。

(2) 投料：打开滴罐的加料口，投入已调剂好的原料，关闭加料口（原料可以是固体粒状、粉末状，或在外部加热成液体状再投料均可）。

(3) 打开压缩空气阀门，调整压力为 0.7MPa。如原料黏度小可不使用压缩空气。

(4) 当药液温度达到设定温度时，将滴头用开水加热浸泡 5min，戴手套拧入滴罐下的滴头螺纹上。

(5) 启动“搅拌”开关，调节调速旋钮，使搅拌器在要求的转速下进行工作。

(6) 待制冷温度、药液温度和滴盘温度显示达设定值后，缓慢扭动滴缸上的滴头开关，打开滴头开关，使药液以约 1 滴/s 的速度下滴。

(7) 试滴 30s，取样检查滴丸外观是否圆整，去除表面的冷却油后，称量丸重，根据实际情况及时对冷却温度、滴头与冷却液面的距离和滴速作出调整，必要时调节面板上的“气压”或“真空”旋钮，直至符合工艺规程为止。

(8) 正式滴丸后，每小时取丸 10 粒，用罩绸毛巾抹去表面冷却油，逐粒称量丸重，根据丸重调整滴速。

(9) 收集的滴丸在接丸盘中滤油 15min，然后装进干净的脱油用布袋，放入离心机内脱油，启动离心机 2～3 次，待离心机完全停止转动后取出布袋。

(10) 滴丸脱油后，利用合适规格的大、小筛丸筛，分离出不合格的大丸和小丸、碎丸，中间粒径的滴丸为正品，倒入内有干净胶袋的胶桶中，胶桶上挂有物料标志，标明品名、批号、日期、数量、填写人。

(11) 连续生产时，当滴罐内药液滴制完毕时，关闭滴头开关，将“气压”和“真空”旋钮调整到最小位置，然后按 (2)～(10) 项进行下一循环操作。

3. 生产结束

(1) 关闭滴头开关。

(2) 将“气压”和“真空”旋钮调整到最小位置，关闭面板上的“制冷”、“油泵”开关。

(3) 将盛装正品滴丸的胶桶放于暂存间。

(4) 收集产生的废丸，如工艺允许，可循环再用于生产；否则用胶袋盛装，称重并记录数量，放于指定地点，作废弃物处理。

(5) 清洁与清场

① 连续生产同一品种时，在规定的清洁周期设备按《滴丸机清洁规程》进行清洁、生产环境按《D 级洁净区清洁规程》进行清洁；非连续生产时，在最后一批生产结束后按以上要求进行清洁。

② 每批生产结束后按《滴丸间清场规程》进行清场，并填写清场记录。

(6) 将本批生产的“清场合格证”、“中间产品递交许可证”、“准产证”贴在批生产记录规定位置上。

4. 记录

如实填写各生产操作记录。

活动 5　识读滴丸制备安全管理及质量控制要点

1. 安全管理要点

(1) 生产场地的地面比较光滑，应随时保持地面清洁，在行走时动作要轻，跨步不要太大，严禁跑跳，慎防滑倒；生产过程中登上台级加料前，必须先检查是否有滑动现象，要慢上慢落，避免因台级滑动或鞋底打滑而摔倒。

(2) 放入离心机的物料要均匀放入缸体内，装入物料不可过满，加盖并上紧后方可启动，不可边转边加物料；出料时必须等其完全停止转动后方可打开盖。

2. 质量控制关键点

(1) 滴丸外形（是否圆整、有无粘连、拖尾）。

(2) 滴丸丸重。

(3) 溶散时限。

任务二　训练滴丸制备操作

活动 1　操作 DWJ-2000 型滴丸试验机

1. 开机前准备工作

(1) 检查滴丸间的温湿度、压力是否符合要求。

(2) 检查滴头开关是否关闭。

(3) 检查制冷、搅拌、油泵、滴罐加热、滴盘加热开关是否关闭，气压、真空、调速旋钮是否调整到最小位置。

（4）检查设备内冷却石蜡油是否足够，如不足应及时补充。

2. 开机操作

（1）打开“电源”开关，接通电源；滴罐及冷却柱处照明灯点亮。

（2）在控制面板上，设定以下温度：“制冷温度”设定为1～5℃；“油浴温度”和“滴盘温度”均为40℃。

（3）按下“制冷”开关，启动制冷系统。

（4）按下“油泵”开关，启动磁力泵，并调节柜体左侧面下部的液位调节旋钮，使其冷却剂液位平衡。

（5）按下“滴罐加热”开关，启动加热器为滴罐内的导热油进行加热。

（6）按下“滴盘加热”开关，启动加热盘为滴盘进行加热保温。

（7）待油浴温度和滴盘温度均显示达到40℃时，关闭“滴罐加热”和“滴盘加热”开关，停留10min，使导热油和滴盘温度适当传导后，再将二者温度显示仪调整到所需温度（如一次性调整到所需温度，加热系统的惯性会使温度飙升，令原料的稳定性下降）。油浴温度根据原料性质而定，但应高于70℃；滴盘温度应比油浴温度高5℃，以防止药液下滴时凝固。

（8）当药液温度达到设定温度时，将滴头用开水加热浸泡5min，戴手套拧入滴罐下的滴头螺纹上。

（9）打开滴罐的加料口，投入已调剂好的原料，关闭加料口。

（10）打开压缩空气阀门，调整压力为0.7MPa。如原料黏度小可不使用压缩空气。

（11）启动“搅拌”开关，调节调速旋钮，使搅拌器在要求的转速下进行工作。

（12）待制冷温度、药液温度和滴盘温度显示达设定值后，缓慢扭动滴缸上的滴头开关，打开滴头开关，使药液以一定的速度下滴。

（13）试滴30s，取样检查滴丸外观是否圆整，去除表面的冷却油后，称量丸重，根据实际情况及时对冷却温度、滴头与冷却液面的距离和滴速作出调整，必要时调节面板上的“气压”或“真空”旋钮（药液黏稠、丸重偏轻时调“气压”旋钮，药液较稀、丸重偏重时调“真空”旋钮），直至符合工艺规程为止。

（14）正式滴丸后，每小时取丸10粒，逐粒称量丸重，根据丸重调整滴速。

【DWJ-2000型滴丸试验机安全操作注意事项】

（1）滴罐玻璃罐处与照明灯处温度较高，投料时要小心操作，慎防烫伤。

（2）药液温度低于70℃时不可启动搅拌机进行搅拌，否则原料未完全熔融易损坏电机。

（3）搅拌器不允许长期开启，且调节转速不应过高，一般在60～100r/min范围内。

（4）经常留意冷却油液面高度是否适中，通过调节液位调节旋钮，使冷却油液位平衡。

（5）滴头为较精密部件，必须小心拆装，防止磕碰。

3. 停机操作

（1）关闭滴头开关。

（2）将“气压”和“真空”、“调速”旋钮调整到最小位置，关闭面板上的“制冷”、“油泵”、“滴罐加热”、“滴盘加热”、“搅拌”开关。

4. 清洁与清场

（1）往滴罐注入80℃以上的饮用水（必要时加入清洁液），关闭。

（2）打开“搅拌”开关，调节调速旋钮，对滴罐内热水进行搅拌，提高搅拌器转速，使残留的药液溶于热水中。

(3) 在滴头上插上放水胶管，然后打开滴头开关，将热水从滴头排出。打开滴头开关前，在冷却柱上口处放进接盘，防止泄漏的热水滴入冷却柱内，影响冷却油的纯度。

(4) 重复以上操作，直至滴罐内无药液残留、饮用水清澈无泡沫，然后用纯化水清洗，最后待滴罐内的水全部流出为止。用75%乙醇擦拭消毒。

(5) 关闭电源，拔下电源插头。

(6) 拆卸滴头，用热水清洗干净，吹干，用75%乙醇擦拭消毒，挥干乙醇后戴手套拧入滴罐下的滴头螺纹上。

(7) 表面用饮用水擦净，必要时用洗洁精溶液擦拭后用饮用水擦拭至无滑腻感觉。

(8) 清洁天花板、墙壁、地面。

5. 保养

(1) 日常保养

① 检查各螺栓是否紧固。

② 保持滴头玻璃罩及各部件清洁。

③ 每完成一个生产周期（或连续生产30天），应把电热丝拆下检查，清除附在电热丝上的积碳，如发现加热油中沉积物太多，应更换加热油。

(2) 每半年保养项目

① 检修真空阀门密封性。

② 检修电热棒。

③ 检修或更换搅拌桨。

④ 检修滴头开关，磨损严重应进行更换。

⑤ 更换加热油，清洗加热器的夹层。

(3) 每年保养项目

① 包括每半年保养的全部项目

② 检修各运动构件。

③ 各轴承换油，或更换磨损轴承。

④清除管道中的污垢。

6. 记录

实训过程中应及时、真实、完整、正确地填写各类生产记录（表8-1～表8-4）。

7. 滴丸生产中常见问题及排除方法

滴丸生产中常见问题及排除方法见表8-5。

活动2 判断滴丸质量

(1) 外观 滴丸应大小均匀，色泽一致，无粘连现象。

(2) 含量测定、含量均匀度、重量差异、溶散时限、微生物限度检查参照2010版药典标准。

活动3 审核生产记录

滴丸制备操作实训过程中的记录包括滴丸生产记录、丸重抽查记录、清场记录。可从以下几方面进行记录的审核。

① 审查记录填写的及时性、字迹清晰程度、内容真实性、数据完整性。

② 审查记录上有无操作人与复核人的签名。

③ 审查记录的整洁程度、有无撕毁和任意涂改，若有更改，看更改处有无签名、原数据是否可辨认。

表 8-1　滴丸生产记录 1

<table>
<tr><td>品名：</td><td>规格：</td><td colspan="2">批号：</td><td>批量：　　瓶</td><td>日期：</td></tr>
<tr><td colspan="2">开始操作</td><td>年　月　日　时</td><td colspan="2">结束操作</td><td>年　月　日　时</td></tr>
<tr><td colspan="4">执行文件:《滴丸岗位操作程序》</td><td colspan="2" rowspan="2">“清场合格证”副本及
“准产证”粘贴处</td></tr>
<tr><td colspan="4">生产前检查：文件□　设备□　现场□　物料□
检查人：</td></tr>
<tr><td rowspan="4">物料</td><td>物料名称</td><td>物料编码</td><td>批 号</td><td>检验单号</td><td>领入数量</td></tr>
<tr><td></td><td></td><td></td><td></td><td></td></tr>
<tr><td></td><td></td><td></td><td></td><td></td></tr>
<tr><td></td><td></td><td></td><td></td><td></td></tr>
<tr><td rowspan="12">滴制</td><td>日期、班次</td><td></td><td colspan="2"></td><td></td></tr>
<tr><td>室温/℃</td><td></td><td colspan="2"></td><td></td></tr>
<tr><td>相对湿度/%</td><td></td><td colspan="2"></td><td></td></tr>
<tr><td>冷却油温/℃</td><td></td><td colspan="2"></td><td></td></tr>
<tr><td>滴罐加热温度/℃</td><td></td><td colspan="2"></td><td></td></tr>
<tr><td>滴盘加热温度/℃</td><td></td><td colspan="2"></td><td></td></tr>
<tr><td>控制丸重</td><td>按规定做 □</td><td colspan="2">按规定做 □</td><td>按规定做 □</td></tr>
<tr><td>脱油、筛丸</td><td>按规定做 □</td><td colspan="2">按规定做 □</td><td>按规定做 □</td></tr>
<tr><td>操作人</td><td></td><td colspan="2"></td><td></td></tr>
<tr><td>复核人</td><td></td><td colspan="2"></td><td></td></tr>
<tr><td>投料总量</td><td>移交丸重</td><td colspan="2">平均丸重</td><td>废丸重</td></tr>
<tr><td>kg</td><td>kg</td><td colspan="2">g</td><td>kg</td></tr>
</table>

表 8-2　滴丸生产记录 2

<table>
<tr><td rowspan="2">物料平衡</td><td colspan="2">物料平衡 $= \dfrac{移交丸重+废丸重}{物料总投入量} \times 100\% =$

计算人：　　　　年　月　日</td></tr>
<tr><td>偏差分析：
物料平衡在固定范围内，无偏差，同意移交下工序 □
物料平衡超出规定范围，有偏差，在备注栏填写偏差分析记录 □</td><td>QA 签名：

月　　日</td></tr>
<tr><td colspan="3">“中间产品递交许可证”粘贴处</td></tr>
<tr><td>备注</td><td colspan="2"></td></tr>
</table>

表 8-3　滴丸丸重抽查记录

品名			规格		批号		
称量时间							
丸重/g							
丸重/g							
丸重/g							
丸重/g							
丸重/g							
丸重/g							
丸重/g							
丸重/g							
丸重/g							
丸重/g							
称量人：				时间/班次：　年　月　日　班			
备注：							

每班结束后随机抽取本班生产的此批中间产品 20 粒称重

班　次	日　班	日　班	日　班	各班称重之和
20 粒总重/g				
每粒平均重/(g/粒)				各班称重平均

表 8-4　滴制工序清场记录

清场前	批 号：	生产结束日期：　年　月　日　班	
检查项目	清场要求	清场情况	QA 检查
物料	结料，剩余物料退料	按规定做 □	合格 □
中间产品	清点、送规定地点放置，挂状态标记	按规定做 □	合格 □
工具器具	冲洗、湿抹干净，放规定地点	按规定做 □	合格 □
清洁工具	清洗干净，放规定处干燥	按规定做 □	合格 □
容器管道	冲洗、湿抹干净，放规定地点	按规定做 □	合格 □
生产设备	湿抹或冲洗，标志符合状态要求	按规定做 □	合格 □
工作场地	湿抹或湿拖干净，标志符合状态要求	按规定做 □	合格 □
废弃物	清离现场，放规定地点	按规定做 □	合格 □
工艺文件	与续批产品无关的清离现场	按规定做 □	合格 □
注：符合规定在"□"中打"√"，不符合规定则清场至符合规定后填写			
清场时间	年　月　日　班		
清场人员			
QA 签名	年　月　日　班		
检查合格发放清场合格证，清场合格证粘贴处			
备　注：			

表 8-5 滴丸生产中常见问题及排除方法

常见问题	发生原因	排除方法
粘连	冷却油温度偏低,黏性大,滴丸下降慢	升高冷却油温度
表面不光滑	冷却油温度偏高,丸形定型不好	降低冷却油温度
滴丸带尾巴	冷却油上部温度过低	升高冷却油温度
滴丸呈扁形	冷却油上部温度过低,药液与冷却油面碰撞成扁形,且未收缩成球形已成型	升高冷却油温度
	药液与冷却油密度不相符,使液滴下降太快影响形状	改变药液或冷却油密度,使两者相符
	药液过稀,滴速过快	适当降低滴罐和滴盘温度,使药液黏稠度增加
	压力过大使滴速过快	调节压力旋钮或真空旋钮,减小滴罐内压力
	药液太黏稠,搅拌时产生气泡	适当增加滴罐和滴盘温度,降低药液黏度
	药液太黏稠,滴速过慢	适当升高滴罐和滴盘温度,使药液黏稠度降低
	黏压力过小使滴速过慢	调节压力旋钮或真空旋钮,增大滴罐内压力

活动 4 讨论与分析

① 对比滴丸机和软胶囊滴制机在结构和工作原理上的区别。

② 在滴丸生产间内行走、登台级有何注意事项?

③ 如何设定滴罐加热、滴盘加热的温度?为什么要分两步来设定?

④ 为什么要等滴罐内药液温度超过 70℃才能开启搅拌?

⑤ 如滴丸出现带“尾巴”的现象,应如何解决?

⑥ 使用离心机有何注意事项?

活动 5 考核滴丸制备操作

考核内容	技能要求		分值/分
生产前准备	生产工具准备	①检查核实清场情况,检查清场合格证 ②对设备状况进行检查,确保设备处于合格状态 ③对计量容器、衡器进行检查核准 ④对生产用的工具的清洁状态进行检查	10
	物料准备	①按生产指令领取生产原辅料 ②按生产工艺规程制订标准核实所用原辅料 (检验报告单,规格,批号)	
制备	投料量计算	①正确计算基质和药物的比例 ②正确计算投料量	10
	滴制操作	①正确设定制冷、加热温度 ②按正确步骤加料,待药液温度达到设定温度时才启动搅拌 ③打开滴头,并根据实际情况调节各参数,使丸形圆整 ④按正确步骤停机	40
质量控制	丸形圆整,大小均匀		10
记 录	岗位操作记录填写准确完整		10
生产结束清场	①作业场地清洁 ②工具和容器清洁 ③生产设备的清洁 ④清场记录		10
实操问答	正确回答考核人员的提问		10

第九章　注射剂制备工艺操作

注射剂，简称针剂，系指药物制成的供注入体内的灭菌溶液、乳浊液或混悬液，以及供临用前配成溶液或混悬液的无菌粉末或浓缩液。

注射剂是当前应用最广泛的剂型之一，它具有如下优点：起效迅速、作用可靠；适用于不宜口服的药物；适用于不宜口服给药的病人；可产生局部作用等。当然，注射剂也存在一些缺点，如使用不便、注射疼痛，给药和制备过程复杂，生产设备成本较高等。

注射剂常见的类型按分散系统分为溶液型注射剂、混悬型注射剂、乳剂型注射剂、注射用无菌粉末，本章主要介绍小容量溶液型注射剂的制备工艺操作，其工艺流程见图 9-1。

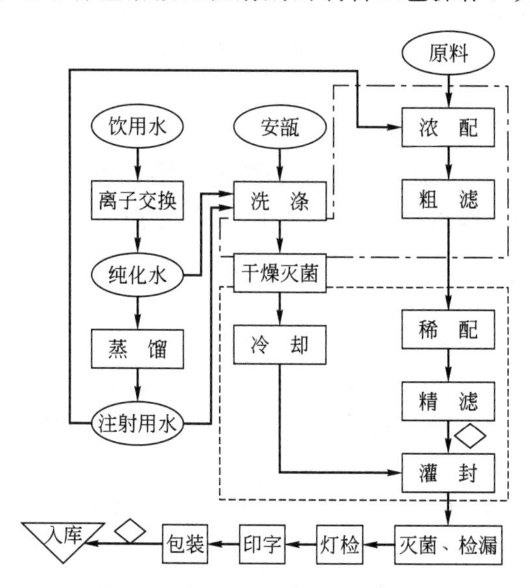

图 9-1　注射剂制备工艺流程图

物料：○　工序：□　检验：◇　入库：▽　D级：　C级：

注：容易长菌的高污染风险产品的灌封工序应设置在 C 级背景下的局部 A 级下进行

项目一　安瓿的洗涤操作

【教学目标】

1. 掌握洗瓶岗位操作程序

2. 掌握洗瓶生产工艺管理要点及质量控制要点

3. 掌握 QXC12/1-20 安瓿超声波清洗机、SGZ420/20 型远红外加热杀菌干燥机的标准操作规程

4. 掌握 QXC12/1-20 安瓿超声波清洗机、SGZ420/20 型远红外加热杀菌干燥机的清洁及保养标准操作规程

5. 能操作 QXC12/1-20 安瓿超声波清洗机、SGZ420/20 型远红外加热杀菌干燥机，并进行清洁保养工作

6. 能对 QXC12/1-20 安瓿超声波清洗机、SGZ420/20 型远红外加热杀菌干燥机生产过程中出现的一般故障进行排除

7. 能进行清洗后的安瓿质量判断

任务一　熟悉安瓿洗涤操作的相关背景资料

活动 1　了解洗涤操作的适用岗位

本操作适用于小容量安瓿洗涤工、安瓿洗涤质量检查工、工艺员

1. 小容量安瓿洗涤工

(1) 工种定义　小容量安瓿洗涤工系指使用各种洗瓶联动设备，对药品内包装容器进行挑选、洗涤、干燥、灭菌，使其达到药品包装容器要求的操作人员。

(2) 适用范围　玻璃瓶外观质量检查、洗瓶及灭菌。

2. 安瓿洗涤质量检查工

(1) 工种定义　安瓿洗涤质量检查工是指对安瓿洗涤及灭菌全过程质量控制点的现场监督和对规定的质量指标进行检查、判定的操作人员。

(2) 适用范围　安瓿洗涤全过程的质量监督（工艺管理、QA）。

活动 2　认识洗涤常用设备

(1) 气水喷射式安瓿洗瓶机　该机组适用于曲颈安瓿和大规格安瓿的洗涤。药厂一般将此机安装在灌封工序前，组成洗、灌、封联动机，气水洗涤程序自动完成。也有采用气水喷射洗涤与超声波洗涤相结合的洗涤机。

(2) 超声波安瓿洗瓶机　该机洗瓶效率及效果均很理想，是洗涤安瓿的最佳设备。其主要特点采用先进的超声波清洗技术；符合 GMP 的生产技术要求，为自动电气控制。

(3) 连续电热隧道灭菌烘箱　此种烘箱为隧道式，可将其与超声波安瓿清洗机和多针拉丝安瓿灌封机配套使用，组成联动生产线。

(4) 常用的实训设备有 QXC12/1-20 安瓿超声波清洗机、SGZ420/20 型远红外加热杀菌干燥机等。

活动 3　识读洗涤岗位职责

(1) 严格执行《洗瓶岗位操作程序》、《安瓿超声波清洗机标准操作规程》、《远红外加热杀菌干燥机操作规程》。

(2) 负责洗瓶所用设备的安全使用及日常保养，防止事故发生。

(3) 自觉遵守工艺纪律，保证洗瓶、干燥、灭菌、冷却符合工艺要求，质量达到规定要求。

(4) 做到岗位生产状态标识、设备所处状态标识、清洁状态标识清晰明了、准确无误。

(5) 真实及时填好生产记录，做到字迹清晰、内容真实、数据完整、不得任意涂改和撕毁，做好交接记录，顺利进入下道工序。

(6) 工作结束或更换品种时应及时做好清洁卫生并按有关 SOP 进行清场工作，认真填写相应记录。

活动 4　识读洗涤岗位操作程序

1. 生产前准备

(1) 检查操作间是否有清场合格标志，并在有效期内。否则按清场标准操作规程进行清场并经 QA 人员检查合格后，填写清场合格证，才能进行下一步操作。

(2) 检查设备是否有“合格”、“已清洁”标牌，并对设备进行检查，确认设备正常，方

可使用。

（3）检查烘箱隧道内、进瓶台板弹片弧内、出口过渡段上、垂直输送带后面是否有碎瓶、倒瓶，如发现应及时清理。

（4）根据生产指令填写领料单，并领取安瓿。

（5）挂运行状态标志，进入操作。

2. 操作

（1）接通电源，启动设备空转运行，观察是否能正常运作。

（2）按《安瓿超声波清洗机标准操作规程》、《远红外加热杀菌干燥机操作规程》进行洗瓶操作，同时往输送带送入待清洗的安瓿。

（3）将灭菌完毕的安瓿收集，挂标示牌，送往灌封工序（如采用安瓿洗、灌、封联动生产线，安瓿通过传送带直接送到灌封工序）。

3. 生产结束

（1）将剩余安瓿收集，标明状态，交中间站。

（2）按《洗瓶设备清洁操作规程》、《洗瓶间清场操作规程》对设备、房间进行清洁消毒，经 QA 人员检查合格，发放清场合格证。

4. 记录

如实填写生产操作记录。

活动 5　识读洗涤操作质量控制关键点

（1）外观　应光亮、洁净、无花斑等。

（2）洁净度　抽取 100 支灭菌后安瓿，进行洁净度检查，合格的安瓿应光洁，不得有纤维、白点、异物、玻璃，合格率应符合有关规定。

（3）无菌度　检查结果应符合有关要求。

（4）安瓿破损率　检查结果应符合内控要求。

任务二　训练安瓿洗涤操作

活动 1　操作 QXC12/1-20 安瓿超声波清洗机

1. 开机前的准备工作

（1）检查洗瓶操作室的温湿度、压力是否符合要求。

（2）检查主机、水泵电机电源是否正常，超声波发生器是否完好，整机外罩是否罩好。

（3）检查各润滑点的润滑状况。

（4）检查水路连接部位有无泄漏，过滤器罩是否紧牢，水阀开关是否灵活、可靠。

（5）检查各仪器仪表是否显示正常，各控制点是否可靠。

（6）检查外加水和压缩空气是否正常。

（7）检查溢水管、循环水过滤器是否正常。

（8）开新鲜水入槽阀，将水槽注水，同时打开新鲜水过滤罩上的放气嘴，将空气排尽，直至达到溢水管顶部为止。

（9）检查水位是否上升至溢水管顶部，如水泵开启后，水位下降，需要继续增加水量，直至达到溢水顶部为止。

2. 开机

（1）接通控制箱的主开关，显示主电源接通的绿色信号灯亮。

（2）打开压缩空气控制阀，观察压力表上显示的数值将压力调至 0.1MPa。

（3）打开新鲜水控制阀，按压力表上显示的数值将压力调至 0.15MPa（注：压力值要在主机启动后才显示）。

（4）启动“加温”按钮，直至水温升高到（60±2）℃。

（5）关闭喷淋槽，启动“水泵启动”按钮，同时将循环过滤器罩泵内空气排尽。

（6）开循环水控制阀，将压力表上的数值调至0.2MPa。

（7）开喷淋水控制阀，将压力表上的数值调至0.06MPa。

（8）将操作选择开关旋至“2”挡（正常操作挡），调整或维修时可将操作选择开关旋到“1”挡（点动）。

（9）安瓿注满水后，直接放入进瓶槽底部。

（10）将速度调节旋钮旋至“0”位。

（11）按下主机启动钮。

（12）调节旋钮使速度升高，按产量确定适当的数值，此时机器处于运行状态。

（13）转动超声波调节按钮，使压力表数值处于200V为好（电压表在电器箱内，一般情况下不调整）。

3. 停机

（1）按下主机停机按钮，主机驱动信号灯熄灭，主机停止运行。

（2）按下水温加热停止按钮，水温加热信号灯熄灭，水槽停止加热。

（3）按下水泵停止按钮，水泵驱动绿信号灯熄灭，水泵停止运转。

（4）关闭所有控制阀。

（5）关闭电器箱主开关，主电源信号灯熄灭。

4. 清场

（1）打开前护罩，抽出溢水管，将水槽内的水放尽。

（2）旋松循环水过滤器下面的放水口，将过滤器内的水放尽。

（3）打开水槽，将玻璃碴扫出，先用5%$NaHCO_3$溶液清洗，然后用新鲜自来水冲洗。

（4）将循环水粗过滤罩取出，清洗干净。

（5）将机器外表的污渍、水渍擦干净。

（6）清洗时不得使电器箱操作面板上沾水，以免损坏设备或发生漏电事故。

（7）清洁天花板、墙壁、地面。

5. 保养

（1）每班保养项目　检查紧固螺栓及连接件是否紧固；需保持设备内外的清洁，管道不得有跑冒滴漏；各润滑部位加注润滑油。

（2）每半年保养项目　检查、调整出瓶吸气压力，更换易损部件；检查、调整链条定位位置和张紧度；检查水、气管路，更换密封件；清洗、更换堵塞的滤芯；检查全部喷射针管，用工业酒精擦洗，进行校直或更换。

（3）每年保养项目　拆卸送瓶链条及V形槽块，清洗、检修或更换；检查针鼓托轮，必要时更换不锈钢滚球轴承；拆洗全部喷嘴、管道及喷淋板；检查各轴挡、轴承，清洗、检修或更换。

（4）每三年保养项目　整机解体，清洗、检查；修理或更换针鼓；调整或检修上瓶装置；修理或更换凸轮传动主轴；更换各滚动轴承及轴衬。

6. 记录

实训过程中需要及时、真实、完整、正确地填写各类生产记录。

活动2　操作SGZ420/20型远红外加热杀菌干燥机

1. 开机前准备工作

（1）检查灭菌干燥操作室的温湿度、压力是否符合要求。

（2）检查电的供应是否正常。

（3）检查电动机、电器有无卡住、脱落部件的现象，各机构动作是否正常。

（4）检查电动机、电器及控制线路的绝缘电阻，同时还要检查各接地导线是否牢固可靠。

（5）检查各润滑点的润滑状况。

2. 开机

（1）接通电器控制箱的电源主开关。

（2）在“温度控制”仪上设定工作温度。

（3）启动“日间工作”按钮。

（4）检查进出口的层流风速是否达到0.5m/s。

（5）旋转“电源转换”开关，观察“电源指示”表，检查电热管加热情况，检查完后，将“电源转换”开关调至“0”。

（6）将“手动”、“自动”选择转向“自动”（单机操作时调至“手动”）。

注：各机构的调整

① 进口部位挤瓶、缺瓶的调整　调节限位板，使弹簧松紧适中，使接近开关能正确感知挤、缺瓶状况。

② 出口部位挤瓶、缺瓶的调整　根据机器运行情况、烘箱内瓶子松紧程度调节出口尼龙圆弧条的曲度。

3. 停机

（1）按下“日间停机”按钮，日间指示信号灯熄灭，传送带停止运行，此时各风机继续运行，电源指示灯亮，其他指示灯灭。

（2）当灭菌干燥机内的温度降至100℃以下，风机自动停止运行，此时关闭电源开关，电源指示灯灭。

（3）若有灭菌干燥后的安瓿需在机内过夜，则烘箱温度降至100℃后，不按“日间停机”按钮，而按“夜间工作”按钮，此时加热管不加热，但各层流风机继续运行。

4. 清场

（1）清除隧道内碎玻璃，特别在进瓶台板弹片弧内及出口过渡段上均应仔细打扫，严禁用水冲洗。

（2）擦去机器表面的污物，但电器箱操作面板不得用水冲洗。

（3）清洁天花板、墙壁、地面。

5. 保养

（1）每班保养项目　检查设备紧固螺栓及连接件有无松动，随时紧固。

（2）每周清除一次排气出口碎玻璃收集箱内的玻璃碎屑。

（3）每半年保养项目　检修传动系统的链条张紧情况，太松时将减速机座下移，重新调整；检查、调整传送网带的跑偏及张紧情况；检查箱体各开口处、连接处的密封装置。

（4）每年保养项目　清洁电热器、紧固加热装置；检查转送带损坏情况，必要时进行更换；检修传动机构，更换轴承；检查及更换损坏的石英电热管；送风管道应清洁洁净，有污迹用无毛白布擦拭；检测中、高效过滤器，中高效过滤器须有检测合格证（当进出口层流风速小于0.5m/s时需要更换高效过滤器，更换后检测洁净度应达到A级）；检修电气、温控仪表，应使其灵敏可靠；减速机更换一次新机油。

（5）排风运行两年后，应将叶轮轴承拆下更换钙基润滑脂。

6. 记录

实训过程中需要及时、真实、完整、正确地填写各类生产记录（表 9-1，表 9-2）。

表 9-1　安瓿清洗灭菌记录

批　号			规　格		
批　量			日　期		
生产前检查:文件□　设备□　现场□　物料□ 检查人:				“清场合格证”副本及 “准产证”粘贴处	
操　作　步　骤					
包　材	名　称	物料编码	批　号	检验单号	领用量
	ml 安瓿				
洗瓶开始时间:			洗瓶结束时间:		
设定洗瓶参数	复核洗瓶机、杀菌干燥机的设定参数,确定符合工艺条件　□				
	水压:　MPa		压缩空气压力:　MPa	喷淋水压力:　MPa	
	机速:　瓶/min		干燥灭菌温度:　℃	操作人:	
日　期	班　次	洗瓶数量	操作人	复核人	备　注
		箱			
		箱			
		箱			
		箱			
		箱			
洗瓶总数量:　箱(约　个)					
结料	名称	领用量	实用量	损耗量	剩余量
	结料人:			复核人:	
备注:					

表 9-2　洗瓶间清场记录

清场前	批号:	生产结束日期:　年　月　日　班	
检查项目	清场要求	清场情况	QA 检查
物　料	结料,剩余物料退料	按规定做 □	合格 □
中间产品	清点,送规定地点放置,挂状态标记	按规定做 □	合格 □
工具器具	冲洗、湿抹干净,放规定地点	按规定做 □	合格 □
清洁工具	清洗干净,放规定处干燥	按规定做 □	合格 □
容器管道	冲洗、湿抹干净,放规定地点	按规定做 □	合格 □
生产设备	湿抹或冲洗,标志符合状态要求	按规定做 □	合格 □
工作场地	湿抹或湿拖干净,标志符合状态要求	按规定做 □	合格 □
废 弃 物	清离现场,放规定地点	按规定做 □	合格 □
地　漏	冲洗干净,水封够水量	按规定做 □	合格 □
工艺文件	与续批产品无关的清离现场	按规定做 □	合格 □
注:符合规定在“□”中打“√”,不符合规定则清场至符合规定后填写			

续表

清场前	批号：	生产结束日期： 年 月 日 班
清场时间	年 月 日 班	
清场人员		
QA 签名		年 月 日 班
检查合格发放清场合格证，清场合格证粘贴处		
备注：		

7. 实训设备常见故障及排除方法

（1）QXC12/1-20 安瓿超声波清洗机故障发生原因及排除方法见表 9-3。

表 9-3 QXC12/1-20 安瓿超声波清洗机故障发生原因及排除方法

故障现象		发生原因	排除方法
机器停止运转	循环水压力检测红灯亮	①循环水控制阀未开启或开启不够 ②管接头漏水 ③过滤器堵塞 ④过滤器上的排放口过开启	①开启循环水控制阀 ②检查接头及接口，使之不漏 ③更换过滤器 ④关闭过滤器上的排水口
	喷淋水压力检测红灯亮	喷淋水控制阀未开启或开启不够	开启喷淋水控制阀
机器停止运转	新鲜水压力检测红灯亮	①外加新鲜水压力不够 ②过滤器堵塞 ③控制阀电磁阀损坏 ④新鲜水控制阀未开启或开启不够	①增大外加新鲜水压力 ②更换过滤器 ③检修或更换电磁阀 ④开启新鲜水控制阀
	压缩空气压力检测红灯亮	①外加气压不够 ②过滤器堵塞 ③压缩空气控制阀未开启或开启不够	①加大外加气压 ②更换过滤器 ③开启压缩空气控制阀
	超声波检测红灯亮	①超声波启动开关未接通 ②高频发生器损坏	①接通启动开关 ②维修人员根据线路检修
	隧道安瓿过多红灯亮	烘干消毒隧道入口处安瓿挤塞	清除烘干消毒隧道内挤塞的安瓿或调整进口限位开关
	灌封安瓿过多红灯亮	灌封机进口处安瓿挤塞	清除灌封机前挤塞的安瓿
	机器停止运转而无红灯亮	①主机过载 ②过流继电器跳开	①用手转动主电机手轮，找出过载原因，并排除掉 ②合上主机回路过流继电器
清洗破瓶较多		①进瓶导向压力调整不当 ②退瓶吹气调整不当 ③进瓶分瓶架与通道间隙调节不当 ④出瓶翻瓶叉与烘箱对接不好	①调整导入凸轮瓶轮，使其符合进瓶要求 ②调整吹气大小，使瓶刚好退至出瓶槽底部 ③调节分瓶架角度及间隙 ④调节主机高度及相对位置
水槽内浮瓶较多		①喷淋槽堵塞 ②退瓶吹气压力过大	①拍打喷淋槽或拆下喷淋槽上的网孔板进行清洗 ②调整吹气大小
清洗洁净度不够		①喷嘴或喷管堵塞 ②过滤芯堵塞或泄漏	①用细针清除喷嘴或喷管内异物 ②清洗或更换过滤器

（2）SGZ420/20 型远红外加热杀菌干燥机常见故障及排除方法见表 9-4。

表 9-4　SGZ420/20 型远红外加热杀菌干燥机常见故障及排除方法

故障现象	发生原因	排除方法
安瓿在输送带上排列松散，两侧有倒瓶现象	①控制走带的接近开关没调好 ②限位螺钉调节不当，使输送带过于频繁启动	调节接近开关和限位螺钉的位置，使接近开关与磁感应板距离拉长，增加弹片阻力
安瓿在进口段上排列太紧，挤瓶、破瓶现象增加	①控制走带的接近开关已坏或位置没调好 ②限位螺钉调节不当	①更换接近开关 ②调节接近开关或限位螺钉的位置，使接近开关与磁感应板距离缩短，以减少弹片阻力
输送带停止输送	①隧道内安瓿过多 ②灌封机与洗瓶机速度不一致	①清除弹片处周围的部分安瓿，拨动弹片，使它恢复原状 ②适当提高灌封速度或降低洗瓶速度
启动"日间操作"按钮，层流指示灯不亮，机器自动停机	①控制层流风速的接近开关出现故障 ②过滤器已堵塞。层流风速达不到规定值	①检查电气故障 ②更换过滤器
隧道内洁净度达不到 A 级	①过滤器失效 ②过滤器与机器密封不严 ③排风机排风量调节不当 ④其他环境原因	①更换过滤器 ②排风机风门应调节适中，检查进口层流段时层流风压应为正压，避免室内空气进入隧道
两侧垂直输送带出现"上爬"现象	①垂直输送带张紧不够 ②隧道内两侧有倒瓶	①调整弹片张力或拆除部分输送带 ②清除隧道内倒瓶，按故障①处理
烘箱温度达不到设定温度	①控温系统电气故障 ②石英加热管损坏	①排除控温故障 ②更换损坏的加热管
隧道内瓶子出现"爬瓶"现象	后工序单机（如灌封机）的限位开关位置不合适，使瓶子阻力大	调整好限位开关位置，降低出瓶阻力

活动 3　审核生产记录

安瓿洗涤操作实训过程中的记录包括批生产记录、批检验记录、清场记录。可以从以下几个方面进行记录的审核。

① 看记录填写的及时性、字迹清晰程度、内容真实性、数据完整性。

② 看记录上有无操作人与复核人的签名。

③ 看记录的整洁程度、有无撕毁和任意涂改，若有更改，看更改处有无签名、原数据是否可辨认。

活动 4　讨论与分析

① 洁净度检查时，发现有纤维应考虑哪一环节污染？

② 洁净度检查时，发现有小白点应考虑哪一环节污染？

③ QXC12/1-20 安瓿超声波清洗机开机前应做哪些准备工作？

④ QXC12/1-20 安瓿超声波清洗机停机应如何操作？

⑤ 清洗破瓶较多的原因有哪些？怎样排除？

⑥ 水槽内浮瓶较多的原因有哪些？怎样排除？

⑦ 从哪些方面来判断安瓿的清洗质量？

⑧ 安瓿的无菌检查不合格，应从哪几方面考虑？

⑨ 若安瓿灭菌后没有冷却到室温，会产生什么影响？
⑩ 隧道内洁净度达不到要求，其原因有哪些？
⑪ 杀菌干燥机内温度达不到设定温度的原因有哪些？怎样排除？
⑫ 安瓿在输送带上排列松散，两侧有倒瓶现象，怎样排除？

活动5 考核洗涤操作

考核内容	技能要求		分值/分
生产前准备	生产工具准备	①检查核实清场情况，检查清场合格证 ②对设备状况进行检查，确保设备处于合格状态 ③对生产用的工具的清洁状态进行检查	10
	物料准备	按生产指令领取安瓿，核对检验报告单、规格、批号	
清洗灭菌操作	(1)按操作规程开启安瓿清洗机及各阀门，对安瓿进行清洗 ①正确开启各阀门 ②正确启动设备，并调整至适当速度 (2)按操作规程开启杀菌干燥机，对安瓿进行干燥灭菌 ①设定工作温度 ②检查进出口层流风速 ③正确选择各开关进行灭菌 (3)按以下顺序停止设备 ①安瓿清洗机：关主机、关加热装置、关水泵、关闭各阀门 ②杀菌干燥机：按“日间停机”按钮，待内部温度下降至100℃以下，关闭电源		50
质量控制	外观光亮、洁净、无花斑，洁净度检查和无菌度检查合格		10
记　录	岗位操作记录填写准确完整		10
生产结束清场	①作业场地清洁 ②工具和容器清洁 ③生产设备的清洁 ④清场记录		10
实操问答	正确回答考核人员的提问		10

项目二 小容量注射剂的配液操作

【教学目标】

1. 掌握配液岗位操作程序
2. 掌握配液生产工艺管理要点及质量控制要点
3. 掌握浓配罐、稀配罐、滤器的标准操作规程
4. 掌握浓配罐、稀配罐、钛滤器、微孔滤膜滤器的清洁及保养标准操作规程
5. 能操作浓配罐、稀配罐、钛滤器、微孔滤膜滤器，并进行清洁保养工作
6. 能对浓配罐、稀配罐、钛滤器、微孔滤膜滤器生产过程中出现的一般故障进行排除
7. 能对配液产品进行质量判断

任务一 熟悉配液操作的相关背景资料

活动1 了解配液操作的适用岗位

本操作工艺适用于小容量注射剂配液工、注射液质量检查工、工艺员。

1. 注射剂配液工

(1) 工种定义 注射剂配液工是指将符合注射液要求的原料药、营养素、电解质、血浆及附加剂溶解于注射用水或其他非水溶剂中，经过滤过制成专供注射用的溶液、混悬液或乳浊液状制剂的操作人员。

(2) 适用范围 浓配罐和稀配罐操作、过滤设备操作、质量自检。

2. 注射液质量检查工

(1) 工种定义 注射液质量检查工系指从事注射液配制全过程的各工序质量控制点的现场监督和对规定的质量指标进行检查、判定的操作人员。

(2) 适用范围 注射液配制全过程的质量监督 (QA、工艺管理)。

活动 2 认识配液常用设备

1. 配液罐

配液罐是注射剂生产中配制药物溶液的容器，配液罐应由化学性质稳定、耐腐蚀的材料制成，避免污染药液，目前药厂多采用不锈钢配液罐。配液罐在罐体上带有夹层，罐盖上装有搅拌器。夹层既可通入蒸汽加热，提高原辅料在注射用水中的溶解速度；又可通入冷水，吸收药物溶解热。搅拌器由电机经减速器带动，转速约 20r/min，加速原辅料的扩散溶解，并促进传热，防止局部过热。

2. 过滤设备

(1) 钛棒 以工业纯钛粉 (纯度≥99.68%) 为主要原料经高温烧结而成。主要特性有：①化学稳定性好，能耐酸、耐碱，可在较大 pH 值范围内使用；②机械强度大，精度高，易再生，寿命长；③孔径分布窄，分离效率高；④抗微生物能力强，不与微生物发生作用；⑤耐高温，一般可在 300℃以下正常使用；⑥无微粒脱落，不对药液形成二次污染。常用于浓配环节中的脱碳过滤以及稀配环节中的终端过滤前的保护过滤。

(2) 微孔滤膜滤器 微孔滤膜是一种高分子滤膜材料，具有很多的均匀微孔，孔径从 0.025～14μm 不等，其过滤机理主要是物理过筛作用。微孔滤膜的种类很多，常用的有醋酸纤维滤膜、聚丙烯滤膜、聚四氟乙烯滤膜等。微孔滤膜的优点是孔隙率高、过滤速度快、吸附作用小、不滞留药液、不影响药物含量、设备简单、拆除方便等；缺点是耐酸、耐碱性能差，对某些有机溶剂如丙二醇适应性也差，截留的微粒易使滤膜阻塞，影响滤速，故应用其他滤器初滤后，才可使用该膜过滤。

活动 3 识读配液岗位职责

(1) 严格执行《注射剂配液岗位操作程序》、《注射剂配液设备标准操作规程》。

(2) 负责配制、滤过所用设备的安全使用及日常保养，防止事故发生。

(3) 严格执行生产指令，保证配制所用物料名称、数量、质量准确无误，如发现物料的包装不完整，需报告 QA 人员，停止使用。

(4) 自觉遵守工艺纪律，保证配制、滤过岗位不发生混药、错药或对药品造成污染。

(5) 认真填写生产记录，做到字迹清晰、内容真实、数据完整、不得任意涂改和撕毁。

(6) 工作结束或更换品种时应及时按清场标准操作规程做好清场工作，认真填写相应记录。

(7) 做到岗位生产状态标识、设备所处状态标识、清洁状态标识清晰明了，准确无误。

活动 4 识读配液岗位操作程序

1. 生产前准备

(1) 检查操作间是否有清场合格标志，并在有效期内，否则按清场标准操作规程进行清场并经 QA 人员检查合格后，填写清场合格证，才能进入下一步操作。

(2) 检查设备是否有“合格”标牌、“已清洁”标牌，并对设备状况进行检查，确认正常后，方可使用。

（3）检查工具、容器等是否清洁、干燥。

（4）调节电子天平，领取符合生产指令要求的物料，同时核对品名、数量、规格、质量，做到准确无误，并填写领料单。

（5）按《设备、工具消毒规程》对配料罐、容器、过滤器、工具进行消毒。

（6）挂运行状态标志，进入生产操作。

2. 生产操作

（1）原辅料的准备

① 配制前，应准确计算原料的用量，称量时应两人核对。

② 若在制备过程中（如灭菌后）药物含量易下降，应酌情增加投料量。

投料量可按下式计算：

$$\text{原料(附加剂)实际用量}=\frac{\text{原料(附加剂)理论用量}\times\text{成品标示量}\%}{\text{原料(附加剂)实际含量}}$$

$$\text{原料(附加剂)理论用量}=\text{实际配液量}\times\text{成品含量}\%$$

$$\text{实际配液量}=\text{实际灌注量}+\text{实际灌注时损耗量}$$

注：成品标示量%通常为100%，有些产品因灭菌或储藏期间含量会有所下降，可适当增加投料量（即提高成品标示量的百分数）。

③ 含结晶水药物应注意其换算。

（2）注射液的浓配　按《浓配罐标准操作规程》进行配制，配制后的药液按《钛滤器标准操作规程》进行粗滤。

（3）注射液的稀配　将浓配后的药液泵进稀配罐，按《稀配罐标准操作规程》进行稀配，然后根据《微孔滤膜滤器标准操作规程》精滤药液，保证过滤后的溶液澄明度符合要求。

（4）将过滤后的药液置贮罐贮存，填写请验单，待化验合格后进行灌封。

3. 清场

（1）将生产剩余物料收集，标明状态，交中间站，填写退料单。

（2）按《设备清洁标准操作规程》、《过滤器清洁标准操作规程》、《生产工具清洁标准操作规程》对设备、工具、容器进行清洁消毒，按《生产间清场标准操作规程》进行清场，经QA人员检查合格后，发放清场合格证。

4. 记录

如实填写各生产操作记录。

活动5　识读配液操作质量控制关键点

（1）色泽　应符合药典或企业内控质量标准。

（2）含量　应符合药典或企业内控质量标准。

（3）pH值　应符合药典或企业内控质量标准。

（4）可见异物　应符合药典或企业内控质量标准。

任务二　训练配液操作

活动1　操作浓配罐

1. 开机前的准备工作

（1）检查洗瓶操作室的温湿度、压力是否符合要求。

（2）检查操作间是否有清场合格标志，并在有效期内。否则按清场标准操作规程进行清场并经QA人员检查合格后，填写清场合格证，才能进行下一步操作。

（3）检查设备是否有“合格”、“已清洁”标牌，并对设备进行检查，确认设备正常，方可使用。

（4）检查设备各部位是否正常，各阀门是否已关闭，电是否接通。

2. 开机与停机操作

（1）开启阀门，根据产品生产工艺的用水量，往浓配罐内通入定量的注射用水，然后关闭阀门。

（2）旋松人孔盖紧固螺栓，打开人孔盖，从人孔处依次投入原辅料，投料完毕关闭人孔盖，上紧人孔盖紧固螺栓。

注：含量小又不易溶解的药物应先在适当容器内溶解后再投入浓配罐。

（3）启动搅拌桨电机，开始搅拌。

（4）检查电蒸汽发生器内水量是否足够，如不足应添加纯化水，然后启动电蒸汽发生器，待产生蒸汽后打开蒸汽输送管路阀门，往罐内夹层通入蒸汽进行加热，同时开启下部疏水阀，使其排出冷凝水（如药液配制不需加热，此步骤可省略）。

（5）当物料达到相应温度时，调节蒸汽阀门使蒸汽量减少，当药液达到工艺要求时，关闭蒸汽阀，关闭搅拌桨电机，即可进行粗滤。

3. 清场

（1）开启罐底排液阀门。

（2）用尼龙刷蘸取1%～2%洗涤剂，从里往外刷洗。

（3）用经粗滤的饮用水将内外壁冲洗干净。

（4）生产同种产品，用纯化水和注射用水依次冲洗干净即可；生产不同品种产品，需打开设备法兰，用1%烧碱溶液煮沸半小时，进行设备内部清洗，再用纯化水和注射用水依次冲洗干净。

（5）将浓配罐外表的污渍、水渍擦干净。

（6）清洁天花板、墙壁、地面。

4. 保养

每月向减速箱内加入适量齿轮油。

5. 记录

实训过程中需要及时、真实、完整、正确地填写各类生产记录。

活动2 操作稀配罐

1. 开机前的准备工作

（1）检查洗瓶操作室的温湿度、压力是否符合要求。

（2）检查操作间是否有清场合格标志，并在有效期内。否则按清场标准操作规程进行清场并经QA人员检查合格后，填写清场合格证，才能进行下一步操作。

（3）检查设备是否有“合格”、“已清洁”标牌，并对设备进行检查，确认设备正常，方可使用。

（4）检查设备各部位是否正常，各阀门是否已关闭，电是否接通。

2. 开机与停机操作

（1）开启进水阀门，往稀配罐内通入定量注射用水，然后关闭进水阀门。

（2）开启输液阀门，启动输液泵，将浓配罐内药液泵进稀配罐，同时药液流经钛滤器进行粗滤，输液完毕后关闭阀门和输液泵。

（3）启动搅拌桨电机，开始搅拌。

（4）当药液达到工艺要求时，关闭搅拌桨电机，停止搅拌。

（5）将稀配后药液通往微孔滤膜滤器进行精滤。

3. 清场

（1）开启罐底排液阀门。

（2）用尼龙刷蘸取1%～2%洗涤剂，从里往外刷洗。

（3）用经粗滤的饮用水将内外壁冲洗干净。

（4）生产同种产品，用纯化水和注射用水依次冲洗干净即可；生产不同品种产品，需打开设备法兰，用1%烧碱溶液煮沸半小时，进行设备内部清洗，再用纯化水和注射用水依次冲洗干净。

（5）将稀配罐外表的污渍、水渍擦干净。

（6）清洁天花板、墙壁、地面。

4. 保养

每月向减速箱内加入适量齿轮油。

5. 记录

实训过程中需要及时、真实、完整、正确地填写各类生产记录。

活动3 操作微孔滤膜滤器

1. 开机前的准备工作

（1）检查洗瓶操作室的温湿度、压力是否符合要求。

（2）检查操作间是否有清场合格标志，并在有效期内。否则按清场标准操作规程进行清场并经QA人员检查合格后，填写清场合格证，才能进行下一步操作。

（3）检查设备是否有“合格”、“已清洁”标牌，并对设备进行检查，确认设备正常，方可使用。

（4）检查微孔滤膜有无气泡、针孔、破损情况，测定起泡点。

（5）将滤膜浸泡在纯化水中12～24h，使滤孔充分涨开。

（6）以微火煮沸30min。

（7）倾去水液，即可安装。

2. 微孔滤膜滤器的安装及操作

（1）检查已清洗的不锈钢泵是否达到要求，组装时各结合部位要密封，达到不漏油、不漏液，安全运转。

（2）将微孔滤膜与滤器组装好，再将过滤器与稀配罐、灌封管道安装连接。

（3）安装连接完成后，开启过滤装置，用注射用水试验并冲洗管道，观察加压泵运转是否正常。如过滤后的注射用水符合质量要求，即可用于过滤药液。开始过滤时，管道内存在少量积水会降低先滤出药液的浓度，应密闭回流10min，才通往灌封工序。

（4）过滤结束后，关闭过滤装置。

3. 清场

（1）每日生产结束后，若第二天生产同批品种，可用注射用水将过滤装置及灌装管道冲洗并封严，留下次用。

（2）更换品种时，应用注射用水将灌装管道冲洗干净，并拆卸过滤装置，重新处理及组装。

（3）将过滤器外表的污渍、水渍擦干净。

（4）清洁天花板、墙壁、地面。

(5) QA 核查，发清场合格证。

4. 记录

实训过程中需要及时、真实、完整、正确地填写各类生产记录（表 9-5，表 9-6）。

表 9-5 注射液配制生产记录

<table>
<tr><td colspan="4">批号：</td><td colspan="3">规格：　　　ml/支</td></tr>
<tr><td colspan="4">批量：　　　支</td><td colspan="3">生产日期：</td></tr>
<tr><td colspan="7">操　作　步　骤</td></tr>
<tr><td colspan="5">生产前检查：文件□　设备□　现场□　物料□
检查人：　　　　复核人：</td><td colspan="2" rowspan="2">“清场合格证”副本及
“准产证”粘贴处</td></tr>
<tr><td colspan="3">温度：</td><td colspan="2">相对湿度：</td></tr>
<tr><td colspan="3">配制开始时间：</td><td colspan="4">配制结束时间：</td></tr>
<tr><td rowspan="4">配料</td><td>物料名称</td><td>物料编码</td><td>批号</td><td>检验单号</td><td>复称量</td><td>投料量</td></tr>
<tr><td></td><td></td><td></td><td></td><td></td><td></td></tr>
<tr><td></td><td></td><td></td><td></td><td></td><td></td></tr>
<tr><td></td><td></td><td></td><td></td><td></td><td></td></tr>
<tr><td rowspan="3">工艺过程</td><td colspan="6">①将物料依次投入浓配罐　□
②启动浓配罐搅拌电机进行搅拌　□
③启动电蒸汽发生器，将蒸汽通入浓配罐夹层　□
④将浓配液泵入稀配罐　□
⑤启动稀配罐搅拌电机进行搅拌　□
蒸汽加热温度：　℃　浓配搅拌时间：　min　稀配搅拌时间：　min</td></tr>
<tr><td>搅拌时间</td><td colspan="5">时　　分至　　时　　分</td></tr>
<tr><td colspan="3">操作人：</td><td colspan="3">复核人：</td></tr>
<tr><td rowspan="2">物料平衡</td><td colspan="6">$\frac{\text{移至稀配罐量}+\text{损耗量}+\text{抽样量}}{\text{总投料量}}\times 100\%=$</td></tr>
<tr><td colspan="3">计算人：</td><td colspan="3">复核人：</td></tr>
<tr><td rowspan="5">结料</td><td>物料名称</td><td colspan="2">领用量</td><td>实用量</td><td colspan="2">结余量</td></tr>
<tr><td></td><td colspan="2"></td><td></td><td colspan="2"></td></tr>
<tr><td></td><td colspan="2"></td><td></td><td colspan="2"></td></tr>
<tr><td></td><td colspan="2"></td><td></td><td colspan="2"></td></tr>
<tr><td colspan="3">结料人：</td><td colspan="3">复核人：</td></tr>
<tr><td colspan="7">质量偏差分析：　　　　　　QA 签名：
备注：</td></tr>
</table>

表 9-6 注射液配制工序清场记录

清场前	批号：	生产结束日期：　年　月　日　班	
检查项目	清场要求	清场情况	QA 检查
物　料	结料，剩余物料退料	按规定做 □	合格 □
中间产品	置稀配罐中，挂状态标记	按规定做 □	合格 □
工具器具	冲洗、湿抹干净，放规定地点	按规定做 □	合格 □

续表

清场前	批号：	生产结束日期： 年 月 日 班	
清洁工具	清洗干净，放规定处干燥	按规定做 □	合格 □
容器管道	冲洗、湿抹干净，放规定地点	按规定做 □	合格 □
生产设备	湿抹或冲洗，标志符合状态要求	按规定做 □	合格 □
工作场地	湿抹或湿拖干净，标志符合状态要求	按规定做 □	合格 □
废弃物	清离现场，放规定地点	按规定做 □	合格 □
地漏	冲洗干净，水封够水量	按规定做 □	合格 □
工艺文件	与续批产品无关的清离现场	按规定做 □	合格 □
注：符合规定在“□”中打“√”，不符合规定则清场至符合规定后填写			
清场时间	年 月 日 班		
清场人员			
QA签名	年 月 日 班		
检查合格发放清场合格证，清场合格证粘贴处			
备注：			

活动4 审核生产记录

小容量注射剂的配液操作实训过程中的记录包括批生产记录、批检验记录、清场记录。可以从以下几个方面进行记录的审核。

① 看记录填写的及时性、字迹清晰程度、内容真实性、数据完整性。

② 看记录上有无操作人与复核人的签名。

③ 看记录的整洁程度、有无撕毁和任意涂改，若有更改，看更改处有无签名、原数据是否可辨认。

活动5 讨论与分析

① 不同品种的配液，搅拌时间相同吗？应该如何确定？

② 配液及贮液容器的灭菌能否只用一种灭菌剂？

③ 防止药物氧化，可加入金属络合剂，应在什么时候加入，是主药溶解前还是溶解后？

④ 药物从配液到灭菌应在多长时间内结束，为什么？

⑤ 为什么浓配脱炭，要降至50℃左右再过滤？

⑥ 微孔滤膜为什么要进行起泡点的测定？

⑦ 什么是物料平衡？什么是收率？

活动6 考核配液操作

考核内容	技能要求		分值/分
生产前准备	生产工具准备	①检查核实清场情况，检查清场合格证 ②对设备状况进行检查，确保设备处于合格状态 ③对计量容器、衡器进行检查核准 ④对生产用的工具的清洁状态进行检查	10
	物料准备	①按生产指令领取生产原辅料 ②按生产工艺规程制订标准核实所用原辅料 (检验报告单，规格，批号)	

续表

考核内容	技能要求		分值/分
配制	投料量计算	正确计算原辅料的投料量	10
	配制操作	①正确使用天平称量原辅料 ②按正确步骤投料 ③正确启动电蒸汽发生器、搅拌桨 ④按正确步骤将浓配液泵入稀配罐，并进行稀配操作 ⑤正确使用微孔滤膜滤器进行精滤	40
质量控制	色泽、澄明度检查应符合药典要求		10
记录	岗位操作记录填写准确完整		10
生产结束清场	①作业场地清洁 ②工具和容器清洁 ③生产设备的清洁 ④清场记录		10
实操问答	正确回答考核人员的提问		10

项目三　小容量注射剂的灌封操作

【教学目标】

1. 掌握灌封岗位操作程序
2. 掌握灌封生产工艺管理要点及质量控制要点
3. 掌握 ALG6 型拉丝灌封机的标准操作规程
4. 掌握 ALG6 型拉丝灌封机的清洁及保养标准操作规程
5. 能操作 ALG6 型拉丝灌封机，并进行清洁保养工作
6. 能对 ALG6 型拉丝灌封机生产过程中出现的一般故障进行排除
7. 能对灌封产品进行质量判断

任务一　熟悉灌封操作的相关背景资料

活动 1　了解灌封操作的适用岗位

1. 小容量注射剂的灌封人员

本操作工艺适用于小容量注射剂的灌封人员、灌封质量检查人员、工艺员。

(1) 工种定义　小容量注射剂灌封人员是指操作水针剂灌装、封口专用设备及附加装置，将配制合格的药液按规定的剂量，封装在达到洁净要求的安瓿中的操作人员。

(2) 适用范围　灌封联动机操作、压缩空气、充气系统控制、质量自检。

2. 灌封质量检查人员

(1) 工种定义　灌封质量检查人员系指从事水针剂灌封全过程的质量控制点的现场监督和对规定的质量指标进行检查、判定的操作人员。

(2) 适用范围　水针剂灌封全过程的质量监督（工艺管理、QA）。

活动 2　认识灌封常用设备

1. 安瓿洗灌封联动机

该设备是一种将安瓿洗涤、烘干灭菌以及药液灌封三个步骤联合起来的生产线。联动机

由安瓿超声波清洗机、安瓿隧道灭菌箱和多针拉丝安瓿灌封机三部分组成，除可以连续操作外，每台设备还可以根据工艺需要，进行单独的生产操作。其主要特点是生产全过程是在密闭或层流条件下工作，符合GMP要求，采用先进的电子技术和微机控制，实现机电一体化，使整个生产过程达到自动平衡、监控保护、自动控温、自动记录、自动报警和故障显示，减轻了劳动强度，减少了操作人员；其缺点是价格昂贵，部件结构复杂，对操作人员的管理知识和操作水平要求较高，维修也较困难。

2. 常用的实训设备

常用的实训设备有ALG6型拉丝灌封机等。

活动3　识读灌封岗位职责

（1）严格执行《灌封岗位操作程序》、《拉丝灌封机标准操作规程》。

（2）负责灌封所用设备的安全使用及日常保养，防止事故发生。

（3）严格执行生产指令，保证灌封质量达到规定质量要求。

（4）自觉遵守工艺纪律，保证灌封装量及封口质量达到规定要求，避免药品污染。

（5）真实及时填好生产记录，做到字迹清晰、内容真实、数据完整、不得任意涂改和撕毁，做好交接记录，顺利进入下道工序。

（6）工作结束或更换品种时应及时做好清洁卫生并按有关规程进行清场工作，认真填写相应记录。

（7）做到岗位生产状态标识、设备所处状态标识、清洁状态标识清晰明了、准确无误。

活动4　识读灌封岗位操作程序

1. 生产前准备

（1）检查操作间是否有清场合格标志，并在有效期内，否则按清场标准操作规程进行清场并经QA人员检查合格后，填写清场合格证，才能进行下一步操作。

（2）检查设备是否有“合格”标牌及“已清洁”标牌，且在有效期内。

（3）领取校正后的注射器。

（4）按灌封机标准操作规程检查设备是否正常，并安装活塞和灌注器。

（5）按《灌封设备消毒规程》对设备、所用容器进行消毒。

（6）挂运行状态标志，进入灌封操作。

2. 灌封操作

（1）开启控制箱的主开关，显示主电源接通的绿信号灯亮。

（2）根据人机界面的提示逐步操作。

（3）根据每分钟的产量调节走瓶速度。

3. 生产结束

（1）按下主机停机按钮，主机驱动信号灯灭，主机停止运转。

（2）停机后将机器外表的水渍、污渍擦拭干净。

（3）收集中间产品挂上标签，标明状态，交中间站，做好交接工作。

（4）按《灌封设备清洁操作规程》清洗消毒设备，按《灌封间清场标准操作规程》进行清场，经QA人员检查合格，发清场合格证。

4. 记录

如实填写各生产操作记录。

活动5　识读灌封操作质量控制关键点

（1）外观　封口应严密光滑，不得有尖头、凹头、泡头、焦头等。

（2）装量　灌装量比标示量略多，需增加的装量及装量差异限度参照药典规定。

（3）需填充惰性气体的药物，应检查残氧量，应<0.1%。

（4）含量、pH 值　按药典或企业内控标准检查。

任务二　训练灌封操作

活动1　操作 ALG 型拉丝灌封机

1. 开机前的准备工作

（1）检查洗瓶操作室的温湿度、压力是否符合要求。

（2）检查操作间是否有清场合格标志，并在有效期内。否则按清场标准操作规程进行清场并经 QA 人员检查合格后，填写清场合格证，才能进行下一步操作。

（3）检查设备是否有“合格”、“已清洁”标牌，并对设备进行检查，确认设备正常，方可使用。

（4）检查主机电源、电路系统、燃气系统是否正常，气源接口是否松动，皮管是否破裂。

（5）对机器的润滑点加油，使机器处于良好润滑状态，但注意润滑油不得污染药品。

（6）将移动齿板移至最低位置，调整进料斗拦板与齿板齿形对中，使安瓿正确定位。

（7）调整齿板，使两边齿板运行同步，安瓿与地衬板垂直成 90°。

（8）调整针头，使其与齿板同步。

（9）通过调节药液装量螺钉，调节合适的装量。

（10）根据安瓿的规格，调节出料斗拦瓶板。

2. 开机

（1）手动盘车，观察机器各部位动作是否协调，盘车后，拉出盘车手柄。

（2）点火时，先开煤气，再开氧气，调好火头的高低、远近及强弱。

（3）开启机台上方的排风系统。

（4）在机台下的储药瓶中注满药液。

（5）在出料斗处放好接收安瓿的铝盘。

（6）在进料斗中放好安瓿。

（7）接通电源，开启电磁开关，开启主电机，机器运转。

（8）根据每分钟产量调节走瓶速度。

3. 停机

灌封完毕停机时，按此顺序关闭，关电磁开关→关机器电源→关氧气开关→关煤气开关→关氧气总阀→关煤气总阀→关总电源。

4. 清场

（1）用 5% $NaHCO_3$ 溶液清洗各表面。

（2）用饮用水冲洗机械手、喷管。

（3）将设备外表的污渍、水渍擦干净。

（4）清洁天花板、墙壁、地面。

（5）QA 核查，发清场合格证。

5. 保养

（1）润滑部位应每班加注一次润滑油。

（2）经常检查机器气源接口是否松动，皮管是否破损，松动应紧固，皮管破损及时更换。

（3）定期检查拉丝钳、针头是否完好，及时检修或更换；检查、清洗回火安全阀。

(4) 每周对机器进行全面擦洗，特别对平常使用中不易清洁的地方进行擦洗，去除药液污渍、碎玻璃屑等杂质，必要时采用压缩空气吹净，清除运转机构上的油垢。

(5) 每半年拆洗、调整止灌吸铁装置；检修主轴及配套滑动轴承、搬运齿板；清洗或更换转瓶齿轮中蜗杆、蜗轮、传动轴、尼龙滑动轴承、尼龙过桥齿轮及滚动轴承。

(6) 每年将机器拆卸，清洗各零部件；检修或更换传动主轴及配套蜗轮、蜗杆、滑动轴承；检修或更换曲轴、搬运齿板；检修或更换装置调节装置中的吸铁顶杆、吸铁顶杆内套、滚动柱、滚轮、扇子板座轴；检修或更换针头架中针头架轴、长滑动轴承、短滑动轴承；检修或更换拉丝钳组件中的长滑动轴承、短滑动轴承、轴销、钳子架摆放板；检修或更换钳子开闭传动中的蜗轮、支座、轴及轴销、各滑动轴承；检修或更换灌装传动组件中的灌注轴、滚轮架、滚轮轴、蜗轮、滑动轴承、针头摆动板等；检查或更换齿轮架组中的齿轮、齿轮轴；检修或更换进瓶转盘及其配套轴承、齿轮；检查或更换煤气点火针；清洗全部管路，更换不符合要求的皮管和阀门。

6. 记录

实训过程中需要及时、真实、完整、正确地填写各类生产记录（表9-7，表9-8）。

表9-7　注射剂灌封操作记录

<table>
<tr><td colspan="5">批号：</td><td colspan="3">规格：</td></tr>
<tr><td colspan="5">批量：</td><td colspan="3">日期：</td></tr>
<tr><td colspan="8">操　作　步　骤</td></tr>
<tr><td colspan="5">生产前检查：文件□　设备□　现场□
物料□　药液在贮存期内□
检查人：　　复核人：</td><td colspan="3">“清场合格证”副本及
“准产证”粘贴处</td></tr>
<tr><td rowspan="9">灌封工艺过程</td><td colspan="4">灌封开始时间：　日　时　分</td><td colspan="3">灌封结束时间：　日　时　分</td></tr>
<tr><td>日期</td><td>班次</td><td>室温/℃</td><td>相对湿度/%</td><td>灌封数量</td><td>操作人</td><td>复核人</td></tr>
<tr><td></td><td></td><td></td><td></td><td>盘</td><td></td><td></td></tr>
<tr><td></td><td></td><td></td><td></td><td>盘</td><td></td><td></td></tr>
<tr><td></td><td></td><td></td><td></td><td>盘</td><td></td><td></td></tr>
<tr><td></td><td></td><td></td><td></td><td>盘</td><td></td><td></td></tr>
<tr><td colspan="5">接受药液总量：　L</td><td colspan="2">备注：</td></tr>
<tr><td colspan="2">灌封成品量</td><td colspan="3">盘约　支</td><td>废品量</td><td>约　支</td></tr>
<tr><td colspan="7"></td></tr>
<tr><td>物料平衡</td><td colspan="7">$\frac{\text{灌封成品量(支)}+\text{废品量(支)}}{\text{接受药液总量(L)}+500(\text{支/L})}\times100\%=\qquad\times100\%=$</td></tr>
<tr><td colspan="8">偏差分析：
QA签名：　日期：</td></tr>
<tr><td colspan="8">备注：</td></tr>
</table>

表 9-8 灌封工序清场记录

清场前	批号：	生产结束日期： 年 月 日 班	
检查项目	清场要求	清场情况	QA检查
物　料	结料，剩余物料退料	按规定做 □	合格 □
中间产品	清点、送规定地点放置，挂状态标记	按规定做 □	合格 □
工具器具	冲洗、湿抹干净，放规定地点	按规定做 □	合格 □
清洁工具	清洗干净，放规定处干燥	按规定做 □	合格 □
容器管道	冲洗、湿抹干净，放规定地点	按规定做 □	合格 □
生产设备	湿抹或冲洗，标志符合状态要求	按规定做 □	合格 □
工作场地	湿抹或湿拖干净，标志符合状态要求	按规定做 □	合格 □
废弃物	清离现场，放规定地点	按规定做 □	合格 □
地　漏	冲洗干净，水封够水量	按规定做 □	合格 □
工艺文件	与续批产品无关的清离现场	按规定做 □	合格 □
注：符合规定在“□”中打“√”，不符合规定则清场至符合规定后填写			
清场时间	年 月 日 班		
清场人员			
QA签名	年 月 日 班		
检查合格发放清场合格证，清场合格证粘贴处			
备注：			

活动 2 审核生产记录

小容量注射剂的灌封操作实训过程中的记录包括批生产记录、批检验记录、清场记录。可以从以下几个方面进行记录的审核。

① 看记录填写的及时性、字迹清晰程度、内容真实性、数据完整性。

② 看记录上有无操作人与复核人的签名。

③ 看记录的整洁程度、有无撕毁和任意涂改，若有更改，看更改处有无签名、原数据是否可辨认。

活动 3 讨论与分析

① 产生焦头的原因有哪些？应如何处理？

② 产生泡头的原因有哪些？应如何处理？

③ 产生尖头的原因有哪些？应如何处理？

④ 造成安瓿封口不严的原因有哪些？应如何解决？

⑤ 出现装量不合格的原因有哪些？

活动 4 考核灌封操作

考核内容	技能要求		分值/分
生产前准备	生产工具准备	①检查核实清场情况，检查清场合格证 ②对设备状况进行检查，确保设备处于合格状态 ③对生产用的工具的清洁状态进行检查	10
	物料准备	①按生产指令领取药液和安瓿（洗灌封联动设备不需领安瓿） ②按生产工艺规程制订标准核实所用物料 （检验报告单，规格，批号）	

续表

考核内容	技　能　要　求	分值/分
灌封操作	①按设备操作SOP调整移动齿板、进料斗拦板、针头的位置，并预调装量 ②手动盘车，观察机器各部位运转是否协调 ③按正确步骤调火 ④做好开机前准备工作后启动设备，并调节走瓶速度 ⑤经常抽查装量，并作出相应调整 ⑥按正确步骤关闭机器 ⑦收集中间产品，挂上标签并标明状态	50
质量控制	封口严密光滑，装量符合药典要求	10
记　录	岗位操作记录填写准确完整	10
生产结束清场	①作业场地清洁 ②工具和容器清洁 ③生产设备的清洁 ④清场记录	10
实操问答	正确回答考核人员的提问	10

项目四　小容量注射剂的灭菌、检漏操作

【教学目标】

1. 掌握灭菌、检漏岗位操作程序
2. 掌握灭菌、检漏生产工艺管理要点及质量控制要点
3. 掌握XGI·X小型电热灭菌器、AQ-2.4型安瓿灭菌检漏器的标准操作规程
4. 掌握XGI·X小型电热灭菌器、AQ-2.4型安瓿灭菌检漏器的清洁及保养标准操作规程
5. 能操作XGI·X小型电热灭菌器、AQ-2.4型安瓿灭菌检漏器，并进行清洁保养工作
6. 能对XGI·X小型电热灭菌器、AQ-2.4型安瓿灭菌检漏器生产过程中出现的一般故障进行排除
7. 能对清洗后的安瓿进行质量判断

任务一　熟悉灭菌、检漏操作的相关背景资料

活动1　了解灭菌、检漏操作的适用岗位

本生产工艺适用于制剂及医用制品灭菌人员、灭菌及检漏质量检查人员、工艺员。

1. 制剂及医用制品灭菌人员

(1) 工种定义　制剂及医用制品灭菌人员是指将注射剂、口服液以及其他应进行灭菌处理的药物及中间体、包装器皿、医用制品，按灭菌要求，在灭菌器内用饱和蒸汽或流通蒸汽进行灭菌，杀死一切微生物的操作人员。

(2) 适用范围　灭菌检漏机操作、质量自检。

2. 灭菌及检漏质量检查人员

(1) 工种定义　灭菌及检漏质量检查人员系指从事注射剂灭菌检漏全过程的质量控制点的现场监督和对规定的质量指标进行检查、判定的操作人员。

(2) 适用范围　注射剂灭菌检漏全过程的质量监督（工艺管理、QA）。

活动2 认识灭菌、检漏常用设备

（1）热压灭菌柜 其主要优点是批次量较大，温度控制系统准确度及精密度好，产品灭菌过程中受热比较均匀；基本操作程序为：装瓶→升温、进蒸汽置换空气→灭菌→排汽→预热水冷却→卸瓶。

（2）灭菌检漏两用器 此设备的主要优点是灭菌、检漏可同时进行。

（3）常用的实训设备有AQ-2.4型安瓿灭菌检漏器等。

活动3 识读灭菌、检漏岗位职责

（1）严格执行《灭菌、检漏岗位操作程序》、《灭菌设备标准操作规程》。

（2）严格执行生产指令，及时灭菌，不得延误。

（3）负责灭菌所用设备的安全使用及日常保养，防止事故发生。

（4）自觉遵守工艺纪律，保证灭菌岗位不发生混药、错药或对药品造成污染。

（5）真实及时填好生产记录，做到字迹清晰、内容真实、数据完整、不得任意涂改和撕毁，做好交接记录，顺利进入下道工序。

（6）工作结束或更换品种时按《灭菌、检漏间清场标准操作规程》进行清场，并填写相应记录。

（7）做到岗位生产状态标识、设备所处状态标识、清洁状态标识清晰明了、准确无误。

活动4 识读灭菌、检漏岗位操作程序

1. 生产前的准备

（1）检查操作间是否有清场合格标志，并在有效期内，否则按清场标准操作规程进行清场并经QA人员检查合格后，填写清场合格证，才能进行下一步操作。

（2）检查设备是否有“合格”标牌、“已清洁”标牌，且在有效期内。

（3）检查所有的计量器具、压缩空气过滤器、灭菌器是否处于正常工作状态，关闭手动安全阀。

（4）挂运行状态标志，进入灭菌操作。

2. 灭菌操作

按《灭菌器标准操作规程》对产品进行灭菌。

3. 灭菌结束

（1）按《灭菌器标准操作规程》取出产品，关闭灭菌器。

（2）将灭菌产品置淋洗排管下，用约50℃温水淋洗，直至外瓶洁净，然后推入灯检室。

（3）按《灭菌检漏间清场标准操作规程》进行清场，按《灭菌柜清洁标准操作规程》对设备进行清洁，经QA人员检查合格后发清场合格证。

4. 记录

如实填写各生产操作记录。

活动5 识读灭菌、检漏操作质量控制关键点

（1）根据待灭菌产品的性质，选择适当的灭菌温度、压力、时间，以保证灭菌彻底。

（2）检漏后的产品应进行无菌及可见异物检查，检查结果应符合药典或企业内控质量标准。

任务二 训练灭菌、检漏操作

活动1 操作AQ-2.4型安瓿灭菌检漏器

1. 开机前的准备工作

（1）检查洗瓶操作室的温湿度、压力是否符合要求。

（2）检查操作间是否有清场合格标志，并在有效期内。否则按清场标准操作规程进行清场并经 QA 人员检查合格后，填写清场合格证，才能进行下一步操作。

（3）检查设备是否有“合格”、“已清洁”标牌，并对设备进行检查，确认设备正常，方可使用。

（4）检查蒸汽源、水源、电源开关是否正常，并排放进气管中的冷凝水。

（5）检查所有的仪表、阀门是否灵敏可靠。

（6）检查管道系统中各手动阀是否关闭。

2. 开机

（1）打开电源开关。

（2）打开进蒸汽阀、供水阀。

（3）放入待灭菌产品，按药品生产工艺要求设定工作参数后关门。

（4）按“启动”键，设备运行。

（5）在温度上升的同时开启排放截止阀，使室内冷空气及冷凝水排放出来，加快室内温度均匀，排放 2～3min 后，关闭排放截止阀。

3. 停机

（1）关闭进蒸汽阀、供水阀。

（2）趁热放入有色液体或将灭菌的安瓿用冷水喷淋使温度降低，然后抽真空，再喷入有色液体，进行检漏。

（3）切断电源。

（4）打开排泄管上的手动球阀，接通排泄管路，排泄内室蒸汽和水，待灭菌室内温度低于 60℃、压力降至零，打开柜门，戴上手套拉出内车，取出灭菌产品。

4. 清场

（1）生产结束，用饮用水将灭菌室清洗干净。

（2）清除蒸汽管道内冷凝水和垢渍。

（3）设备表面用饮用水擦净。

（4）清洁天花板、墙壁、地面。

（5）QA 核查，发清场合格证。

5. 保养

（1）每天保养项目　清洗蒸汽过滤器滤网、水过滤器网一次；拆下内室上端喷淋板，清洗板内污垢一次；检查设备紧固螺栓及连接件，发现松动应及时紧固；保持设备内外的清洁；检查柜门密封胶条有无损伤，如有问题及时找维修人员进行更换；检查压力表、阀门是否正常灵敏。

（2）每月保养项目　对液位开关进行清洗；检查柜门的连锁装置密封件；对各润滑处进行润滑；检查控制系统的电源线、保护接地线，各元器件有无损伤及松动；检查安全阀、单向阀的灵活性。

（3）压力表、温度表应定期进行校正。

6. 记录

实训过程中需要及时、真实、完整、正确地填写各类生产记录（表 9-9，表 9-10）。

表 9-9 注射剂灭菌检漏操作记录

<table>
<tr><td colspan="4">批号：</td><td colspan="3">规格：</td></tr>
<tr><td colspan="4">批量：</td><td colspan="3">日期：</td></tr>
<tr><td colspan="7">操　作　步　骤</td></tr>
<tr><td colspan="4">生产前检查：文件 □　设备 □
现场 □　物料 □
检查人：　复核人：</td><td colspan="3">“清场合格证”副本及
“准产证”粘贴处</td></tr>
<tr><td rowspan="3">设定参数</td><td colspan="3">灭菌开始时间：　日　时　分</td><td colspan="3">灭菌结束时间：　日　时　分</td></tr>
<tr><td colspan="2">灭菌温度：</td><td>灭菌压力：</td><td colspan="2">灭菌时间：</td><td>冲洗时间：</td></tr>
<tr><td colspan="3">操作人：</td><td colspan="3">复核人：</td></tr>
<tr><td rowspan="7">灭菌工艺过程</td><td>班次</td><td>灭菌数量</td><td colspan="2">设备运行情况</td><td>操作人</td><td>复核人</td></tr>
<tr><td></td><td>盘</td><td colspan="2">设备运行正常□　设备运行不正常□</td><td></td><td></td></tr>
<tr><td></td><td>盘</td><td colspan="2">设备运行正常□　设备运行不正常□</td><td></td><td></td></tr>
<tr><td></td><td>盘</td><td colspan="2">设备运行正常□　设备运行不正常□</td><td></td><td></td></tr>
<tr><td colspan="6">灭菌检漏总数量：　盘(约　支)</td></tr>
<tr><td colspan="6">将灭菌检漏完成的安瓿移交灯检工序 □</td></tr>
<tr><td colspan="2">移交人：</td><td colspan="2">接收人：</td><td colspan="2">移交时间：</td></tr>
<tr><td colspan="7">备注：</td></tr>
</table>

表 9-10 灭菌检漏工序清场记录

<table>
<tr><td>清场前</td><td>批号：</td><td colspan="2">生产结束日期：　年　月　日　班</td></tr>
<tr><td>检查项目</td><td>清场要求</td><td>清场情况</td><td>QA 检查</td></tr>
<tr><td>物　料</td><td>结料，剩余物料退料</td><td>按规定做 □</td><td>合格 □</td></tr>
<tr><td>中间产品</td><td>清点、送规定地点放置，挂状态标记</td><td>按规定做 □</td><td>合格 □</td></tr>
<tr><td>工具器具</td><td>冲洗、湿抹干净，放规定地点</td><td>按规定做 □</td><td>合格 □</td></tr>
<tr><td>清洁工具</td><td>清洗干净，放规定处干燥</td><td>按规定做 □</td><td>合格 □</td></tr>
<tr><td>容器管道</td><td>冲洗、湿抹干净，放规定地点</td><td>按规定做 □</td><td>合格 □</td></tr>
<tr><td>生产设备</td><td>湿抹或冲洗，标志符合状态要求</td><td>按规定做 □</td><td>合格 □</td></tr>
<tr><td>工作场地</td><td>湿抹或湿拖干净，标志符合状态要求</td><td>按规定做 □</td><td>合格 □</td></tr>
<tr><td>废 弃 物</td><td>清离现场，放规定地点</td><td>按规定做 □</td><td>合格 □</td></tr>
<tr><td>工艺文件</td><td>与续批产品无关的清离现场</td><td>按规定做 □</td><td>合格 □</td></tr>
<tr><td colspan="4">注：符合规定在“□”中打“√”，不符合规定则清场至符合规定后填写</td></tr>
<tr><td>清场时间</td><td colspan="3">年　月　日　班</td></tr>
<tr><td>清场人员</td><td colspan="3"></td></tr>
<tr><td>QA 签名</td><td colspan="3">年　月　日　班</td></tr>
<tr><td colspan="4">检查合格发放清场合格证，清场合格证粘贴处</td></tr>
<tr><td colspan="4">备注：</td></tr>
</table>

活动 2　审核生产记录

小容量注射剂的灭菌、检漏操作实训过程中的记录包括批生产记录、批检验记录、清场记录。可以从以下几个方面进行记录的审核。

① 看记录填写的及时性、字迹清晰程度、内容真实性、数据完整性。

② 看记录上有无操作人与复核人的签名。

③ 看记录的整洁程度、有无撕毁和任意涂改，若有更改，看更改处有无签名、原数据是否可辨认。

活动 3　讨论与分析

① 为什么灭菌器开始加热后要排放冷空气？

② 灭菌结束能否立即开柜门？应如何操作？

③ 灭菌后的药品能用冷水冲洗外瓶吗？

④ 为什么将药品倒置灭菌？

⑤ 灭菌器的门关不严，其原因有哪些？

活动 4　考核灭菌、检漏操作

考核内容	技能要求		分值/分
生产前准备	生产工具准备	①检查核实清场情况，检查清场合格证 ②对设备状况进行检查，确保设备处于合格状态 ③检查仪表及阀门，保证其灵敏可靠 ④对生产用的工具的清洁状态进行检查	20
	物料准备	①按生产指令领取待灭菌产品 ②按生产工艺规程制订标准核实待灭菌产品（检验报告单，规格，批号）	
灭菌检漏操作	①按正确步骤将待灭菌产品放入灭菌室，关闭柜门 ②正确设定灭菌温度、压力、时间 ③正确排出冷空气及冷凝水 ④正确计算灭菌时间 ⑤灭菌时间到后正确关闭灭菌器 ⑥按正确步骤打开柜门取出灭菌产品		50
记　录	岗位操作记录填写准确完整		10
生产结束清场	①作业场地清洁 ②工具和容器清洁 ③生产设备的清洁 ④清场记录		10
实操问答	正确回答考核人员的提问		10

第十章　无菌粉末分装粉针剂的制备工艺操作

粉针剂是注射用无菌粉末的简称，一般采用无菌操作法精制、过滤、低温干燥、分装等工艺制备成无菌粉末制剂，临用前用灭菌注射用水或其他溶剂配成溶液或混悬液注入体内。

根据生产工艺条件不同，注射用无菌粉末可分为两种，一种是无菌粉末分装粉针剂，即将原料药精制成无菌粉末，在无菌条件下直接分装在灭菌容器密封而制成，常用的容器包括西林瓶和管制瓶；另一种是冷冻干燥粉针剂，即药物溶液分装后通过冷冻干燥法制成固体块状物。现介绍无菌粉末分装粉针剂的生产流程及操作。生产工艺流程见图10-1。

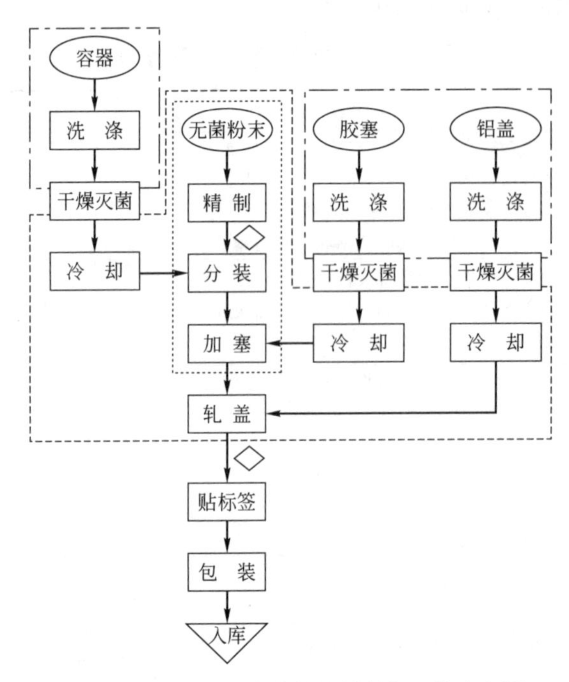

图10-1　无菌粉末分装粉针剂制备工艺流程图

物料：○　工序：□　检验：◇　入库：▽　D级：[ ]　B级：[ ]　A级：[ ]

项目一　洗瓶操作

【教学目标】

1. 掌握洗瓶岗位操作程序

2. 掌握洗瓶操作质量控制关键点

3. 掌握QCK300超声波洗瓶机、GMS300热辐射隧道灭菌烘箱的标准操作规程和清洁、保养标准操作规程

4. 能操作QCK300超声波洗瓶机、GMS300热辐射隧道灭菌烘箱进行洗瓶和灭菌，并对设备进行清洁保养工作

任务一　熟悉洗瓶操作的相关背景资料

活动 1　了解洗瓶操作的适用岗位

本工艺操作适用于洗瓶工、洗瓶质量检查工、工艺员。

1. 洗瓶工

（1）工种定义　洗瓶工系指使用各种洗瓶联动设备，对无菌粉末分装粉针剂内包装容器进行挑选、洗涤、干燥、灭菌，使其达到药品包装容器要求的操作人员。

（2）适用范围　玻璃瓶外观质量检查、洗瓶及灭菌。

2. 洗瓶质量检查工

（1）工种定义　洗瓶质量检查工是指对洗瓶及灭菌全过程质量控制点的现场监督和对规定的质量指标进行检查、判定的操作人员。

（2）适用范围　洗瓶全过程的质量监督（工艺管理、QA）。

活动 2　认识洗瓶常用设备

1. 转盘式超声波洗瓶机

该洗瓶机由超声波水池、冲瓶传送装置、冲洗部分和压缩空气吹干等部分组成。工作时空瓶被浸没在超声波洗瓶池内，经超声波空化作用对瓶子内外进行清洗，再由送瓶螺杆将瓶子理齐并逐个送入送瓶器中，送瓶器完成接瓶、上升、交瓶和下降的动作，将瓶子依次送入大转盘的机械手中。瓶子在转盘内依次完成翻转、循环水冲洗、压缩空气吹干、新鲜水冲洗、压缩空气吹干和再翻转等动作，完成对瓶子三水三气的内外冲洗后，由拨盘送出清洗后的瓶子。

2. 螺旋轨道式超声波洗瓶机

该洗瓶机由超声波水池、送瓶轨道（包括两段螺旋轨道和一段直轨道）、冲洗装置等部分组成。工作时空瓶被螺旋轨道翻转送入超声波洗瓶池内（瓶口向下），经超声波空化作用对瓶子内外进行清洗，然后经倒冲洗和喷淋系统清洗瓶子内、外壁，冲洗干净后，再经螺旋轨道将瓶子翻转至瓶口向上位置，最后将瓶子送出洗瓶机。

3. 热辐射隧道灭菌烘箱

该设备由输送网带、箱体、净化装置、进排气系统、加热装置、机械传动装置和电气控制系统等组成。由不锈钢网带输送瓶子进入箱内，设在箱内的 A 级净化高效过滤器对空气进行过滤，再利用风机输送经远红外石英管辐射加热的 A 级洁净空气形成热空气层流，瓶子经箱内 A 级层流空气流加热达到干燥灭菌效果。本机瓶子经箱内低温区预热、灭菌区加热灭菌到冷却，完成整个瓶子灭菌工艺。

活动 3　识读洗瓶岗位职责

（1）严格执行《洗瓶岗位操作程序》、《超声波清洗机标准操作规程》、《热辐射隧道灭菌烘箱操作规程》。

（2）负责洗瓶所用设备的安全使用及日常保养，防止事故发生。

（3）自觉遵守工艺纪律，保证洗瓶、干燥、灭菌、冷却符合工艺要求，质量达到规定要求。

（4）做到岗位生产状态标识、设备所处状态标识、清洁状态标识清晰明了、准确无误。

（5）真实及时填好生产记录，做到字迹清晰、内容真实、数据完整、不得任意涂改和撕毁，做好交接记录，顺利进入下道工序。

（6）工作结束或更换品种时应及时做好清洁卫生并按有关 SOP 进行清场工作，认真填写相应记录。

活动 4 识读洗瓶岗位操作程序

1. 生产前准备

（1）检查洗瓶间、洗瓶机台、隧道表面的卫生清洁情况。检查洗瓶机、隧道是否有瓶子遗留。如有发现则应清理干净才能开机生产。

（2）检查各房间的压差是否符合工艺要求。如出现压差不符合要求则立即通知相关人员进行解决，至压差符合要求才能够进行生产。

（3）检查隧道各闸口是否打开至相应位置。启动隧道升温，检查电流、电压、温度是否正常。

（4）按要求检查纯化水、注射用水的可见异物是否符合要求。不符合要求则及时上报并做出相应处理，合格后才能进行生产。

2. 生产操作

（1）待隧道温度升至工艺要求值时，打开洗瓶机上的纯化水、注射用水、压缩空气开关，并调整纯化水、注射用水、压缩空气开关的压力至工艺要求范围。打开洗瓶机的超声波开关，开启洗瓶机进行洗瓶。

（2）洗瓶过程中，按要求定时抽查清洗后的瓶子，如发现不合格则进行停机检查，解决后才能开机生产。

3. 生产结束

（1）按要求对洗瓶间、洗瓶机台、隧道清洁干净。

（2）经 QA 人员检查合格，发放清场合格证。

（3）关闭机台及照明电源，按要求离开洗瓶间。

4. 记录

如实填写各生产记录。

活动 5 识读洗瓶操作质量控制关键点

（1）外观　应光亮、洁净、无花斑等。

（2）洁净度　抽取 100 个灭菌后瓶子，进行洁净度检查，合格的瓶子应光洁，不得有纤维、白点、异物、玻璃，合格率应符合有关规定。

（3）无菌度　检查结果应符合有关要求。

（4）破损率　检查结果应符合内控要求。

任务二 训练洗瓶操作

活动 1 操作 QCK300 超声波洗瓶机

1. 开机前的准备工作

（1）检查洗瓶间的温湿度、压力是否符合要求。

（2）检查主机、水泵电机电源是否正常，超声波发生器是否完好，整机外罩是否罩好。

（3）检查各润滑点的润滑状况。

（4）检查水路连接部位有无泄漏，过滤器罩是否紧牢，水阀开关是否灵活、可靠。

（5）检查各仪器仪表是否显示正常，各控制点是否可靠。

（6）检查外加水和压缩空气是否正常。

（7）检查溢水管、循环水过滤器是否正常。

（8）先前检查进瓶盘轨道、翻瓶轨和拨瓶轮是否与生产规格瓶一致。

2. 开机

（1）合上机器电源开关，将瓶子正放摆至进瓶盘上（瓶口向上）。

（2）打开纯化水阀门，使储液槽内注满水，打开水泵开关，使超声波清洗槽灌满水，调整进水，使槽内保持一定水位。

（3）打开纯化水、注射用水、空气阀门，调整纯化水供水压力为 0.1～0.2MPa，注射用水供水压力为 0.1～0.15MPa，供气压力为 0.1～0.15MPa。当水位达到规定水位以后，打开超声波开关（严禁不到水位打开超声波），调整超声波电流值，超声波清洗机进入工作状态，打开调速开关，空转 2min，检查设备和机械传动结构是否正常，运转声音是否正常，如正常即可开始生产。

（4）将进瓶盘上的瓶子推入旋转轨道翻转 180°，使瓶口朝下，进入超声波水槽，开始超声波清洗，然后进入反冲轨道，经反冲清洗和洁净空气吹干后，再翻转 180°，最后进入下道工序传送带上。

3. 停机

（1）生产结束后先关调速和超声波开关，然后关水泵，断开电源开关。

（2）关闭纯化水、注射用水、空气阀门。

4. 清洁与清场

（1）打开护罩，将水槽内的水放尽。

（2）旋松循环水过滤器下面的放水口，将过滤器内的水放尽，清理过滤网。

（3）打开水槽，将玻璃碎清扫干净，依次用 5% $NaHCO_3$ 溶液、新鲜自来水冲洗。

（4）将循环水过滤罩取出，清洗干净。

（5）将机器外表的污渍、水渍擦干净。

（6）清洗时不得使电器箱操作面板上沾水，以免损坏设备或发生漏电事故。

（7）清洁天花板、墙壁、地面。

5. 记录

实训过程中应及时、真实、完整、正确地填写各类生产记录。

活动 2　操作 GMS300 热辐射隧道灭菌烘箱

1. 开机前准备工作

（1）检查灭菌干燥操作室的温湿度、压力是否符合要求。

（2）检查电源是否正常。

（3）检查电动机、电器有无卡住、脱落部件的现象，各机构动作是否正常。

（4）检查电动机、电器及控制线路的绝缘电阻，同时还要检查各接地导线是否牢固可靠。

（5）检查各润滑点的润滑状况。

2. 开机

（1）开启电柜总开关。

（2）开启隧道前端、冷却段排风机。

（3）开启隧道加热总开关，温控调节如下：预热段 250℃，灭菌Ⅰ段、灭菌Ⅱ段 370℃，保温段 250℃。

（4）检查隧道的加热段/预热段/冷却段的压差应保持相对正压。

（5）当隧道预热段温度达到 250℃以上，灭菌Ⅰ段、灭菌Ⅱ段达到 350℃以上，保温段达 250℃以上时，开启输送带，开始送瓶入隧道灭菌。

3. 停机

（1）关闭加热系统。

（2）待隧道温度下降到 100℃以下时，关闭排风机。

（3）关闭输送带开关。

（4）关闭总电源。

4. 清洁与清场

（1）清除隧道内碎玻璃。

（2）用湿布擦净机器表面的污物，但电器箱操作面板不得用水冲洗。

（3）清洁天花板、墙壁、地面。

（4）QA 核查，发清场合格证。

5. 保养

（1）设备保养必须在关闭加热系统、切断电源后，待温度下降到 50℃以下时才能进行。

（2）不锈钢网带若打滑，可调节其张紧装置。

（3）若经隧道灭菌后瓶子温度偏高，应检查冷却段排风机运转正常与否，空调系统送风量是否达到工艺要求。

6. 记录

实训过程中需要及时、真实、完整、正确地填写各类生产记录（表 10-1）。

表 10-1 洗瓶生产记录

<table>
<tr><td colspan="3">品名：</td><td colspan="2">规格：</td><td>产品批号：</td></tr>
<tr><td>日期：</td><td colspan="2">计划产量： 瓶</td><td colspan="2">实际产量： 瓶</td><td>生产指令号：</td></tr>
<tr><td colspan="6">工艺要点 ①瓶子应无色澄明，瓶壁不挂水。②每瓶毛、片总数≤5 个。③长毛及色点不应有。④瓶子残留水：每瓶残留水不超过 1 滴。⑤瓶子质量检查每 2h 检查一次</td></tr>
<tr><td colspan="6">洗瓶工艺条件记录</td></tr>
<tr><td rowspan="2">项目
时间</td><td colspan="3">总管压力表/MPa</td><td colspan="2" rowspan="2">记录人</td></tr>
<tr><td>压缩空气
0.1～0.15MPa</td><td>注射用水
0.1～0.15MPa</td><td>纯化水
0.1～0.2MPa</td></tr>
<tr><td></td><td colspan="3"></td><td colspan="2"></td></tr>
<tr><td></td><td colspan="3"></td><td colspan="2"></td></tr>
<tr><td></td><td colspan="3"></td><td colspan="2"></td></tr>
<tr><td colspan="6">洗瓶质量检查情况</td></tr>
<tr><td>抽查时间</td><td>注射用水澄明度</td><td>瓶子清洁度</td><td>瓶子残留水</td><td>压缩空气澄明度</td><td>记录人</td></tr>
<tr><td></td><td>符合□ 不符合□</td><td>符合□ 不符合□</td><td>符合□ 不符合□</td><td>符合□ 不符合□</td><td></td></tr>
<tr><td></td><td>符合□ 不符合□</td><td>符合□ 不符合□</td><td>符合□ 不符合□</td><td>符合□ 不符合□</td><td></td></tr>
<tr><td></td><td>符合□ 不符合□</td><td>符合□ 不符合□</td><td>符合□ 不符合□</td><td>符合□ 不符合□</td><td></td></tr>
<tr><td colspan="6">静压差检查</td></tr>
<tr><td>压力差测量点</td><td>压差要求</td><td>时间</td><td>压力差/Pa</td><td>记录人</td><td>备注</td></tr>
<tr><td>洗瓶间→砌瓶间</td><td>>10Pa</td><td></td><td></td><td></td><td rowspan="3"></td></tr>
<tr><td>洗瓶更洁净衣间→
洗瓶更衣更鞋间</td><td>>10Pa</td><td></td><td></td><td></td></tr>
<tr><td>分装间→洗瓶间</td><td>>10Pa</td><td></td><td></td><td></td></tr>
<tr><td colspan="6">隧道灭菌记录</td></tr>
<tr><td colspan="6">工艺要点：灭菌隧道灭菌段温度 320℃以上。开机后每 30min 记录一次</td></tr>
</table>

续表

序号	时间	设定温度 320℃	各段温度/℃		转速 /(r/min)	记录人
			灭菌前段	灭菌后段		
1						
2						
3						
洗瓶物料平衡						
物料平衡$=\frac{\text{使用量}+\text{残损量}}{\text{领用量}}\times 100\%=\frac{\quad(\text{万支})}{\quad(\text{万支})}\times 100\%=$						

活动 3　审核生产记录

洗瓶操作实训过程中的记录包括洗瓶生产记录、清场记录。可从以下几方面进行记录的审核。

① 审查记录填写的及时性、字迹清晰程度、内容真实性、数据完整性。

② 审查记录上有无操作人与复核人的签名。

③ 审查记录的整洁程度、有无撕毁和任意涂改，若有更改，看更改处有无签名、原数据是否可辨认。

活动 4　讨论与分析

① 洗瓶时破瓶较多的原因有哪些？

② 启动热辐射隧道灭菌烘箱后是否可以马上开启输送带，送瓶入隧道灭菌？

活动 5　考核洗瓶操作

考核内容	技能要求		分值/分
生产前准备	生产工具准备	①检查核实清场情况，检查清场合格证 ②对设备状况进行检查，确保设备处于合格状态 ③对生产用的工具的清洁状态进行检查	10
	物料准备	按生产指令领取西林瓶，核对检验报告单、规格、批号	
洗瓶灭菌操作	(1)按操作规程检查和开启超声波洗瓶机及各阀门，对西林瓶进行清洗 ①正确开启各阀门 ②正确启动设备，并调整至适当速度 (2)按操作规程检查和开启热辐射隧道灭菌烘箱，对西林瓶进行干燥灭菌 ①设定工作温度 ②正确检查隧道的加热段/预热段/冷却段的压差 ③待温度达到设定值后才开启输送带进行灭菌 (3)按以下顺序停止设备 ①超声波洗瓶机：关调速和超声波开关，然后关水泵，断开电源开关；关闭纯化水、注射用水、空气阀门 ②热辐射隧道灭菌烘箱：关闭加热系统；待隧道温度下降到100℃以下时，关闭排风机；关闭输送带开关；关闭总电源		50
质量控制	外观光亮、洁净、无花斑，洁净度检查和无菌度检查合格		10
记　录	岗位操作记录填写准确完整		10
生产结束清场	①作业场地清洁 ②工具和容器清洁 ③生产设备的清洁 ④清场记录		10
实操问答	正确回答考核人员的提问		10

项目二　洗胶塞操作

【教学目标】

1. 掌握洗胶塞岗位操作程序
2. 掌握洗胶塞质量控制关键点
3. 掌握 KJCS-2ES 胶塞清洗机的标准操作规程及清洁、保养标准操作规程
4. 能操作 KJCS-2ES 胶塞清洗机对胶塞进行洗涤、灭菌、干燥操作，并对设备进行清洁保养

任务一　熟悉洗胶塞操作的相关背景资料

活动 1　了解洗胶塞操作的适用岗位

本工艺操作适用于洗胶塞工、胶塞清洗质量检查工、工艺员。

1. 洗胶塞工

(1) 工种定义　洗胶塞工是指操作洗胶塞设备，对胶塞进行洗涤、硅化、冲洗、灭菌和干燥等工序处理的操作人员。

(2) 适用范围　洗胶塞操作、质量自检。

2. 胶塞清洗质量检查工

(1) 工种定义　胶塞清洗质量检查工是指从事胶塞清洗过程的质量控制点进行现场监控和对规定的质量指标进行检查、判定的人员。

(2) 适用范围　洗胶塞过程的质量监督（工艺管理、QA）。

活动 2　认识洗胶塞常用设备

全自动湿法超声波胶塞清洗机（图 10-2、图 10-3）由清洗箱、清洗桶、变频变速的主轴传动机构、进料装置、超声波、风机、热风器、循环水泵、水管路、气动球阀、真空泵、出料装置和自动控制柜等二十多个部件组成，能完成胶塞的洗涤、硅化、灭菌和干燥等工序。

图 10-2　KJCS-2ES 胶塞清洗机

活动 3　识读洗胶塞岗位职责

(1) 严格按工艺要求和操作规程，进行胶塞洗涤、硅化、冲洗、灭菌和干燥工作，保证质量，防止差错。

(2) 按生产计划，积极与上下工序进行沟通，按时按量完成生产。

(3) 负责胶塞清洗机的安全使用及日常保养，防止事故发生。

(4) 自觉遵守工艺纪律，保证轧盖岗位不发生混药或对药品造成污染。

(5) 认真如实填好生产记录，做到字迹清晰、内容真实、数据完整，不得任意涂改和撕毁，做好交接记录。

(6) 按要求做好清场和清洁工作。

(7) 负责本工序设备和工具的清洁、养护、保管、检查，发现问题及时上报。

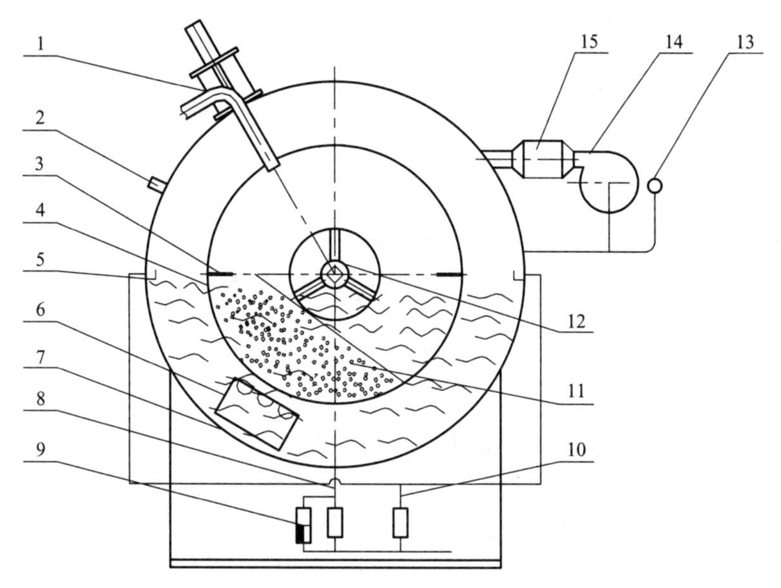

图 10-3　KJCS-2ES 胶塞清洗机工作原理图

1—进料装置；2—温度计接管；3—搅拌桨；4—清洗桶；5—溢流槽；6—超声波；7—清洗箱；8—排水管；9—疏水阀；10—溢流管；11—胶塞；12—内门；13—新风口；14—风机；15—热风器

（8）负责胶塞清洗间的清洁与清场。

（9）做到岗位生产状态标识、设备及生产工具所处状态标识清晰明了，准确无误。

活动 4　识读洗胶塞岗位操作程序

1. 生产前准备

（1）检查胶塞清洗间是否有清场合格标志，并在有效期内，否则按清场标准操作规程进行清场并经 QA 人员检查合格后，填写清场合格证，才能进行下一步操作。

（2）检查设备是否有“合格”标牌、“已清洁”标牌，且在有效期内。

（3）检查胶塞清洗间、胶塞清洗机的卫生清洁状况。

（4）检查操作间的压差是否符合工艺要求，如出现压差不符合要求则立即通知相关人员进行解决，至压差符合要求才能够进行生产。

（5）检查各传动部分的组装情况，开车时先开始点动，然后从低速逐步提高到高速运行，确认运行状态正常后，进入生产。

2. 洗胶塞操作

按《胶塞清洗机标准操作规程》完成胶塞加料、洗涤、取样、硅化、冲洗、蒸汽灭菌、灭菌后真空干燥、热风气相干燥、热风后真空干燥、常压化和降温处理、出料等操作。

3. 生产结束

按《胶塞清洗机清洁标准操作规程》清洁设备，《胶塞清洗间清场标准操作规程》进行清场，经 QA 人员检查合格后发清场合格证。

4. 记录

如实填写各种生产操作记录。

活动 5　识读洗胶塞操作质量控制关键点

（1）胶塞洗净度检查

① 取最终淋洗水 50ml，与纯化水比色，目测应无可视差异。

② 取最终淋洗水按《中国药典》微生物限度检查法检查10个培养皿，结果应符合规定。

(2) 胶塞外表损伤检查　胶塞硅化后显微镜检查表面粗糙性和表面机械损伤，应符合要求。

(3) 内毒素检查　胶塞灭菌后进行内毒素检查，结果应符合有关要求。

(4) 干燥度检查　胶塞干燥后进行干燥度检查，应符合有关要求。

任务二　训练洗胶塞操作

活动1　操作KJCS-2ES胶塞清洗机

1. 开机前准备工作

(1) 检查胶塞清洗室的温湿度、压力是否符合要求。

(2) 检查胶塞清洗室是否有清场合格标志，并在有效期内，否则按清场标准操作规程进行清场并经QA人员检查合格后，填写清场合格证，才能进行下一步操作。

(3) 检查胶塞清洗机是否有“合格”、“已清洁”标牌，并对设备进行检查，确认设备正常，方可使用。

(4) 检查设备电源是否接通，压缩空气压力、蒸汽压力、纯化水入口压力、注射用水入口压力是否达到工艺控制条件并调节好，打开饮用水阀门，根据化验单、送料单核对胶塞数量、厂家、批号、色型等，做好记录。

(5) 检查各传动部分的组装情况，开车时先开始点动，然后从低速逐步提高到高速运行，确认运行状态正常后，进行下一步操作。

2. 开机操作

(1) 加料　先关闭全部阀门，然后启动主轴转动，按下加料开关，待清洗桶加料口对准加料位置后，主轴停止转动，进料阀打开，开启真空泵和真空泵阀进行吸料，完成吸料后，关闭进料阀。

(2) 洗涤

① 喷淋粗洗：启动主传动轴后，接通纯化水管路，再打开纯化水阀、溢流水阀、排水阀、常压化阀，对胶塞进行强力冲洗，一边冲洗，一边将冲洗下来的污物立即排出。冲洗3～5min后，关闭纯化水阀，水排尽后关闭溢流水阀、排水阀、常压化阀。

② 纯化水漂洗：即强力喷淋、慢速翻滚搅拌及气冲清洗。开启纯化水阀、常压化阀由进水管向清洗桶内强力喷淋充水，待水位充满至上水位后，关闭纯化水阀（此时纯化水阀按设定的启停比启动），开启喷淋阀、循环水泵阀、溢流水阀、超声波和循环水泵，此时进入强力喷淋、慢速翻滚搅拌、超声波清洗、溢流口溢流清洗，很快将黏附脏物清洗干净。计时结束后，关闭纯化水阀、喷淋阀、循环水泵阀、超声波和循环水泵，打开排水阀排水，水排尽后关闭溢流水阀、排水阀、常压化阀。

③ 喷淋后冲洗：开启冲洗阀、溢流水阀、排水阀、常压化阀，进行箱壁冲洗和胶塞冲洗，计时结束关闭冲洗阀，水排尽后关闭溢流水阀、排水阀、常压化阀。

④ 注射用水精洗：开主机、注射水阀、溢流水阀、排水阀、常压化阀，其中排水阀开启10s后关闭，向清洗桶内喷淋和充水，充水至上水位时，注射水阀自动关闭（注射水阀按设定的启停比启动和关闭），开喷淋阀、循环水泵阀、超声波和循环水泵精洗。精洗时间结束后，关闭主机、喷淋阀、循环水泵阀、溢流水阀、注射水阀、常压化阀、超声波和循环水泵。

(3) 取样　由于胶塞质量或换批号等原因，原有粗、精洗的工艺参数不一定能达到洁净度要求，应进行取样分析。经分析后，如未能过到洁净度指标，可重复进行清洗，合格后才可转入下一个工序。

当清洗桶停止转动，取样口自动对正外取样口及指示绿灯亮，打开清洗箱上快开取样口盖（视镜），再拉开清洗桶上的取样拉门，用取样器取样。取样后先关好清洗桶上的取样拉门，再关闭快开取样口盖，按结束取样键，转入下一工序。

（4）硅化

① 需进行硅化的胶塞，在清洗合格后进行。打开硅油加料阀，将硅油加入清洗箱内，为了使硅油在清洗液中均匀溶化，清洗桶应保持中速旋转进行搅拌。

② 打开注射水阀、常压化阀，向清洗箱加水至上水位，打开蒸汽加热阀，对清洗液进行加热，至80～90℃后关闭，同时主轴保持低速转动。

③ 硅化后，打开排水阀和溢流阀，放净全部清洗液后，关闭溢流阀、排水阀、常压化阀。

（5）冲洗

① 开启冲洗阀、溢流水阀、排水阀、常压化阀，对箱壁和胶塞进行强力冲洗。

② 箱壁冲洗后，关闭冲洗阀，水排尽后关闭溢流水阀、排水阀和常压化阀。

（6）蒸汽灭菌

① 打开蒸汽阀，再打开疏水阀，其他阀门应处于关闭状态（为了置换清洗箱内冷空气，打开蒸汽阀时，应打开排水阀、溢流水阀数秒排出冷空气后关闭）。

② 温度升到灭菌温度（121℃）后关闭蒸汽阀（调整蒸汽阀的开关状态以保持箱内温度达到设定温度），蒸汽压力为0.125MPa，最大不应超过0.14MPa，保持40min。

③ 灭菌时间到，关闭蒸汽阀，打开排水阀、疏水阀和常压化阀排放残留冷凝水和降压处理，排水后关闭排水阀、疏水阀和常压化阀。

（7）灭菌后真空干燥

① 关闭系统中所有阀门后，打开真空泵阀，启动真空泵，开始抽吸真空，这时真空泵的供水电磁阀应自动开启供水。

② 真空度应不低于－0.09MPa，保持30min后停止抽真空，关闭真空泵阀，然后关闭真空泵。

③ 打开常压化阀30s后关闭。

（8）热风气相干燥　对胶塞的水分要求较高时，可进行热风加热再抽真空干燥以降低含水率。

① 打开循环风进口阀，待清洗箱内压力达到常压后，打开循环风出口阀。

② 启动热风风机及电热器，将清洗桶内胶塞加热至100℃，进行热风干燥。

③ 热风干燥结束后，关闭循环风出口阀、循环风进口阀、风机、加热器（当箱内有水时开启疏水阀，至箱内无水时延迟10s关闭疏水阀）。

（9）热风干燥后真空干燥

① 开启真空泵阀及真空泵，抽吸真空，真空电磁阀开始计时。

② 真空干燥完成后，关闭真空泵阀、真空泵、真空电磁阀，打开常压化阀30s。

（10）常压化和降温处理

① 开启真空泵阀、真空泵、真空电磁阀、箱体新风进口阀进行降温。

② 当箱内上温度降到“冷却温度”设定值后关闭主机、真空泵阀、箱体新风进口阀、真空泵、真空电磁阀，结束此步骤。

（11）出料

① 当清洗箱内的压力处于常压和常温时，可进行出料操作。

② 屏幕图文框显示有“自动出料作业中”，按下该图文框上的“释放前门”，开启前门锁定气动阀。

③ 前出料门左边电器操作板上的绿色指示灯亮，前门出料员根据提示开启前门，安装出料工具，按“出料”开关，其绿色出料指示灯会随之点亮，出料接嘴向下转动，到下限位后出料装置停止运行。

④ 旋转调速电位器选择所需要的出料转速，胶塞由螺旋反转出料机构输送到出料接嘴后装入接料桶中，直至出料结束。

⑤ 出料结束后，由前门出料员旋转调速电位器至零位，使主机转速减至最低速直到停止转动，再按一下“出料”开关按钮，绿色出料指示灯灭，出料接嘴向上复位，到上限位后出料装置停止运行。

3. 停机操作

(1) 将出料接嘴取下，关好大门并旋转手轮至关闭状态，通知洗胶塞人员按锁定前门和结束键。

(2) 关闭总电源。

4. 清洁与清场

(1) 用丝光毛巾擦干净设备的各个表面，要求做到光亮无尘。

(2) 清洁天花板、墙壁、地面。

(3) QA 核查，发清场合格证。

【洗胶塞操作注意事项】

(1) 开机前需进行以下检查：系统通电后无报警；所有系统阀门是否处于关闭状态；各压力表读数是否正常；压缩空气压力是否正常（0.6～0.8MPa）；急停按钮是否在开启位置。

(2) 应等主轴停止运转以后，才可进行加胶塞操作。

(3) 清洗箱蒸汽灭菌时，箱内最高压力应不高于 0.16MPa。

(4) 蒸汽灭菌后，应等箱内蒸汽压力下降后，再开启真空泵。

(5) 取样时应用取样器取样，严禁用手直接伸入清洗箱内取样。

(6) 应等出料指示灯亮时，再打开出料门进行出料操作。

(7) 出料时清洗箱内温度应＜70℃。

(8) 箱内有正、负压时，禁止开启出料门和取样口门，指示灯为红灯时，亦禁止开启（清洗箱内有正压时，出料门有自锁装置）。

(9) 无水时禁止开启真空泵。

5. 保养

(1) 每班加少量硅油至主传动轴上的三套机械密封的密封面处进行润滑。

(2) 出料大门的两个折弯转轴，每班应从油嘴注入微量硅油，中心齿轮轴的滚动轴承，每年应更换一次润滑脂。

(3) 进料气缸下的进料管应一个星期加一次硅油。

(4) 空气雾化器应定期加雾化油，定期清理空气过滤器。

(5) 主轴传动架内的滚动轴承，采用钠脂或钾脂润滑脂，每年应更换一次，减速机润滑油使用一年后应更换新油。

(6) 气动阀门在使用正常条件下，2～3 年应更换一次“O”型密封圈。

(7) 水过滤器的水阻大于原来一倍时，应拆下滤芯清洗或更换新滤芯。

(8) 高效过滤器压差大于或小于原来一倍时，应更换。

6. 记录

实训过程中应及时、真实、完整、正确地填写各类生产记录（表 10-2）。

表 10-2　胶塞洗涤、灭菌及干燥记录

品名：	规格：	生产批号：
日期：　年　月　日	计划产量：　瓶	生产指令号：
操作要点：(1)胶塞先用纯化水洗 3 次，再用注射用水漂洗 2 次。 (2)在 121℃下用纯蒸汽灭菌 30min。 (3)热风干燥，温度不低于 120℃，干燥时间不少于 60min，冷却至室温后可出胶塞		
胶塞处理批号		
胶塞处理数量	万只	万只
纯化水压力	MPa	MPa
纯化水澄明度检查	符合□　不符合□	符合□　不符合□
纯化水漂洗次数	次	次
注射用水压力	MPa	MPa
注射用水澄明度检查	符合□　不符合□	符合□　不符合□
注射用水漂洗次数	次	次
洗涤时间	～	～
蒸汽灭菌压力	MPa	MPa
蒸汽灭菌温度	℃	℃
灭菌时间	～	～
热风干燥温度	℃	℃
干燥时间	～	～
开 / 停时间	/	/
记录人		

活动 2　审核生产记录

洗胶塞操作实训过程中的记录包括胶塞洗涤、灭菌及干燥记录，清场记录。可从以下几方面进行记录的审核。

(1) 审查记录填写的及时性、字迹清晰程度、内容真实性、数据完整性。

(2) 审查记录上有无操作人与复核人的签名。

(3) 审查记录的整洁程度、有无撕毁和任意涂改，若有更改，看更改处有无签名、原数据是否可辨认。

活动 3　讨论与分析

① 全自动湿法超声波胶塞清洗机能对胶塞进行哪些处理？

② 开机前的检查包括哪些项目？

活动 4　考核洗胶塞操作

考核内容	技能要求		分值/分
生产前准备	生产工具准备	①检查核实清场情况，检查清场合格证 ②对设备状况进行检查，确保设备处于合格状态 ③对生产用的工具的清洁状态进行检查	10
	物料准备	按生产指令领取待清洗的胶塞，核对检验报告单、规格、批号	

续表

考核内容	技能要求	分值/分
胶塞清洗、硅化、灭菌、干燥操作	①按操作规程正确加料 ②按操作规程正确操作设备，对胶塞进行洗涤、取样、硅化、冲洗、灭菌、干燥、常压化和降温处理 ③按操作规程对处理后的胶塞进行出料 ④按操作规程要求进行停机	50
质量控制	胶塞洗净度、外表损伤度、内毒素、干燥度检查应符合有关要求	10
记　录	岗位操作记录填写准确完整	10
生产结束清场	①作业场地清洁 ②工具和容器清洁 ③生产设备的清洁 ④清场记录	10
实操问答	正确回答考核人员的提问	10

项目三　无菌粉末分装操作

【教学目标】

1. 掌握无菌粉末分装岗位操作程序
2. 掌握无菌粉末分装质量控制关键点
3. 掌握 DRF-3 型螺杆分装机的标准操作规程
4. 能操作 DRF-3 型螺杆分装机分装无菌粉末，并进行清洁工作

任务一　熟悉无菌粉末分装操作的相关背景资料

活动 1　了解无菌粉末分装操作的适用岗位

本工艺操作适用于无菌粉末分装工、无菌粉末分装质量检查工、工艺员。

1. 无菌粉末分装工

(1) 工种定义　无菌粉末分装工是指操作分装设备，将无菌粉末按规定剂量分装到指定的瓶子中，并压上胶塞的操作人员。

(2) 适用范围　无菌粉末分装、质量自检。

2. 无菌粉末分装质量检查工

(1) 工种定义　无菌粉末分装质量检查工是指从事无菌粉末分装全过程的质量控制点的现场监督和对规定的质量指标进行检查、判定的操作人员。

(2) 适用范围　无菌粉末分装全过程的质量监督（工艺管理、QA）。

活动 2　认识无菌粉末分装常用设备

1. 螺杆分装机

该设备利用螺杆的间歇旋转将药物定量分装入瓶内，完成装粉后，胶塞经过振荡器振荡，由轨道滑出，落到机械手中被夹住，盖在瓶口上。该设备有单头分装机和多头分装机两种。通过控制螺杆的转角就能准确计量药粉的装量，其容积计量精度可达±2%。

2. 气流分装机

该设备利用真空吸取定量容积粉剂，再经净化干燥压缩空气将粉剂吹入瓶中，其装量误差小，速度快，机器性能稳定。可通过调节活塞深度来控制装粉剂量。

活动 3　识读无菌粉末分装岗位职责

（1）严格执行《无菌粉末分装岗位操作程序》、《螺杆分装机标准操作规程》。

（2）负责分装所用设备的安全使用及日常保养，防止事故发生。

（3）严格执行生产指令，保证分装质量达到规定质量要求。

（4）自觉遵守工艺纪律，保证分装装量达到规定要求，避免药品污染。

（5）真实及时填好生产记录，做到字迹清晰、内容真实、数据完整、不得任意涂改和撕毁，做好交接记录，顺利进入下道工序。

（6）工作结束或更换品种时应及时做好清洁卫生并按有关规程进行清场工作，认真填写相应记录。

（7）做到岗位生产状态标识、设备所处状态标识、清洁状态标识清晰明了、准确无误。

活动 4　识读无菌粉末分装岗位操作程序

1. 生产前准备

（1）检查操作间是否有清场合格标志，并在有效期内，否则按清场标准操作规程进行清场并经 QA 人员检查合格后，填写清场合格证，才能进行下一步操作。

（2）检查设备是否有“合格”标牌及“已清洁”标牌，且在有效期内。

（3）用 75%的酒精消毒擦净机器的台面、屏蔽门、进出瓶转盘、输送带、轨道、理塞器、下塞轨道。

（4）把经过灭菌的机台送粉机构、装粉盒、料斗、螺杆、胶塞铲等装入密闭容器中保护送到分装车，对分装机进行装机操作，并调整好分装头的位置，使分装头正对瓶口。

（5）检查主机前后连接是否齐全有效，并检查紧固件有无松动，发现松动予以紧固。

（6）检查运动部件是否有障碍。

（7）挂运行状态标志，进入分装操作。

2. 分装操作

（1）打开电源、气源并检查气压要达到工艺要求。

（2）把原料加入送粉盒，点动送粉，将药粉送入分装头料斗内，粉斗内药粉加入量以达到料斗观察窗下沿口高度为宜。

（3）把胶塞倒入振荡器内，调整振荡调压器，使振荡量适中胶塞排列顺畅。

（4）经隧道灭菌的瓶子送到进瓶转盘，按“转盘启停”键，使气缸将瓶子定位于准确的下粉位置，并调整下粉位置，校对下粉信号传感器，精确完成装粉动作，调节加塞部件和分装机速。

（5）根据分装的标准装量值，调节分装螺杆的参数、送粉周期控制装量，使分装机能稳定运行，具体操作步骤见机台型号对应的操作规程。

3. 生产结束

（1）分装完毕后，依次关闭机台开关、总开关。

（2）把料斗、分粉螺杆、送粉螺杆、装粉盒机构拆下，按《无菌粉末分装设备清洁操作规程》清洗消毒设备，按《分装间清场标准操作规程》进行清场，经 QA 人员检查合格，发清场合格证。

4. 记录

如实填写各生产操作记录。

活动 5　识读无菌粉末分装质量控制关键点

（1）装量　装量差异限度参照现行版药典规定。

（2）外观　胶塞应严密盖在瓶口上，瓶身上不应沾有药粉。

任务二　训练无菌粉末分装操作

活动1　操作DRF-3型螺杆分装机

1. 开机前准备工作

(1) 检查分装间的温湿度、压力是否符合要求。

(2) 检查分装间是否有清场合格标志，并在有效期内，否则按清场标准操作规程进行清场并经QA人员检查合格后，填写清场合格证，才能进行下一步操作。

(3) 检查设备是否有“合格”、“已清洁”标牌，并对设备进行检查，确认设备正常，方可使用。

(4) 用75%的酒精消毒擦净机器的台面、屏蔽门、进出瓶转盘、输送带、轨道、理塞器、下塞轨道。

(5) 按装配图把已消毒干燥的送粉机构、装粉盒、料斗、螺杆等装配好，并调整好分装头的位置，使分装头正对瓶口。

(6) 接通电源总开关，将两个金属夹分别夹在两个料斗出口处的铜嘴紧固螺钉上，以检测料斗药粉出口处圆环内壁和下料螺杆的配合位置精度，若产生碰壳报警，应找出故障所在分装头，如属安装原因时，可调节料斗上面的紧固螺钉，使碰壳现象消除。

2. 开机

(1) 把药粉从机台后面倒入送粉盒，然后按“送粉”按钮，将药粉送入Ⅰ号及Ⅱ号分装头料斗内，粉斗内药粉加入量以达到料斗观察窗下沿口高度为宜。

(2) 送粉过程中应同时进行搅拌，把主电机开关扳向“关”，停止其工作，然后按“启动”，使搅拌器工作。

(3) 把胶塞倒入振荡盒内，调整振荡调压器，使振荡量适中胶塞排列顺畅。

(4) 在搅拌1～2min后，“启动”主电机，设备进入正式运转，可按药粉装量预调拨盘开关量，再根据实际装量进行调节。

(5) 分装过程中要随时观察料斗内的药粉余量，药粉量明显降低时，应及时补充，保持在下沿口的高度，以保证装量稳定。

(6) 设备运转时，应经常观察操作显示面板上的显示是否正常，特别是装粉和计数信号灯是否随本机运转而有规律地闪亮，其中装粉信号灯是在空瓶到位后亮而移瓶时闪亮，计数灯是在圆盘缺口对准在光电开关槽口中时亮，移瓶时熄灭。

3. 停机

分装完毕后，依次关闭主电机、总开关。

4. 清洁与清场

(1) 把料斗、分粉螺杆、送粉螺杆、装粉盒机构拆下清洗，注意拆装部件时要轻拆、轻放、轻装，切忌碰撞变形。

(2) 拆下的部件清洗完后放入卫生级灭菌柜灭菌、干燥。

(3) 用湿布擦净设备表面和屏蔽门。

(4) 清洁天花板、墙壁、地面。

(5) QA核查，发清场合格证。

5. 保养

(1) 洁净保养，每班需要清理3～4次，随时做好机台的清洁卫生，防止药粉及污物流入电气控制部分。

(2) 机器润滑：送粉传动部位以及各油嘴注油点，每两天加机油1～2滴，齿轮等部位每月加油1～2次。

(3) 步进电机等备件应存放在环境温度－5～35℃，相对湿度不大于75%，清洁、通风的库房内，存放期不得超过一年。

6. 记录

实训过程中应及时、真实、完整、正确地填写各类生产记录（表10-3）。

表10-3 无菌粉末分装生产记录

品名：	规格： 克	产品批号：
生产日期： 年 月 日	计划产量： 瓶	生产指令号：

分装机工作情况				静压差检查			
机台号	机速/(瓶/min)	开机时间	关机时间	压力差测量点及压力差要求	时间	压力差/Pa	记录人
机1				穿洁净服间→脱外衣间>10Pa			
机2				原料间→原料传递间>10Pa			
分装总量 瓶				物料出口间→缓冲间>10Pa			
				分装间→轧盖间>10Pa			

温湿度记录(每小时记录一次)温湿度要求：温度(24±2)℃，相对湿度45%±5%			
时间	温度/℃	相对湿度/%	测定人

分装装量检查记录

操作要点 ①称量时，每瓶药粉的质量做好记录。
②发现中间产品装量出现差异时，即通知分装机手进行调试，合格后方可重新开机。
③抽查频率：15min/次。质检员：4次/班

原料批号	标准装量/mg	装量控制范围/mg

机台号	时间	装量检查结果								检查人

胶塞使用情况：(使用效期： h)							
灭菌胶塞	出箱时间	处理批号	出箱量	使用量	退还量	结存数量	操作人

活动2　审核生产记录

无菌粉末分装操作实训过程中的记录包括批生产记录、清场记录。可从以下几方面进行记录的审核。

① 审查记录填写的及时性、字迹清晰程度、内容真实性、数据完整性。

② 审查记录上有无操作人与复核人的签名。

③ 审查记录的整洁程度、有无撕毁和任意涂改，若有更改，看更改处有无签名、原数据是否可辨认。

活动3　讨论与分析

① 出现装量不合格的原因有哪些?

② 拆装螺杆分装机时有哪些注意事项?

活动4　考核无菌粉末分装操作

考核内容	技能要求		分值/分
生产前准备	生产工具准备	①检查核实清场情况,检查清场合格证 ②对设备状况进行检查,确保设备处于合格状态 ③对电子天平、电子秤进行检查核准 ④对生产用的工具的清洁状态进行检查	10
	物料准备	①按生产指令领取药粉和胶塞 ②按生产工艺规程制订标准核实所用物料 (检验报告单,规格,批号)	
无菌粉末分装操作	①按正确步骤安装送粉机构、装粉盒、料斗、螺杆,并调整好分装头的位置 ②正确安装两个金属夹,以检测料斗药粉出口处圆环内壁和下料螺杆的配合位置精度 ③按正确步骤把药粉加入送粉盒,并进行送粉 ④胶塞加入振荡盒内,调整振荡调压器,使振荡量适中胶塞排列顺畅 ⑤"启动"主电机,根据实际装量调节拨盘开关量 ⑥根据料斗内的药粉余量,及时进行补充 ⑦分装完毕后,依次关闭主电机、总开关		50
质量控制	①装量:装量差异符合现行版药典规定 ②外观:胶塞应严密盖在瓶口上,瓶身上不应沾有药粉		10
记　录	岗位操作记录填写准确完整		10
生产结束清场	①作业场地清洁 ②工具和容器清洁 ③生产设备的清洁 ④清场记录		10
实操问答	正确回答考核人员的提问		10

项目四　无菌粉末轧盖操作

【教学目标】

1. 掌握轧盖岗位操作程序
2. 掌握轧盖操作质量控制关键点
3. 掌握KGL300D轧盖机的标准操作规程及清洁、保养标准操作规程
4. 能操作KGL300D轧盖机对瓶子进行轧盖，并进行清洁保养工作

任务一　熟悉无菌粉末轧盖操作的相关背景资料

活动 1　了解无菌粉末轧盖操作的适用岗位

本工艺操作适用于无菌粉末轧盖工、轧盖质量检查工、工艺员。

1. 无菌粉末轧盖工

（1）工种定义　无菌粉末轧盖工是指操作轧盖设备，将铝盖轧紧到分装并压胶塞后的西林瓶上的操作人员。

（2）适用范围　无菌粉末轧盖操作、质量自检。

2. 轧盖质量检查工

（1）工种定义　轧盖质量检查工是指从事轧盖过程的质量控制点进行现场监控和对规定的质量指标进行检查、判定的人员。

（2）适用范围　轧盖过程的质量监督（工艺管理、QA）。

活动 2　认识轧盖常用设备

1. 单刀式轧盖机

该设备由进瓶转盘、进瓶星轮、压盖头、轧盖刀轮、定位器、铝盖供料振荡器等组成。其工作原理是：压好胶塞的瓶子由进瓶转盘送入轨道，经过下盖轨道时供盖装置将铝盖放置在瓶口上，再将瓶子送入压盖头下方，底座将瓶子顶起，由压盖头带动作高速旋转，同时压盖头压紧铝盖和胶塞，轧盖刀轮往中间挤压，压紧铝盖的下边缘，将铝盖下缘轧紧于瓶颈上。

2. 三刀式轧盖机

该设备工作原理与单刀式轧盖机相似，只是刀轮由一个增加为三个，轧盖的平整性更好。

活动 3　识读无菌粉末轧盖岗位职责

（1）严格按工艺要求和操作规程，进行无菌粉末轧盖工作，保证质量，防止差错。

（2）按生产计划，积极与上下工序进行沟通，按时按量完成生产。

（3）负责轧盖所用设备的安全使用及日常保养，防止事故发生。

（4）自觉遵守工艺纪律，保证轧盖岗位不发生混药或对药品造成污染。

（5）认真如实填好生产记录，做到字迹清晰、内容真实、数据完整，不得任意涂改和撕毁，做好交接记录。

（6）按要求做好清场和清洁工作。

（7）负责本工序设备和工具的清洁、养护、保管、检查，发现问题及时上报。

（8）负责本工序各工作间的清洁。

（9）做到岗位生产状态标识、设备及生产工具所处状态标识清晰明了，准确无误。

活动 4　识读无菌粉末轧盖岗位操作程序

1. 生产前准备

（1）检查轧盖间是否有清场合格标志，并在有效期内，否则按清场标准操作规程进行清场并经 QA 人员检查合格后，填写清场合格证，才能进行下一步操作。

（2）检查设备是否有“合格”标牌、“已清洁”标牌，且在有效期内。

（3）检查轧盖间、轧盖机台的卫生清洁状况。

（4）检查各房间的压差是否符合工艺要求，如出现压差不符合要求则立即通知相关人员进行解决，至压差符合要求才能够进行生产。

(5) 用温湿度计测量轧盖间温湿度，如不符合工艺要求[温度(24±2)℃，相对湿度≤55%]，则及时通知相关人员，做出调整，至温湿度符合要求才能进行生产。

(6) 开启吸尘装置、轧盖机上的A级层流运行15min以上，以达到洁净度的要求。

2. 轧盖操作

(1) 将已消毒的铝盖送至轧盖机，倒入轧盖机振荡器中。

(2) 通知分装组将已灭菌的西林瓶盖上胶塞后由输送带送至轧盖机进行轧盖，检查瓶子的气密性，如气密性不符合要求，则对轧盖机进行调整，至气密性符合要求才能开机生产。

(3) 通知分装组将灌装并压胶塞的瓶子送进轧盖机进行轧盖，按要求定时检查轧盖的质量，如出现不合格品较多，应停机检查原因，解决后才能继续开机生产。

(4) 生产过程中，每30min用75%酒精抹擦双手。

3. 生产结束

生产结束后，按《轧盖机清洁标准操作规程》清洁设备，然后关闭机台、吸尘装置、轧盖间A级层流；按《轧盖间清场标准操作规程》进行清场，QA人员检查合格后发清场合格证。

4. 记录

如实填写各种生产操作记录。

活动5 识读轧盖操作质量控制关键点

1. 密封性

铝盖密封性是轧盖质量控制的关键点，密封不严的原因有压盖头压力不够或轧盖刀向心轧力不够。应按具体情况调整设备。

2. 平整性

铝盖的下边缘应平整，圆滑，无皱纹，无裙边，不缺边。

任务二 训练轧盖操作

活动1 操作KGL300D轧盖机

1. 开机前准备工作

(1) 检查轧盖室的温湿度、压力是否符合要求。

(2) 检查轧盖室是否有清场合格标志，并在有效期内，否则按清场标准操作规程进行清场并经QA人员检查合格后，填写清场合格证，才能进行下一步操作。

(3) 检查设备是否有“合格”、“已清洁”标牌，并对设备进行检查，确认设备正常，方可使用。

(4) 用浸泡过75%酒精的丝光毛巾擦拭设备，输送带及机台表面。

(5) 检查机器上是否有玻璃碴及工具等其他异物，如有应及时清扫。

(6) 手动盘车检查各传动机构齿轮的配合情况，并加油润滑。

(7) 检查所有紧固螺钉，若发现松动应及时拧紧。

(8) 检查输送链条的运行是否正常。

(9) 检查轧刀的刀口光滑度，如发现缺损应及时更换。

(10) 检查电源是否接通。

(11) 检查各部件弹簧是否完好，如发现折断应及时更换。

(12) 盘动手轮检查控瓶盘规格与生产瓶子规格是否一致。

(13) 检查瓶位情况，观察下盖是否合适，轧刀的轧盖位置是否合适，机器是否有卡滞现象。

2. 开机操作

(1) 把经挑选合格的铝盖倒入振荡器中。

(2) 打开总电源开关，按驱动按钮（开机）空载运行，调节振荡器的振幅，使铝盖能顺畅地排列到轨道上。

(3) 空载运行几周后，若运行正常则按停止按钮，停机待料。

(4) 打开电源开关，调节合适运行频率，调整振荡频率。

(5) 当进瓶转盘积累瓶子占满半个转盘时，开启驱动按钮进行正常轧盖。

(6) 生产过程中，注意观察轧盖成品质量，随时检查轧盖松紧度，以三指（拇指、食指、中指）捻拧，铝盖不动为合格。

(7) 挑出无盖、歪盖、松盖、无塞的不合格品，作销毁处理。

(8) 如有破瓶、玻璃碎等应及时清理，以免损坏机器或引起卡瓶错位等故障。

【轧盖操作注意事项】

(1) 已加塞的中间产品应在2h内轧完，不得久储。

(2) 铝盖边缘锋利，小心划破手。

(3) 掉出的铝盖应作废品处理。

(4) 运行中若出现爆瓶，应立即停机，用镊子清理碎瓶，若卡盘错位应松开紧固螺钉，调正卡瓶后再紧固。

(5) 运行中若出口堵塞，应立即停机，以免压爆瓶，清除出口输送带的堵塞物，再重新开机。

(6) 生产结束后要将用剩的铝盖放好，盖严，接触铝盖的工具应用消毒液擦干净，放好。

3. 停机操作

(1) 轧盖完毕后，按停止按钮，关闭振荡器，关闭传送带。

(2) 关闭总电源。

4. 清洁与清场

(1) 清扫机台上的碎瓶、铝盖、胶塞等，放置于废品桶内。

(2) 取出振荡器中的铝盖，用专用毛巾擦净振荡器内、外壁及轨道等。

(3) 用丝光毛巾擦干净机台的各个表面，包括台面、侧面保护罩等，要求做到光亮无尘。

(4) 清洁天花板、墙壁、地面。

(5) QA核查，发清场合格证。

5. 保养

(1) 日常保养（每班）：开机前应对机器运动部位加机油。

(2) 小修（每月）

① 检查各连转部位之润滑并紧固各部位螺栓。

② 调整振荡器支承弹簧，调整出铝盖轨道与落盖轨道的接头位置。

③ 调整轧刀的进刀量及高低位置。

④ 调整上压头的高低位置。

(3) 大修（每半年）

① 清洗、检修进瓶链板、控瓶盘、传动机构及齿轮，更换磨损的齿轮。

② 清洗、检修轧盖机头、轧刀部件及轧盖机头内的传动轴承等。

③ 清洗、检修振荡理盖机构及下盖轨道等。

④ 清洗、检修减速机。

6. 记录

实训过程中应及时、真实、完整、正确地填写各类生产记录（表 10-4 和表 10-5）。

表 10-4 轧盖生产记录

品名：	规格：	生产批号：
日期：　年　月　日	计划产量：　瓶	生产指令号：

轧盖生产工艺情况记录					
轧盖机工作情况		静压差检查			
开机时间		测量点及压差要求	时间	压力差/Pa	记录人
关机时间		轧盖间→灯检间 ＞10Pa			
机速/(瓶/min)					
轧盖废品量/瓶					

温湿度记录：温度(24±2)℃，相对湿度≤55%			
时间	温度/℃	相对湿度/%	测定人

轧盖质量检查							
质量标准：①轧盖应牢固，平整，圆滑，无皱纹，无裙边，不缺边 ②用三指法(拇指，食指，中指)旋转，铝盖不应转动							
时间	轧松	破瓶	翘塞	缺顶	轧坏	小计	检查人

气密性检查		
气密性检查：取样 5 瓶，每瓶用注射器经4～5 号针头注入 5ml 空气，把瓶子倒立置于水面之下，检查铝盖边缘冒气情况	冒气□　不冒气□	检查人：
	冒气□　不冒气□	检查人：
	冒气□　不冒气□	检查人：

铝盖消毒处理情况记录				
操作要点：打开铝盖内包装，检查清洁度及规格后倒入洁净铝盘中，放入烘箱内，保证盘与盘之间有空隙，利于空气的流通，在 130℃条件下保温灭菌　h。使用有效期　h				
铝盖处理批号				
铝盖数量	万	万	万	万
升温时间	～	～	～	～
保温温度/℃				
保温时间	～	～	～	～
记录人				

表 10-5　清场记录（无菌粉末分装粉针剂各生产岗位通用）

<table>
<tr><td colspan="2">品名：</td><td>规格：</td><td colspan="2">生产批号：</td></tr>
<tr><td colspan="2">日期：　　年　月　日</td><td>计划产量：　　瓶</td><td colspan="2">生产指令号：</td></tr>
<tr><td>清场品种</td><td colspan="4">品名规格　　　　　　　　产品批号</td></tr>
<tr><td>更换品种</td><td colspan="4">品名规格　　　　　　　　产品批号</td></tr>
<tr><td>清场要求</td><td colspan="4">①各工序在更换产品、规格、批号时，需进行清场。
②将本批的中间产品、废弃物、剩余物料清离现场，无遗留物。
③生产设备做到设备内外无油污、无浆块、无物料遗留，设备见本色。
④清洗或清扫工具、容器达到清洁、无异物、无物料遗留。
⑤清洁地面、台面、门窗、天花板、地漏等，做到无积水、无积尘、无残粉。
⑥清洁工具做到干净、无遗留物，置于规定位置，干燥放置</td></tr>
<tr><td>项目</td><td colspan="2">清场内容</td><td>清场情况</td><td>清场者</td></tr>
<tr><td>生产设备</td><td colspan="2">清洗、湿抹干净，设备见本色</td><td>符合□　不符合□</td><td></td></tr>
<tr><td>工具器具</td><td colspan="2">工具器具清洁干净，置规定处存放</td><td>符合□　不符合□</td><td></td></tr>
<tr><td>物料</td><td colspan="2">多余的等清离现场，移置规定处暂存，无遗留物</td><td>符合□　不符合□</td><td></td></tr>
<tr><td>废弃物</td><td colspan="2">废弃物等清理现场，无遗留物</td><td>符合□　不符合□</td><td></td></tr>
<tr><td>洁具</td><td colspan="2">清洗干净，置规定处干燥</td><td>符合□　不符合□</td><td></td></tr>
<tr><td>工作场地</td><td colspan="2">传递柜、地漏、天花板、墙壁、地面、门窗等清洁、干净、无积水、无积尘</td><td>符合□　不符合□</td><td></td></tr>
<tr><td>工作服、抹布</td><td colspan="2">清理现场，无遗留物</td><td>符合□　不符合□</td><td></td></tr>
<tr><td>QA 检查情况</td><td colspan="2">符合□　不符合□</td><td>QA 检查人</td><td></td></tr>
</table>

活动 2　审核生产记录

无菌粉末轧盖操作实训过程中的记录包括轧盖生产记录、清场记录。可从以下几方面进行记录的审核。

① 审查记录填写的及时性、字迹清晰程度、内容真实性、数据完整性。

② 审查记录上有无操作人与复核人的签名。

③ 审查记录的整洁程度、有无撕毁和任意涂改，若有更改，看更改处有无签名、原数据是否可辨认。

活动 3　讨论与分析

① 轧盖质量检查的标准是什么？

② 轧盖过程出现爆瓶或堵塞现象，应如何处理？

活动 4　考核无菌粉末轧盖操作

<table>
<tr><td>考核内容</td><td colspan="2">技　能　要　求</td><td>分值/分</td></tr>
<tr><td rowspan="2">生产前准备</td><td>生产工具准备</td><td>①检查核实清场情况，检查清场合格证
②对设备状况进行检查，确保设备处于合格状态
③对生产用的工具的清洁状态进行检查</td><td rowspan="2">10</td></tr>
<tr><td>物料准备</td><td>①按生产指令领取铝盖
②按生产工艺规程制订标准核实所用物料
（检验报告单，规格，批号）</td></tr>
</table>

续表

考核内容	技 能 要 求	分值/分
轧盖操作	①正确检查轧刀、控瓶盘规格 ②正确检查下盖位置和轧刀的轧盖位置，并进行调整 ③按正确步骤启动振荡器，使铝盖顺畅地排列到轨道上 ④按正确步骤启动轧盖机，对西林瓶进行轧盖 ⑤生产过程中，按正确步骤检查轧盖成品质量，并对设备进行相应调整 ⑥及时挑出无盖、歪盖、松盖、无塞的不合格品，发现破瓶、玻璃碎等要及时清理 ⑦完成轧盖操作后，按正确步骤停机(按停止按钮，关闭振荡器，关闭传送带，关闭总电源)	50
质量控制	①密封性：用三指法旋转，铝盖不应转动 ②平整性：铝盖的下边缘应平整，圆滑，无皱纹，无裙边，不缺边	10
记 录	岗位操作记录填写准确完整	10
生产结束清场	①作业场地清洁 ②工具和容器清洁 ③生产设备的清洁 ④清场记录	10
实操问答	正确回答考核人员的提问	10

第十一章　软膏剂制备工艺操作

软膏剂系指药物与油脂性、水溶性或乳剂型基质混合制成均匀的半固体外用制剂。其中乳剂型基质的软膏称为乳膏剂，乳膏剂基质可分为水包油型与油包水型。

软膏剂基质中油脂性基质常用的有凡士林、石蜡、液状石蜡、硅油、蜂蜡、硬脂酸、羊毛脂等，水溶性基质主要有聚乙二醇，乳膏剂常用的乳化剂可分为水包油型乳化剂（钠皂、三乙醇胺皂类、十二烷基硫酸钠和聚山梨酯类等）和油包水型乳化剂（钙皂、羊毛脂、单甘油酯、脂肪醇等）。

软膏剂基质应均匀、细腻，涂于皮肤或黏膜上应无刺激性，应具有适当的黏稠度，应易涂布于皮肤或黏膜上，不融化，黏稠度随季节变化应很小。除另有规定外，软膏剂应遮光密闭贮存，乳膏剂应密封，置25℃以下贮存，不得冷冻。

软膏剂的制备流程见图11-1。

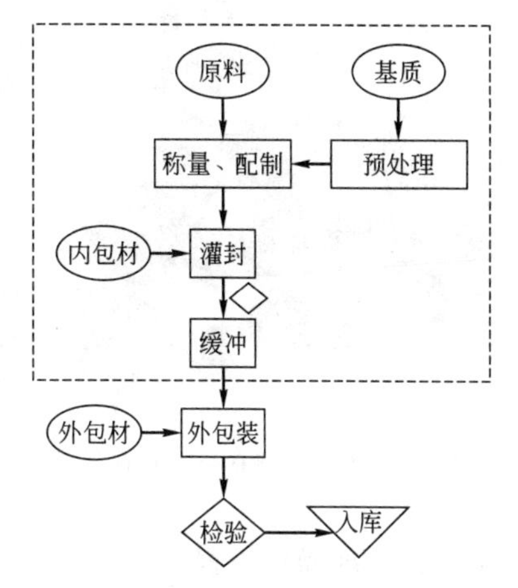

图11-1　软膏剂制备工艺流程图

物料：⬭　工序：□　检验：◇　入库：▽

注：虚线框内代表D级或以上洁净生产区域

项目一　软膏剂配制工艺操作

【教学目标】

1. 掌握软膏剂配制岗位操作程序
2. 掌握软膏剂配制工艺管理要点及质量控制要点
3. 掌握ZJR-5型真空乳化搅拌机的标准操作规程
4. 掌握ZJR-5型真空乳化搅拌机的清洁、保养标准操作规程
5. 能操作ZJR-5型真空乳化搅拌机配制软膏剂，并进行清洁保养工作
6. 能对软膏剂配制过程中出现的一般故障进行排除

任务一　熟悉软膏剂配制操作的相关背景资料

活动1　了解洗涤操作的适用岗位

本工艺操作适用于软膏剂配制工、软膏剂质量检查工。

1. 软膏剂配制工

（1）工种定义　软膏剂配制工是将药物或中药材有效成分提取物与适宜的基质，采取研合法、熔合法或乳化法进行均匀混合，制成易于皮肤和黏膜吸收的外用和眼用的半固体制剂的操作人员。

（2）适用范围　软膏剂配制操作、搅拌机清洁维护、质量自检。

2. 软膏剂质量检查工

（1）工种定义　软膏剂质量检查工是指从事软膏剂生产全过程的各工序质量控制点的现

场监督和对规定的质量指标进行检查、判定的操作人员。

（2）适用范围　软膏剂生产全过程的质量监督（工艺管理、QA）。

活动 2　认识软膏剂配制常用设备

1. ZJR 型真空乳化搅拌机

ZJR 型真空乳化搅拌机可用于软膏剂的加热、溶解、乳化，整套设备包括油相锅、水相锅、乳化锅、真空泵和控制系统。可搅拌、乳化高黏度物料。加料及出料都可用真空泵完成，操作简便。机器由不锈钢制造，清洗方便。

2. TZGZ 系列真空乳化搅拌机

TZGZ 系列真空乳化搅拌机（图 11-2）可用于软膏剂的加热、溶解、均质乳化，本机组主要由预处理锅、主锅、真空泵、液压、电器控制系统等组成，均质搅拌采用变频无级调速，加热采用电热和蒸汽加热两种，乳化快，操作方便。

图 11-2　TZGZ 系列真空乳化搅拌机

活动 3　识读软膏剂配制岗位职责

（1）严格执行《软膏剂配制岗位操作程序》、《软膏剂配制设备标准操作规程》。

（2）负责软膏剂配制所用设备的安全使用及日常保养，防止生产事故发生。

（3）严格执行生产指令，保证软膏剂配制所有物料名称、数量、规格、质量准确无误，软膏剂质量达规定质量要求。

（4）自觉遵守工艺纪律，保证软膏剂配制岗位不发生混药、错药或对药品造成污染，发现偏差及时上报。

（5）认真如实填好生产记录，做到字迹清晰、内容真实、数据完整、不得任意涂改和撕毁，做好交接记录，顺利进入下道工序。

（6）工作结束或更换品种时应及时做好清洁卫生并按有关 SOP 进行清场工作，认真填写相应记录。做到岗位生产状态标识、设备所处状态标识、清洁状态标识清晰明了。

活动 4　识读软膏剂配制岗位操作程序

1. 生产前准备

（1）检查配制间、工具、容器、设备等是否有清场合格标志，并核对是否在有效期内。否则按清场标准程序进行清场并经 QA 人员检查合格后，填写清场合格证，方可进入下一步操作。

（2）根据要求选择适宜软膏剂配制设备，设备要有“合格”标牌，“已清洁”标牌，并对设备状况进行检查，确证设备正常，方可使用。

（3）检查水、电供应正常，开启纯化水阀放水 10min。

（4）检查配制容器、用具是否清洁干燥，必要时用 75%乙醇溶液对乳化锅、油相锅、配制容器、用具进行消毒。

（5）根据生产指令填写领料单，从备料称量间领取原、辅料，并核对品名、批号、规格、数量、质量无误后，进行下一步操作。

（6）操作前检查加热、搅拌、真空是否正常，关闭油相锅、乳化锅底部阀门，打开真空泵冷却水阀门。

（7）挂本次运行状态标志，进入配制操作。

2. 配制操作

（1）配制油相　加入油相基质，控制温度在70℃。待油相开始熔化时，开动搅拌至完全熔化。

（2）配制水相　将水相基质投入处方量的纯化水中，加热搅拌，使溶解完全。

（3）乳化　保持上述油相、水相的温度，将油相、水相通过带过滤网的管路压入乳化锅中，启动搅拌器、真空泵、加热装置。乳化完全后，降温，停止搅拌，真空静置。

（4）根据药物的性质，在配制水相、油相时或乳化操作中加入药物。

（5）静置　将乳膏静置24h后，称重，送至灌封工序。

3. 生产结束

按《真空乳化搅拌设备清洁规程》、《配制间清场操作规程》，对场地、设备、用具、容器进行清洁消毒，经QA人员检查合格，发清场合格证。

4. 记录

如实填写生产操作记录。

活动5　识读配制工艺管理要点及质量控制关键点

1. 配制工艺管理要点

（1）非无菌软膏剂的配制操作室洁净度要求不低于D级，无菌软膏剂制备的暴露工序操作室洁净度要求不低于C级；室内相对室外呈正压，温度18～26℃、相对湿度45%～65%。

（2）与药品直接接触的设备表面光滑、平整、易清洗、耐腐蚀，不与所加工的药品发生化学反应或吸附所加工的药品。

（3）使用前检查各管路、连接是否无泄漏，确定夹套内有足够量水时才能开启加热。

（4）油相熔化后才能开启搅拌，搅拌完成后要真空保温贮存。

（5）一般情况下油相、水相应用100目筛过滤后混合。

（6）生产过程中所有物料均应有明显的标示，防止发生混药、混批。

2. 质量控制关键点

（1）外观　要求外观色泽一致，质地细腻、无粗糙感，无污物。

（2）混悬型软膏必须控制粒度。

（3）黏稠度。

活动6　识读软膏剂配制过程常见问题及解决方法

软膏剂配制过程常见问题及解决方法见表11-1。

表11-1　软膏剂配制过程常见问题及解决方法

常见问题	主要原因	解决方法
主药含量低	某些药物在高温下分解	配制时应按主药理化性质控制油、水相加热温度，以防止由于温度过高引起药物分解
主药含量均匀度不好	投料时没考虑主药性质，主药不能在基质中完全溶解	按主药在基质中的溶解性能将主药与油相或水相混合，或先将主药溶于少量基质，再加至大量的基质中
粒度过大	不溶性的固体物料未磨成粉，直接用于制备软膏剂	应先将不溶性物料磨成细粉，过100～120目筛，再与基质混合

任务二　训练软膏剂配制操作

活动1　操作ZJR-5型真空乳化搅拌机

1. 开机前准备工作

（1）检查配制间的温湿度、压力是否符合要求。

（2）检查真空乳化搅拌机进料口上的过滤器的过滤网是否完好。

（3）检查所有电机是否运转正常，并关闭所有阀门。

2. 开机操作

（1）将水相、油相物料经称量分别投入水相锅和油相锅，开始加热，待加热快完成时，开动搅拌器，使物料混合均匀。

（2）开动真空泵，待乳化锅内真空度达到－0.05MPa时，开启水相阀门，待水相吸进一半时，关闭水相阀门。

（3）开启油相阀门，待油相全部吸进乳化锅后关闭油相阀门。

（4）开启水相阀门直至水相吸完，关闭水相阀门，停止真空系统。

（5）开动乳化头10min后停止，开启刮板搅拌器及真空系统，当锅内真空度达－0.05MPa时，关闭真空系统。开启夹套阀门，在夹套内通冷却水冷却。

（6）待乳剂制备完毕后，停止刮板搅拌，开启阀门使锅内压力恢复正常，开启压缩空气排出物料。

【ZJR-5型真空乳化搅拌机安全操作注意事项】

① 乳化锅内没有物料时严禁开动乳化头，以免空转损坏。

② 经常检查液体过滤器滤网是否完好并经常清洗，以免杂质进入乳化锅内，确保乳化头正常运行。

③ 往水相锅和油相锅投料时应小心，不要将物料投在搅拌轴或桨叶上。

3. 停机操作

（1）将乳化锅夹套内的冷却水放掉。

（2）关闭电源。

4. 清洁与清场

（1）清洁油相锅

① 取下油相锅的盖子，送清洗间用纯化水刷洗干净。

② 往油相锅内加入1/3容积的热水，浸泡、搅拌、冲洗5min，排除污水，再加入适量的热水和洗洁精，用毛刷从上到下清洗锅壁及搅拌浆、温度探头等处（尤其注意锅底放料口的清洗），直至无可见残留物。

③ 将不锈钢连接管拆下，把两端带长绳子的小毛刷塞入管中，用水冲到另一端，两人分别在管的两端拉住绳子，加入热水和洗洁精，来回拉动绳子刷洗管内壁，然后倒出污水后再加入纯化水重复操作2次直至排水澄清、无异物。

④ 分别用纯化水冲洗油相锅、不锈钢连接管2次。

⑤ 用75%乙醇溶液擦拭油相锅内部和锅盖。

⑥ 待锅内、管道和阀门干燥后，将拆卸的部件装回原处。

⑦ 用抹布将油相锅外部从上到下仔细擦洗，尤其注意阀门及相连电线套管、水管等处死角，抹布应单向擦拭，并每擦约1m^{2}清洗一次。

（2）清洁水相锅

① 用饮用水冲洗水相锅内壁、搅拌桨、探头等处（尤其注意锅底放料口的清洗），直至无可见残留物，必要时可加入洗涤剂清洗，并用水冲净。

② 将不锈钢连接管拆下，刷洗管内壁并用饮用水冲净。

③ 分别用纯化水冲洗水相锅、不锈钢连接管2次。

④ 用75%乙醇溶液擦拭锅内部和锅盖，消毒后将锅盖好。

⑤ 用抹布将水相锅外部从上到下仔细擦洗，尤其注意阀门及相连电线套管、水管等处

死角，抹布应单向擦拭，并每擦约 1m^2 清洗一次。

（3）清洁乳化锅

① 将乳化锅顶部油相过滤器、真空过滤器打开取下，放工具车上送洗涤间，用热水清洗至无可见残留物。

② 将锅内加入足量热水（水面高出乳化头 10cm），放下锅盖，开动搅拌、乳化 5min，排出污水，重复操作 1 次。锅内加入适量热水和洗洁精，用毛刷刷洗锅盖、锅壁、搅拌器、乳化头 2～3 遍，排出污水，再用纯化水冲洗约 10min 直至无可见异物。

③ 用纯化水冲洗油相过滤器、真空过滤器及乳化锅 2 次。

④ 用 75%乙醇溶液擦拭锅内表面、锅盖和搅拌器进行消毒。

⑤ 用毛巾将乳化锅外部、底板及电控柜从上到下仔细擦洗干净，注意擦净锅底部的阀门及相连电线套管、水管等处死角。毛巾应单向擦拭，并每擦约 1m^2 清洗一次。

⑥ 安装好乳化锅顶部的油相过滤器、真空过滤器。

⑦ 在连续生产时每周至少一次在生产间隔时用 5%甲酚皂或 0.2%新洁尔灭擦拭设备底部和电控柜。

（4）清洁后关好开关、各处进水的阀门。

（5）清洁天花板、墙壁、地面。

5. 保养

（1）每月检查各密封件，发现泄漏情况，及时更换，如使用正常，每年更换一次密封件。

（2）每月检查塑料刮板，根据磨损情况进行修整或更换。

（3）每季度对各润滑部件加油。

（4）每 2 年更换一次液压装置内的液压油。

6. 记录

实训过程中应及时、真实、完整、正确地填写各类生产记录（表 11-2、表 11-3）。

表 11-2　软膏剂配制操作记录

<table>
<tr><td>品名：</td><td>规格：</td><td>批号：</td><td>批量：　　万支</td><td colspan="2">生产日期：</td></tr>
<tr><td colspan="3">操　作　步　骤</td><td>记　　录</td><td>操作人</td><td>复核人</td></tr>
<tr><td colspan="3">1. 检查房间上次生产清场记录</td><td>已检查,符合要求　☐</td><td rowspan="8"></td><td rowspan="8"></td></tr>
<tr><td colspan="3">2. 检查房间温度,相对湿度</td><td>温度______℃
相对湿度______%</td></tr>
<tr><td colspan="3">3. 检查房间中有无上次生产的遗留物;有无与本批产品无关的物品、文件</td><td>已检查,符合要求　☐</td></tr>
<tr><td colspan="3">4. 检查磅秤、天平是否有效,调节零点</td><td>已检查,符合要求　☐</td></tr>
<tr><td colspan="3">5. 检查用具、容器应干燥洁净</td><td>已检查,符合要求　☐</td></tr>
<tr><td colspan="3">6. 检查配料锅的加热、搅拌、温度感应等部分正常,底部阀门关闭,对设备进行点检</td><td>已检查,符合要求 ☐</td></tr>
<tr><td colspan="3">7. 计算水相各物质用量,称量物料</td><td>纯化水______kg
水相物质 1 ______kg
水相物质 2 ______kg</td></tr>
<tr><td colspan="3">8. 计算油相各物质用量,称量物料</td><td>油相物质 1 ______kg
油相物质 2 ______kg</td></tr>
</table>

续表

品名：	规格：	批号：	批量：　万支	生产日期：
操　作　步　骤		记　录	操作人	复核人
9. 将油相物料加入油相锅中，加温，待油相熔化后开动搅拌，搅拌完成后保温贮存		物料完全熔化 □ 物料温度______℃ 搅拌时间______min 保温贮存时间______min		
10. 将水相物加入水相锅中，加温搅拌		物料温度______℃ 搅拌时间______min		
11. 水相、油相过滤后压入乳化锅中，在真空下乳化搅拌		乳化锅真空度______MPa 搅拌速度______r/min 搅拌时间______min		
12. 乳化完毕真空静置冷却		软膏最终冷却温度______℃		
13. 出料、称重，供软膏灌封使用		得到软膏______kg		

表 11-3　软膏剂配制工序清场记录

清场前	批号：	生产结束日期：　年　月　日　班	
检查项目	清场要求	清场情况	QA 检查
物　　料	结料，剩余物料退料	按规定做 □	合格 □
中间产品	清点、送规定地点放置，挂状态标记	按规定做 □	合格 □
工具、器具	冲洗、湿抹干净，放规定地点	按规定做 □	合格 □
清洁工具	清洗干净，放规定处干燥	按规定做 □	合格 □
容器管道	冲洗、湿抹干净，放规定地点	按规定做 □	合格 □
生产设备	湿抹或冲洗，标志符合状态要求	按规定做 □	合格 □
工作场地	湿抹或湿拖干净，标志符合状态要求	按规定做 □	合格 □
废 弃 物	清离现场，放规定地点	按规定做 □	合格 □
工艺文件	与续批产品无关的清离现场	按规定做 □	合格 □
注：符合规定在“□”中打“√”，不符合规定则清场至符合规定后打“√”			
清场时间	年　　月　　日　　班		
清场人员			
QA 签名：		日期及班次：	
检查合格发放清场合格证，清场合格证粘贴处			
备注：			

7. 实训设备常见故障及排除方法

实训设备常见故障及排除方法见表 11-4。

表 11-4　实训设备常见故障及排除方法

故障现象	发生原因	排除方法
乳化锅内物料沸腾	真空度过高	降低真空度
乳化头卡死	物料过稠	关闭电源，检修乳化头，根据故障原因重新处理物料
真空度不能达到要求	机械密封老化或阀门未关严	检查机器的机械密封及各阀门，重新关严或更换失效部件

活动 2　判断软膏剂的质量

(1) 外观　外观应色泽一致，质地细腻、无粗糙感，无污物，无酸败、异臭、变色、变硬，乳膏不得有油水分离及胀气现象。

(2) 黏稠度　软膏剂应具有适当的黏稠度，应易涂布于皮肤或黏膜上，不融化，黏稠度随季节变化应很小。

活动 3　审核生产记录

软膏剂制备操作实训过程中的记录包括软膏剂配制生产记录、清场记录。可从以下几方面进行记录的审核。

① 审查记录填写的及时性、字迹清晰程度、内容真实性、数据完整性。

② 审查记录上有无操作人与复核人的签名。

③ 审查记录的整洁程度、有无撕毁和任意涂改，若有更改，看更改处有无签名、原数据是否可辨认。

活动 4　讨论与分析

① 软膏配制中哪些步骤会对最终产品质量有较大影响?

② 配制不同类型软膏在操作上有哪些不同?

活动 5　考核配制软膏剂操作

考核内容	技 能 要 求		分值/分
生产前准备	生产工具准备	①检查复核清场情况,检查清场合格证 ②对设备状况进行检查,确证设备处于合格状态 ③对计量器、衡器进行检查核准 ④对生产用具的清洁状态进行检查	10
	物料的准备	①按生产指令领取生产原辅料 ②按生产工艺规程制订标准复核原辅料	10
软膏剂配制	水、油相的制备	①正确计算基质和药物的比例 ②正确计算投料量 ③正确控制加热温度 ④正确选择药物和基质的混合方法 ⑤正确操作机器进行搅拌	15
	乳　化	①正确将水相、油相过滤 ②正确将水相、油相混合搅拌 ③正确开启真空装置 ④正确进行冷却 ⑤正确出料	25
质量控制	外观、粒度、黏稠度等质量标准符合《中国药典》2010 版要求		10
记　录	岗位操作记录准确完整		10
清　场	①作业场所的清洁 ②使用工具和容器的清洁 ③使用设备的清洁和维护 ④清场记录		10
实操问答	正确回答考核人员的提问		10

项目二　软膏剂灌封工艺操作

【教学目标】

1. 掌握软膏剂灌封岗位操作程序
2. 掌握软膏剂灌封生产工艺管理要点及质量控制要点
3. 掌握B·GF-40软膏灌封机的标准操作规程
4. 掌握B·GF-40软膏灌封机的清洁、保养标准操作规程
5. 能操作B·GF-40软膏灌封机对软膏剂进行灌封，并进行清洁保养工作
6. 能对B·GF-40软膏灌封机生产过程中出现的一般故障进行排除

任务一　熟悉软膏剂灌封操作的相关背景资料

活动1　了解软膏剂灌封操作的适用岗位

本工艺操作适用于软膏剂灌封工、软膏剂灌封质量检查工。

1. 软膏剂灌封工

(1) 工种定义　软膏剂灌封工是将制备合格的软膏，使用软膏灌封机等专用设备，通过搅拌、乳化等过程将其灌入不同规格的金属或塑料管内经密封制成符合药典要求的软膏剂的操作人员。

(2) 适用范围　软膏剂灌封操作、灌封机清洁维护、质量自检。

2. 软膏剂灌封质量检查工

(1) 工种定义　软膏剂灌封质量检查工是指从事软膏剂灌封生产全过程的各工序质量控制点的现场监督和对规定的质量指标进行检查、判定的操作人员。

(2) 适用范围　制剂全过程的质量监督（工艺管理、QA）。

活动2　认识软膏剂灌封常用设备

1. GZC40全自动软膏灌封机

图11-3　B·GFW-40型自动灌装封尾机

GZC40全自动超声波软膏灌封机是一种功能齐全的软膏灌封机。从自动上管到自动排料全部自动完成，可对各种塑胶软管或复合软管进行膏状液体的灌装和封尾，并有温控及搅拌等辅助功能。

2. B·GFW-40型自动灌装封尾机

B·GFW-40型自动灌装封尾机（图11-3）适用于各种塑料软管和铝塑复合软管的灌装、封尾、切尾及日期打印，机器运转由程序控制，封尾外观美观，整齐，封合牢度高，配合各种不同规格的灌装头使用，可满足不同黏度的灌装要求。

活动3　识读软膏剂灌封岗位职责

(1) 严格执行《软膏剂灌封岗位操作程序》、《软膏剂灌封设备标准操作规程》。

(2) 负责软膏剂灌封所用设备的安全使用及日常保养，防止生产事故发生。

(3) 严格执行生产指令，保证软膏剂灌封所有物料名称、数量、规格、质量准确无误、

软膏剂灌封质量达规定质量要求。

（4）自觉遵守工艺纪律，保证软膏剂灌封岗位不发生混药、错药或对药品造成污染，发现偏差及时上报。

（5）认真如实填好生产记录，做到字迹清晰、内容真实、数据完整、不得任意涂改和撕毁，做好交接记录，顺利进入下道工序。

（6）工作结束或更换品种时应及时做好清洁卫生并按有关SOP进行清场工作，认真填写相应记录。做到岗位生产状态标识、设备所处状态标识、清洁状态标识清晰明了。

活动4　识读软膏剂灌封岗位操作程序

1. 生产前准备

（1）检查灌封间、工具、容器、设备等是否有清场合格标志，并核对是否在有效期内。否则按清场标准程序进行清场并经QA人员检查合格后，填写清场合格证，方可进入下一步操作。

（2）根据要求选择适宜软膏剂灌封设备，设备要有“合格”标牌，“已清洁”标牌，并对设备状况进行检查，确证设备正常，方可使用。

（3）检查水、电、气供应正常。

（4）检查储油箱的液位不超过视镜的2/3，润滑油涂抹阀杆和导轴。

（5）用75%乙醇溶液对贮料罐、喷头、活塞、连接管等进行消毒后按从下到上的顺序安装，安装计量泵时方向要准确、扭紧，紧固螺母时用力要适宜。

（6）检查抛管机械手是否安装到位。

（7）手动调试2～3圈，保证安装、调试到位。

（8）检查铝管，表面应平滑光洁，内容清晰完整，光标位置正确，铝管内无异物，管帽与管嘴配合；检查合格后装机。

（9）装上批号板，点动灌封机，观察灌封机运转是否正常；检查密封性、光标位置和批号。

（10）按生产指令称取物料，复核各物料的品名、规格、数量。

（11）挂本次运行状态标志，进入操作。

2. 灌封操作

（1）操作人员戴好口罩和一次性手套。

（2）加料　将料液加满贮料罐，盖上盖子，生产中当贮料罐内料液不足贮料灌总容积的1/3时，必须进行加料。

（3）灌封操作　开启灌封机总电源开关；设定每小时产量、是否注药等参数，按“送管”开始进空管，通过点动设定装量合格并确认设备无异常后，正常开机；每隔10min检查一次密封口、批号、装量。

3. 生产结束

（1）将剩余的空铝管收集，标明状态，交中间站。

（2）按《软膏剂灌封机清洁规程》、《灌封间清场操作规程》，对设备、场地、用具、容器进行清洁消毒，经QA人员检查合格，发清场合格证。

4. 记录

如实填写生产操作记录。

活动5　识读灌封工艺管理要点及质量控制关键点

1. 灌封工艺管理要点

（1）一般软膏的灌封操作室洁净度要求为不低于D级。室内相对室外呈正压，温度

18～26℃、相对湿度45%～65%。

（2）与药品直接接触的设备表面光滑、平整、易清洗、耐腐蚀，不与所加工的药品发生化学反应或吸附所加工的药品。

（3）在开动灌封机前应手动试机，确保运转无误再开机。

（4）每隔一定时间应检测装量、外观及密封性。

（5）生产过程中所有物料均应有明显的标示，防止发生混药、混批。

2. 质量控制关键点

（1）装量。

（2）密封性。

（3）软管外观。

任务二 训练软膏剂灌封操作

活动1 操作B·GFW-40型自动灌装封尾机

1. 开机前准备工作

（1）检查灌封间的温湿度、压力是否符合要求。

（2）检查气源是否正常，在传动部位导杆上涂抹适量润滑油，在油雾器中注入洁净透明油。

2. 开机操作

（1）打开电源开关，打开温控仪加热开关，预设为180℃左右。

（2）将“自动/手动”旋钮旋至“手动”位置，按下各点动按钮，检查各工位是否正常工作。

（3）接通电源、气源，将电源旋至“开”位置，将模式旋钮旋至“自动”位置，将加热开关旋至“开”位置。

（4）按下“启动”按钮，机器开始进入自动工作状态，观察各工位工作是否协调一致。

（5）将物料倒入料筒中，用料勺接在出料口上，会有料排出，待空气排尽后，插管试灌，称重后，调节装量。

（6）将管插入管座，按下启动按钮，根据封尾情况，调整转盘高度、切尾刀、加热温度。

（7）在生产中观察加热位置及切尾情况，微调转盘高度、切尾刀、加热温度。

3. 停机操作

（1）按“停机”按钮，使机器停转。

（2）关闭电源、气源。

4. 清洁与清场

（1）拆卸设备　按从上到下的顺序拆下贮料罐上的循环水管和温度计、搅拌器、贮料罐、计量泵、循环泵等。

（2）清洁贮料罐、搅拌器

① 把拆下的贮料罐和搅拌器送至洗涤间。贮料罐放在不锈钢桶中预洗，将贮料罐加入罐容积1/3的热水浸泡、刷洗5min，排除污水，按以上方法重复预洗1～2次直至无肉眼可见残留物。

② 加入适量的热水和洗洁精，先用软毛刷从上到下将罐壁刷洗，然后用饮用水冲洗两遍，拆下的搅拌器置于洗涤池内，用热水加洗洁精刷洗，然后用纯化水冲洗两遍。

③ 贮料罐和搅拌器分别用纯化水冲洗2min。

④ 用75%乙醇溶液擦拭贮料罐壁和搅拌器进行消毒，晾干后，送至称量间存放。

（3）清洁计量泵、循环泵、连接管

① 把拆下的计量泵、循环泵、软管送清洗间（应拆下计量泵及活塞各部位的垫圈，垫圈用纯化水冲洗），计量泵、循环泵、连接管拆开后放入装有热水的桶内浸泡5min（注意应浸没）。

② 向桶内加入适量洗洁精，用软毛刷轻轻擦洗计量泵、循环泵，注意擦洗活塞上的凹槽、小孔，直至无可见残留物，再用饮用水冲洗2次。

③ 用纯化水冲洗计量泵、循环泵等2min，然后排放纯化水。

④ 用75%乙醇溶液擦拭计量泵、循环泵进行消毒，晾干后放于工具柜内，清洗干净的垫圈擦干后用小的密封袋密封后定置存放。

（4）清洁灌封机表面

① 将废铝管清扫干净。

② 将灌封机表面及控制柜用毛巾从上到下仔细擦洗，并注意转盘及各个“夹子”以及底板上的清洁，有机玻璃用纯化水、毛巾擦净。

（5）清洁后，确认关闭电源开关及空压进气阀门。

（6）清洁天花板、墙壁、地面。

5. 保养

（1）装上料阀的锥形阀体后，重新检查其密封度。

（2）对料缸底部的计量电机导杆涂抹润滑油，以保持灵活；对料缸气缸下部的螺杆抹上足量的润滑脂，起润滑和密封作用。

6. 记录

实训过程中应及时、真实、完整、正确地填写各类生产记录（表11-5、表11-6）。

表11-5　软膏剂灌封生产操作记录

<table>
<tr><td>品名：</td><td>规格：</td><td>批号：</td><td>批量：　万支</td><td colspan="2">生产日期：</td></tr>
<tr><td colspan="2">操作步骤</td><td colspan="2">记　　录</td><td>操作人</td><td>复核人</td></tr>
<tr><td colspan="2">1. 检查上次生产清场记录</td><td colspan="2">已检查，符合要求 □</td><td rowspan="10"></td><td rowspan="10"></td></tr>
<tr><td colspan="2">2. 检查房间温度，相对湿度</td><td colspan="2">温度______℃
相对湿度______%</td></tr>
<tr><td colspan="2">3. 检查房间中有无上次生产的遗留物；有无与本批产品无关的物品、文件</td><td colspan="2">已检查，符合要求 □</td></tr>
<tr><td colspan="2">4. 检查磅秤、天平是否有效，调节零点</td><td colspan="2">已检查，符合要求 □</td></tr>
<tr><td colspan="2">5. 检查用具、容器应干燥洁净</td><td colspan="2">已检查，符合要求 □</td></tr>
<tr><td colspan="2">6. 灌封机点动运转应灵活无异常声音</td><td colspan="2">已检查，符合要求□</td></tr>
<tr><td colspan="2">7. 复核铝管的规格、批号、数量</td><td colspan="2">规格______批号______
数量______万支</td></tr>
<tr><td colspan="2">8. 检查抛管机械手是否安装到位；检查灌封机压缩空气压力</td><td colspan="2">抛管机械手安装到位□
灌封机压缩空气压力：______bar</td></tr>
<tr><td colspan="2">9. 手动试机2～3圈，保证安装、调试到位</td><td colspan="2">已试机，符合要求 □</td></tr>
<tr><td colspan="2">10. 装上批号板</td><td colspan="2">批号为：______</td></tr>
</table>

续表

品名：	规格：	批号：	批量：　万支	生产日期：	
操作步骤		记　录		操作人	复核人
11. 装上铝管，关闭下料开关，试车，检查每支空铝管的密封性、光标位置和批号		已试机，符合要求 □ 密封性检查合格率：______%			
12. 将药液加入贮料罐，调节装量至符合规定，进行灌封		装量合格 □ 外观检查合格 □ 密封性检查合格 □			
13. 生产过程中定时检测装量、外观及密封性		装量合格 □ 外观检查合格 □ 密封性检查合格 □			
14. 灌封好的产品检查、计数		成品：____万支			

表 11-6　软膏剂灌封工序清场记录

清场前	批号：	生产结束日期：　年　月　日　班	
检查项目	清场要求	清场情况	QA 检查
物　　料	结料，剩余物料退料	按规定做 □	合格 □
中间产品	清点、送规定地点放置，挂状态标记	按规定做 □	合格 □
工具器具	冲洗、湿抹干净，放规定地点	按规定做 □	合格 □
清洁工具	清洗干净，放规定处干燥	按规定做 □	合格 □
容器管道	冲洗、湿抹干净，放规定地点	按规定做 □	合格 □
生产设备	湿抹或冲洗，标志符合状态要求	按规定做 □	合格 □
工作场地	湿抹或湿拖干净，标志符合状态要求	按规定做 □	合格 □
废 弃 物	清离现场，放规定地点	按规定做 □	合格 □
工艺文件	与续批产品无关的清离现场	按规定做 □	合格 □
注：符合规定在“□”中打“√”，不符合规定则清场至符合规定后打“√”			
清场时间	年　月　日　班		
清场人员			
QA 签名：		日期及班次：	
检查合格发放清场合格证，清场合格证粘贴处			
备注：			

7. 实训设备常见故障及排除方法

实训设备常见故障及排除方法见表 11-7。

表 11-7　实训设备常见故障及排除方法

故障现象	可能原因	解决方法
产品装量差异大	①物料搅拌不均匀 ②有明显气泡 ③料筒中物料高度变化大	①将物料搅拌均匀后再加入料斗 ②用抽真空等方法排出气泡 ③保持料斗中物料高度一致，并不能少于容积的 1/4
封合不牢	①封合时间过短 ②加热温度过低 ③气压过低 ④加热带与封合带高度不一致	①适当延长加热时间 ②适当调高加热温度 ③气压调到规定值 ④调整加热带与封合带高度
封合尾部外观不美观	①加热部位夹合过紧 ②封合温度过高 ③加热封合切尾工位高度不一致	①调整加热头夹合间隙 ②适当降低加热温度，延长加热时间 ③调整工位高度

活动 2　判断软膏剂灌封的质量

1. 密封性

密封合格率应达到 100%。

2. 管外观

光标位置准确，批号清晰正确、文字对称美观，尾部折叠严密、整齐，铝管无变形。

3. 装量

按照《中国药典》2010 版装量法检查软膏剂装量应合格。

活动 3　审核生产记录

软膏剂制备操作实训过程中的记录包括软膏剂灌封生产记录、清场记录。可从以下几方面进行记录的审核。

① 审查记录填写的及时性、字迹清晰程度、内容真实性、数据完整性。

② 审查记录上有无操作人与复核人的签名。

③ 审查记录的整洁程度、有无撕毁和任意涂改，若有更改，看更改处有无签名、原数据是否可辨认。

活动 4　讨论与分析

① 软膏灌封中有哪些质量控制关键点？

② 软膏装量差异大的原因有哪些？

③ 软管尾部封合不牢固的原因有哪些？

活动 5　考核软膏剂灌封操作

考核内容	技能要求		分值/分
生产前准备	生产工具准备	①检查复核清场情况，检查清场合格证 ②对设备状况进行检查，确证设备处于合格状态 ③对计量器、衡器进行检查核准 ④对生产用具的清洁状态进行检查 ⑤机器调试	20
	物料的准备	①按生产指令领取生产原辅料 ②按生产工艺规程制订标准复核原辅料	10

续表

考核内容	技　能　要　求	分值/分
软膏剂灌封	①正确计算基质和药物的比例 ②正确计算投料量 ③正确加料 ④正确送管 ⑤正确操作机器进行灌封 ⑥正确按照软膏剂灌封机 SOP 操作	30
质量控制	密封性、管外观、装量等质量标准符合《中国药典》2010 版要求	10
记　录	岗位操作记录准确完整	10
清　场	①作业场所的清洁 ②使用工具和容器的清洁 ③使用设备的清洁和维护 ④清场记录	10
实操问答	正确回答考核人员的提问	10

第十二章　固体制剂的内包装操作

包装对固体制剂有以下几方面作用：①保护作用；②鉴别作用；③便于贮运。固体制剂常用的包装形式有：铝塑泡罩包装、复合膜包装、塑料瓶包装等。本章只介绍平板铝塑包装机的操作。

【教学目标】

1. 掌握药品内包装岗位操作程序
2. 掌握药品包装生产工艺管理要点及质量控制要点
3. 掌握 DPP-100 型行程可调式平板铝塑泡罩包装机的标准操作规程
4. 掌握 DPP-100 型行程可调式平板铝塑泡罩包装机的清洁、保养

任务一　熟悉固体制剂的包装操作的相关背景资料

活动 1　了解固体制剂的包装操作的适用岗位

本工艺操作适用于药品包装工、药品包装质量检查工、工艺员。

1. 药品包装工

（1）工种定义　药品包装工是使用规定的包装设备选择安装适宜的包装材料或容器将固体药品分装成符合质量要求的操作人员。

（2）适用范围　平板铝塑泡罩包装机操作、模具保管、质量自检。

2. 药品包装质量检查工

（1）工种定义　药品包装质量检查工是指从事药品制剂包装全过程的质量控制点的现场监督和对规定的质量指标进行检查、判定的操作人员。

（2）适用范围　药品包装全过程的质量监督（工艺管理、QA）。

活动 2　认识固体制剂常用内包装设备

DPP-100 型行程可调式平板铝塑泡罩包装机介绍如下。

1. 设备构成

DPP-100 型行程可调式平板铝塑泡罩包装机结构由机座、电机、传动系统、PVC 塑片成型工位、加料斗、热封工位、同步调节装置、冲裁工位、成品输送带组成。

2. 工作原理

DPP-100 型行程可调式平板铝塑泡罩包装机的生产技术是先将塑料薄片电热之软化，再移置于成型模具中，上方吹入的压缩空气，使薄片贴于模具壁上形成凹穴，凹穴充填药物制剂后用附有黏合膜的铝箔与已装有药品的塑料薄片加热压紧封合，形成泡罩包装。本机的特点是热封模具采用版面同步可调式。

活动 3　识读固体制剂的内包装岗位职责

（1）严格按工艺规程及包装标准操作程序进行原料和包装材料处理。

（2）按工艺规程要求对需进行包装的药品严格按《DPP-100 型行程可调式平板铝塑泡罩包装机操作规程》进行操作。

（3）生产完毕，按规定进行物料移交，并认真填写工序记录及生产记录。

（4）工作期间，严禁串岗、脱岗，不得做与本岗位无关之事。

（5）工作结束或更换品种时，严格按本岗位清场 SOP 进行清场，经质监员检查合格后，

挂标识牌。

(6) 注意设备保养，经常检查设备运转情况，操作时发现故障及时排除并上报。

活动4 识读固体制剂的内包装岗位操作程序

1. 生产前准备

(1) 检查工房、设备及容器的清洁状况，查看《清场合格证》并确认在有效期内。

(2) 取下《清场合格证》标牌，换上《正在生产》标牌。

(3) 从存料室领取PVC和铝箔，从中间站领取待包装的中间体（药片），注意核对产品名称、产品批号、规格、净重、检验报告单等。

(4) 检查模具、核对产品批号、有效期与生产指令是否一致，并升温，上好铝箔和PVC待温度达到要求时试机，观察设备是否正常，若有一般故障则自己排除，自己不能排除则通知维修人员。

2. 生产操作

(1) 待车间温度达到18～26℃、相对湿度达到45%～65%时，戴好手套，上料开始包装，并严格按DPP-100型行程可调式平板铝塑泡罩包装机操作规程进行。

(2) 在铝塑包装过程中要注意冲切位置要正确，产品批号、有效期要清晰、压合要严密，密封纹络清晰，质量监督员要随时抽查，控制质量。

(3) 将残次板剔除干净。

(4) 在生产中有异常情况则应由班长报告车间负责人并会商解决。

(5) 将包好的药板装好，注意不要过分挤压，以免刺破铝箔，填写好生产记录。

3. 生产结束

(1) 清洁设备、工具、容器，并按定置管理要求摆放。

(2) 换品种或规格时要按清场要求清场。

4. 记录

如实填写各生产记录。

活动5 识读固体制剂的内包装工艺管理要点及质量控制关键点

1. 生产工艺管理要点

(1) 包装操作室必须保持干燥，室内呈正压。

(2) 包装过程随时注意设备声音。

(3) 生产过程所有物料均应有标识，防止发生混药、混批。

2. 质量控制关键点

(1) 水泡眼完好性。

(2) 批号压痕、密封性能。

任务二 训练固体制剂的内包装操作

活动1 操作DPP-100型行程可调式平板铝塑泡罩包装机

1. 开机前的准备工作

(1) 检查工作

① 检查内包间的温湿度、压力是否符合要求。

② 检查设备的清洁卫生，检查各润滑点的润滑情况。

③ 按电器原理图及安全用电规定接通电源，打开电源开关，点动电机，观察电机运转方向是否与机上所示箭头方向相同，否则更换电源接头以更正运转方向。

④ 按机座后面标牌所示接通进出水口，将进气管接入进气接口。

（2）安装模具

① 将设备运行至上下模具距离最大时停机，断开电源，取出电热棒，拆除成型模具、热封模具和截切模具。

② 按工艺规定将批号字码和压痕刀片安装在热封模具中固定好。

③ 将新模具安装好，并安装好电热棒，对准位后拧固定螺栓但不拧紧，启动设备运行至上下模具夹紧后停机，断开电源。

④ 用扳手对称均匀将固定螺栓拧紧。

⑤ 用毛巾或软布稍蘸洗洁精擦去油污、污垢，然后用毛巾或软布擦干。

（3）安装 PVC 带、铝箔　将装放于秤料轴上 PVC 拉出，经送料辊、加料箱、成型上下模之间，再穿过加料器底部，经面板空挡处，至此连同从铝箔承料轴上经转辊而来的铝箔一起进入热封模具、压痕模具，再经过牵引气夹、锁紧装置，其端部进入模具。

（4）试运行　按下电机控制绿色按钮，加热板、热封上模自动放下，并延时开机（配时间继电器，可调），观察塑料、铝箔运行情况，待成型良好后打开水源开关并适度控制流量（水流过大会带走热量而影响成型，过小则不利于冷却）。

2. 开机操作

（1）开启总电源开关，各电热元件按要求通电升温。

（2）开启进气阀，开启进水阀。

（3）待加热元件预热至设定温度后，按下电机控制绿色按钮，进行空包装。

（4）检查水泡眼完好性、批号压痕、密封性能：水泡眼形状应饱满，否则应调整加热温度或压缩空气压力；整片压痕应均匀，否则应调节热封模具的松紧。

（5）将待包装物料加入料斗，开启加料器电源开关，开闸加料进行包装。

【DPP-100 型行程可调式平板铝塑泡罩包装机安全操作注意事项】

（1）生产过程中，注意力应集中，密切注意机器运转情况，不得用手触及加热元件、截切模具等地方，以免烫伤或切伤。

（2）对机器运转部件应按要求滴注适量润滑油。

（3）开机过程中随时注意 PVC 铝箔走向，防止走偏。

（4）发现机器故障要及时停机处理，通知维修人员，不得私自拆机。

3. 停机

（1）待设备运行至上下模具分开时，按下电机控制红色按钮，主电机停。

（2）关闭加料器电源开关。

（3）关闭总电源开关、进气阀、进水阀。

4. 清洁与清场

（1）清理操作台面上的残留药物。

（2）拆下下料器，用纯化水湿润的抹布将其擦拭干净后，用 75％乙醇湿润的抹布进行擦拭。

（3）用 75％乙醇湿润的洁净抹布擦拭主机、成型板、输送带。

（4）更换品种时应卸下模具、毛刷等与药品接触的部件，送清洗室用饮用水清洗干净后，用纯化水淋洗两遍，然后用洁净的干毛巾擦拭干净，星形毛刷及柱形毛刷甩干水后用压缩空气吹干。

（5）主机及不能卸下的部件，先用压缩空气吹净，再用 75％乙醇湿润的洁净抹布擦拭，最后用压缩空气吹干机器表面。

（6）挂上清洁状态标志。

（7）清洁天花板、墙壁、地面。

5. 保养

(1) 定期检查所有外露螺栓、螺母并拧紧，保证机器各部件完好可靠。

(2) 设备外表及内部应洁净无污物聚集。

(3) 各润滑油杯和油嘴每班加润滑油和润滑脂。

6. 记录

实训过程中应及时、真实、完整、正确地填写各类生产记录（表 12-1，表 12-2）。

表 12-1 内包装生产记录

<table>
<tr><td>品名</td><td></td><td>室内温度</td><td></td><td>批号</td><td></td><td>内包规格</td><td></td></tr>
<tr><td>规格</td><td></td><td>相对湿度</td><td></td><td>日期</td><td></td><td>班次</td><td></td></tr>
<tr><td>清场标志</td><td colspan="2">□符合 □不符合</td><td colspan="5">执行 □ 铝塑包装标准操作程序</td></tr>
<tr><td colspan="8">内 包 材 料 (kg)</td></tr>
<tr><td>内包材名称</td><td>批号</td><td>上班结余数</td><td>领用数</td><td>实用数</td><td>本班结余数</td><td colspan="2">损耗数</td></tr>
<tr><td></td><td></td><td></td><td></td><td></td><td></td><td colspan="2"></td></tr>
<tr><td></td><td></td><td></td><td></td><td></td><td></td><td colspan="2"></td></tr>
<tr><td colspan="8">片剂(或胶囊)包装 (万片/万粒)</td></tr>
<tr><td>领料数量</td><td>实包装数量</td><td>结余数量</td><td>废损数量</td><td colspan="4">热封温度</td></tr>
<tr><td></td><td></td><td></td><td></td><td colspan="4"></td></tr>
<tr><td>操作人</td><td></td><td>包装质量检查</td><td></td><td>检查人</td><td colspan="3"></td></tr>
<tr><td colspan="8">物 料 平 衡 计 算</td></tr>
<tr><td colspan="8">内包收得率$=\frac{实包装数量}{领料数量}\times100\%=$ ________ $\times100\%=$</td></tr>
<tr><td colspan="2">收得率范围:98%～100%</td><td colspan="2">结论:</td><td colspan="2">检 查 人</td><td colspan="2"></td></tr>
<tr><td>备注</td><td colspan="7"></td></tr>
</table>

工艺员：

表 12-2 内包装工序清场记录

清场前	批号：	生产结束日期： 年 月 日 班	
检查项目	清场要求	清场情况	QA 检查
物　　料	结料，剩余物料退料	按规定做 □	合格 □
中间产品	清点、送规定地点放置，挂状态标记	按规定做 □	合格 □
工具器具	冲洗、湿抹干净，放规定地点	按规定做 □	合格 □
清洁工具	清洗干净，放规定处干燥	按规定做 □	合格 □
容器管道	冲洗、湿抹干净，放规定地点	按规定做 □	合格 □
生产设备	湿抹或冲洗，标志符合状态要求	按规定做 □	合格 □
工作场地	湿抹或湿拖干净，标志符合状态要求	按规定做 □	合格 □
废 弃 物	清离现场，放规定地点	按规定做 □	合格 □
工艺文件	与续批产品无关的清离现场	按规定做 □	合格 □
注：符合规定在“□”中打“√”，不符合规定则清场至符合规定后填写			

续表

清场前	批号：	生产结束日期：　年　月　日　班
清场时间	年　月　日　班	
清场人员		
QA 签名	年　月　日　班	
检查合格发放清场合格证，清场合格证粘贴处		
备注		

活动 2　判断铝塑包装的质量

① 产品不带色点。
② 批号打印应正确和清晰。
③ 水泡眼应饱满。
④ 热合网纹应均匀整齐。
⑤ 包装材料表面无破损，无油污及异物黏附。

活动 3　审核生产记录

固体制剂内包装操作实训过程中的记录包括内包装生产记录、清场记录。可从以下几方面进行记录的审核。

① 审查记录填写的及时性、字迹清晰程度、内容真实性、数据完整性。
② 审查记录上有无操作人与复核人的签名。
③ 审查记录的整洁程度、有无撕毁和任意涂改，若有更改，看更改处有无签名、原数据是否可辨认。

活动 4　讨论与分析

① 造成水泡眼不饱满的原因是什么？
② 网纹压痕不清晰是什么原因？
③ 水泡眼四角网纹压痕不均匀是什么原因造成的？如何调整？

活动 5　考核固体制剂内包装操作

考核内容	技能要求		分值/分
生产前准备	生产工具准备	①检查核实清场情况，检查清场合格证 ②对设备状况进行检查，确保设备处于合格状态 ③对计量容器、衡器进行检查核准 ④对生产用的工具的清洁状态进行检查	15
	物料准备	①按生产指令领取生产原辅料 ②按生产工艺规程制订标准核实所用原辅料（检验报告单，规格，批号）	
包装操作	①按步骤安装好设备各部件 ②启动机器进行预热 ③预热完毕进行空包装调试，使水泡眼完好，压痕均匀，批号清晰 ④加入待包装物，进行包装 ⑤包装完毕按步骤关闭各开关		40
质量控制	水泡眼完好，批号压痕清晰，密封性好		15
记　录	岗位操作记录填写准确完整		10
生产结束清场	①作业场地清洁 ②工具和容器清洁 ③生产设备的清洁 ④清场记录		10
实操问答	正确回答考核人员的提问		10

第十三章　验证及设备验证

验证是证明任何程序、生产过程中、设备、物料、活动或系统确实能达到预期目的而进行的有文件证明的一系列活动。验证的种类包括工艺验证、厂房设施验证、设备验证、物料验证、标准验证等。本章主要对设备验证进行介绍和操作练习。

【教学目标】

1. 掌握设备验证的目的和依据
2. 掌握设备验证的人员分工及职责
3. 掌握设备验证的一般程序及内容
4. 能对验证结果进行综合评价，做出验证结论
5. 初步掌握设备验证方案的起草、组织实施验证方案
6. 掌握 HLSG-50 湿法混合制粒机的验证方法
7. 掌握 ZP-35B 旋转式压片机的验证方法
8. 掌握 0.5t/h 一级反渗透纯水装置的验证方法
9. 掌握验证记录的填写

任务一　熟悉设备验证的相关背景资料

活动1　了解设备验证的目的、依据及人员组成

设备验证的目的是对机器的设备制造、安装、运行性能各个环节进行确认，以证实机器是否符合设计要求，符合药品生产工具工艺对设备的要求。

设备验证的依据及采用文件包括：《药品生产质量管理规范及附录》（2010 年版）、设备档案、设备标准操作规程、设备标准清洁规程、设备维护保养规程等。

每个设备验证方案都应有一个完整的目录。

1　引言

1.1　验证项目小组人员及责任

1.2　概述

1.3　验证目的

1.4　验证依据及所需文件

1.5　验证所需仪器及设备

2　预确认

2.1　预确认的目的

2.2　预确认的项目和方法

2.3　材料质量的检查

2.4　设备性能指标检查

3　安装确认

3.1　安装确认的目的

3.2　安装确认的项目和方法

3.3　检查所需文件

4　运行确认

4.1　运行确认的目的

4.2　运行确认的项目及方法

4.3　空机运转状况检查

4.4　仪器仪表工作状况检查

5　性能确认

5.1　性能确认的目的

5.2　性能确认的项目和方法

5.3　操作、清洗、装拆、保养情况测试

6　验证周期

7　结果评价及建议

8　验证记录（空白）样张

9　验证报告样张

10　验证证书

设备验证小组由企业工程部、质量保证部、中心化验室、制剂车间的人员组成，并安排一名工程部的主管担任组长。

活动 2　识读设备验证的人员的职责

1. 设备验证项目小组职责

设备验证项目小组组长：负责起草验证方案，组织实施验证方案和完成验证报告。

设备验证项目小组组员：分别负责实施方案中安装确认、运行确认和性能确认的具体工作。

2. 设备验证工作中各部门的责任

设备验证工作领导小组：参加验证方案的会签、终审和批准，参加验证报告的批准；领导协调验证项目的实施，协调验证工作领导小组及专家的工作，对验证过程的技术和质量负责。

生产技术部：参加会签验证方案、验证报告，配合工程部完成验证工作。

质量保证部：负责组织验证方案、验证报告、验证结果的会审会签，负责对验证全过程实施监控；负责验证的协调工作，以保证本验证方案规定项目的顺利实施；负责建立验证档案，及时将批准实施的验证资料收存归档。

中心化验室：负责验证过程中的取样、检验、测试及结果报告，起草有关的检验规程和操作规程。

工程部：组织实施验证方案、会签验证方案、验证报告；负责设备的安装、调试及仪器仪表校正，并做好记录；负责收集各项验证记录，报验证工作领导小组；负责建立设备档案；负责起草设备的操作和维护的标准操作规程。

制剂车间：负责起草设备的清洁规程，负责生产环境的清洁处理，配合验证的各项工作。

供应部：为验证过程提供物质支持。

活动 3　识读设备验证的程序及内容

设备验证工作的一般程序如下。

项目确定→方案制订→方案批准→组织实施→验证报告→验证报告批准→出具合格证书→建立验证档案

设备验证方案的制订应由工程部组织质量保证部、生产技术部、制剂车间等部门共同完成。验证方案应附上以下表格（表 13-1～表 13-3）。

表 13-1 验证方案基本信息表

单位名称： 文件编号：

<table>
<tr><td>文件名称</td><td colspan="9"></td></tr>
<tr><td>文件编号</td><td colspan="9"></td></tr>
<tr><td>起 草 人</td><td colspan="3"></td><td colspan="3">起 草 日 期</td><td colspan="3">年 月 日</td></tr>
<tr><td>审 核 人</td><td colspan="3"></td><td colspan="3">审 核 日 期</td><td colspan="3">年 月 日</td></tr>
<tr><td rowspan="2">批 准 人</td><td colspan="3" rowspan="2"></td><td colspan="3">批 准 日 期</td><td colspan="3">年 月 日</td></tr>
<tr><td colspan="3">执 行 日 期</td><td colspan="3">年 月 日</td></tr>
<tr><td>颁发部门</td><td colspan="3">质量保证部</td><td>版本号</td><td colspan="2"></td><td colspan="2">分发号</td><td></td></tr>
<tr><td>分发部门</td><td>质量
保证</td><td>化验</td><td>生产
技术</td><td>设备
动力</td><td>车间</td><td>办公</td><td>人事</td><td>财务</td><td>档案</td></tr>
<tr><td>分发数量</td><td></td><td></td><td></td><td></td><td></td><td></td><td></td><td></td><td></td></tr>
</table>

表 13-2 验证方案会签单

会签部门	会 签	日 期
质 量 保 证 部		年 月 日
生 产 技 术 部		年 月 日
中 心 化 验 室		年 月 日
设 备 动 力 室		年 月 日
固 体 制 剂 车 间		年 月 日

表 13-3 验证工作领导小组审批表

审批意见：   批准人： 年 月 日

设备验证的内容如下。

(1) 预确认 查设备资料（如图纸、结构、技术指标、材质等）、设备的备用品与备件、供应商资质、售后服务、培训指导等。

(2) 安装确认 查设备安装环境及位置、部件安装、公用介质连接（主要有电源、接地保护）、仪器仪表的校验、主要技术参数的确认、文件（如使用说明书、设备出厂合格证、设备装箱单、配品配件清单）等。

查记录，编设备操作、维护、保养、清洁等规程。

（3）运行确认　主要是开机、停机、平稳性检查（主要检查开机、关机的指示灯情况及噪声等），空运转情况检查（主要查设备安装稳固性、电源连接、各运转部件及调节按钮的灵活性、速度和频率等显示屏的显示是否正常）、仪表工作状态检查、记录检查等。

（4）性能确认　性能确认是对预确认的再确认，也就是机器在用户处，正式模拟实际生产状态来检查机器的使用性能。

根据需要验证设备的参数，选择适当的原料、辅料等进行模拟生产，验证需要连续运转一定时间进行。待机器运行正常后，根据验证设备选择适当的取样点、取样间隔、检查项目进行验证。

验证实验结束前进行操作、清洁、装拆、保养情况等测试。

活动 4　识读设备验证的结果评价与建议

验证工作领导小组负责对验证结果进行综合评价，得出验证结论，发放验证证书，确认验证设备的检测程序及验证周期。

评价内容包括：验证试验是否有遗漏、验证实施过程中对验证方案有无修改、验证记录是否完整、验证结果是否符合标准、验证结果是否要进一步试验等。

任务二　HLSG-50 湿法混合制粒机的验证操作

活动 1　熟悉 LSG-50 湿法混合制粒机的相关背景资料

湿法混合制粒机是目前生产中广泛使用的制粒机，主要由主机、减速器、出料机构、操作部分、制粒部分、电器箱和平衡支撑部分组成。与物料接触部位材质为 304 不锈钢。

1. 概述

该设备是一种湿法制粒设备，它能一次性完成混合、加湿、制粒程序，使用的黏合剂少，干燥时间短，在固体制剂生产中是关键设备。它由锥形锅体、搅拌桨、制粒刀、进料、进液、出料、控制系统、充气密封系统、充水清洗系统及夹套水冷系统等组成。具以下特点。

（1）搅拌桨和制粒刀采用变频控制，转速配比无限多，方便控制粒径。

（2）V 型结构制粒刀和精密加工搅拌桨，可提高混合均匀度。

（3）设计合理，功能齐全，运行平稳。

（4）物料内封闭生产，搅拌桨和制粒刀拆装简便，利于清洁。

（5）与物料接触的金属部件采用 304 不锈钢材料，耐酸碱。

（6）配备 PLC 控制面板并带有安全保护功能，执行元件由变频器、气缸、电磁阀、模片阀、电机组成。

2. 设备信息

（1）生产厂家　上海××××制药机械公司。

（2）地址　上海市××路××号。

（3）电话　021-6298××××。

（4）邮编　200040。

活动 2　准备验证所需仪器与药品

仪器：紫外分光光度仪、烧瓶、量筒、量杯、量瓶、移液管等。

药品：对乙酰氨基酚、淀粉、糊精、微晶纤维素、0.04%氢氧化钠溶液、0.4%氢氧化钠溶液等。

活动 3　HLSG-50 湿法混合制粒机的验证操作

1. 预确认

（1）结构合理性　设计合理、结构简单、操作容易。

（2）技术先进性　设备能满足设计要求、生产工艺需要及GMP要求，操作安全、方便、可靠、功能齐全，适合于教学要求。

（3）材质要求：与物料直接接触部分为不锈钢材质，不易与药物发生反应，不易产生脱落物。

（4）备品配件：配用品、配件符合标准要求。

（5）供应商要求：供应商能及时供货并提供培训，价格适中。

综合以上要求，选用上海××制药机械有限公司HLSG-50湿法混合制粒机。

2. 安装确认

（1）安装环境及位置　设备背面离墙不少于1000mm，右侧离墙不少于800mm，左侧出料口应保留操作位置，洁净级别为D级洁净生产区域，工作环境符合要求。

（2）部件安装　主机、减速器、出料机构、搅拌桨、制粒刀、电器箱和平衡支撑部分等。

（3）公用介质连接　主要有电源、水源、气源连接及接地保护。

① 电源：380V/50Hz，三相五线。

② 压缩空气：0.5MPa（去油去水）。

③ 冷却水：0.1～0.2MPa。

（4）仪器仪表的校验　检查设备上所有的仪器、仪表包括压力表、电流表等的校正时间，确认是否在有效期内。

（5）主要技术参数确认

① 容积：50L。

② 投料量：6～18kg/批。

③ 成品粒度：0.14～1.5mm（12～100目）。

④ 搅拌桨电机功率：5.5kW。

⑤ 搅拌桨转速：50～500r/min。

⑥ 制粒刀电机功率：1.5kW。

⑦ 制粒刀转速：50～3000r/min，变频调速。

⑧ 压缩空气：0.3m^3，0.7MPa。

⑨ 主机尺寸：1650mm×850mm×1650mm。

（6）检查所需文件

① 2010年版GMP。

② HLSG-50湿法混合制粒机档案。

③ HLSG-50湿法混合制粒机标准操作规程。

④ HLSG-50湿法混合制粒机标准清洁规程。

⑤ HLSG-50湿法混合制粒机维护保养规程。

3. 运行确认

（1）开机、停机、平稳性检查　主要检查开机、停机的指示灯情况及噪声是否正常。

（2）空运转状况检查

① 检查气动系统、搅拌桨、制粒刀是否正常。

② 检查气密封，清洗密封和冷却水是否正常。

③ 检查出料气动运行是否正常。

（3）设备安装稳固性。

（4）电气连接。

（5）物料锅盖联锁和延迟。

（6）出料口是否灵活。

（7）压缩空气≥0.5MPa。

（8）水气开关开关自如。

（9）制粒刀、搅拌桨部分压缩空气流量 0.8m^3/h。

（10）制粒刀、搅拌桨通水流畅。

（11）工作台上的各按钮开关灵活。

（12）设备使用 SOP 与操作手册相符。

（13）仪器仪表工作状况检查　检查仪器仪表工作状况是否正常。

4. 性能确认

（1）确认采用物料　采用企业生产量最大、最有代表性的品种（如对乙酰氨基酚）制粒。

（2）确认总时间　连续负荷运转 25min。

（3）检查项目　混合均匀度。

（4）取样　试验物料，在混合 5min、10min、15min、20min、25min 时在同一水平面上选五个点分别取样（应包括制粒刀侧、搅拌桨侧、出料口侧），进行含量测定，计算每一时间水平对应的混合均匀度，结果与理论含量比较，得出最佳混合时间。

（5）操作、清洗、拆装、保养情况测试

① 清洗应方便，无死角、无泄漏；

② 装拆搅拌桨方便，易于清洗；

③ 润滑点清晰，操作、观察方便；

④ 使用润滑油情况。

5. 记录

验证过程中应及时、真实、完整、正确地填写各类验证记录（表 13-4～表 13-18、表 13-23）。

任务三　ZP-35B 旋转式压片机的验证

活动 1　熟悉 ZP-35B 旋转式压片机的相关背景资料

旋转式压片机是目前生产中广泛使用的压片机，主要由动力与传动部分、加料部件、压片部分、除尘器、控制部分等组成。

1. 概述

ZP-35B 旋转式压片机是目前生产中广泛应用的设备，转盘旋转一周即实现填充、压片、出片的过程，并可同时吸尘，是片剂生产中的关键设备。具有以下特点。

（1）可压直径 4～13mm 的圆形（可刻字）片剂。

（2）最大主压力　60kN。

（3）最大预压力　5kN。

（4）最大片厚度　5mm。

（5）最大充填深度　15mm。

（6）最大片产量　15.1 万片/h。

（7）转台转速　14～36r/min。

（8）主电机功率　3kW。

（9）工作电压　380V/50Hz。

2. 设备信息

（1）生产厂家　上海××制药机械公司。

（2）地址　上海市××路××号。

（3）电话　021-6298××××。

（4）邮编　200040。

活动2　准备验证所需仪器与药品

仪器：电子天平、崩解仪、硬度仪、脆碎仪、溶出仪、紫外分光光度仪、烧瓶、量筒、量杯、量瓶、移液管等。

药品：对乙酰氨基酚颗粒、0.04%氢氧化钠溶液、0.4%氢氧化钠溶液等。

活动3　ZP-35B旋转式压片机的验证操作

1. 预确认

（1）结构合理性　设计合理、结构简单、操作容易。

（2）技术先进性　能满足设计要求、生产工艺的需要及GMP的要求，操作安全、方便、可靠，功能齐全，适合于教学要求。

（3）材质要求　与物料直接接触部分为不锈钢材质，不易与药物发生反应，不易产生脱落物。

（4）备品配件　配用品、配件符合标准要求。

（5）供应商要求　供应商能及时供货并提供培训，价格适中。

综合以上要求，选用上海××制药机械有限公司ZP-35B旋转式压片机。

2. 安装确认

（1）安装环境及位置　本设备安装在药剂实训中心接压片室，背和右侧距墙应不小于700mm，洁净级别为D级洁净生产区域，工作环境符合要求。

（2）部件安装　主机，上、下冲头及中模，加料斗，月形回流加料器，除尘机等。

（3）公用介质连接　主要有电源，接地保护检查。

（4）仪器仪表的校验　检查电子显示屏幕校正时间，确认是否在有效期内。

（5）主要技术参数的确认

① 冲模数：35副。

② 上（下）冲杆外径：22mm。

③ 上（下）冲杆总长：115mm。

④ 中模外径：26mm。

⑤ 中模高度：22mm。

⑥ 最大压片产量：15.1万片/h。

⑦ 电源电压：380V/50Hz。

⑧ 主电机功率：3kW。

⑨ 转台转速：14～36r/min。

⑩ 外形尺寸：1160mm×1100mm×1720mm。

（6）检查所需文件

① 2010年版GMP。

② ZP-35B旋转式压片机档案。

③ ZP-35B旋转式压片机标准操作规程。

④ ZP-35B旋转式压片机标准清洁规程。

⑤ ZP-35B旋转式压片机维护保养规程。

3. 运行确认

(1) 开机、停机、平稳性检查　主要检查开机、关机的指示灯情况及噪声。

(2) 空运转状况检查　运转时机身平稳、转速均匀，无异响。

(3) 设备安装稳固性。

(4) 电源连接。

(5) 上、下冲头运转灵活自由。

(6) 除尘机抽风正常。

(7) 填充、压力调节旋钮转动灵活自由。

(8) 电子显示屏幕正常显示。

(9) 仪器仪表工作状况检查　检查仪器仪表工作状况是否正常。

4. 性能确认

(1) 确认采用物料　对乙酰氨基酚颗粒 5kg。

(2) 确认总时间　预定连续运转 1.5～2h。

(3) 检测项目　硬度、崩解度、脆碎度、片重差异、片厚。

(4) 取样时间　试压正常后，在压片总时间前 1/3 时间、中间 1/3 时间、后 1/3 时间各取样一次（每次取样量最少为检测量的 3 倍），进行片重差异、片厚、崩解、硬度、脆碎度检测。根据结果得出最佳的片重、片厚。

(5) 操作、清洁、装拆、保养情况测试

① 清洁应方便、无粉尘残留及其他污染。

② 上冲、下冲、中模、料斗、月形回流加料器装拆方便，易清洁。

③ 润滑点清晰，操作、观察方便。

④ 使用润滑油情况。

5. 记录

验证过程中应及时、真实、完整、正确地填写各类验证记录（表 13-4～表 13-17、表 13-19、表 13-23）。

任务四　0.5t/h 一级反渗透纯水装置的验证

活动 1　熟悉 0.5t/h 一级反渗透纯水装置的相关背景资料

1. 概述

本装置为目前生产企业广泛采用的制水设备。主要由机械过滤器、活性炭过滤器、精密过滤器、保安过滤器、一级反渗透装置及 PLC 水控制面板、水泵、增压泵、离子交换树脂、贮罐、紫外灯、输水管、阀门等组成。

2. 设备信息

(1) 生产厂家　广州××制药设备有限公司。

(2) 地址　广州市花都区港口工业区××路××号。

(3) 电话　020-8686××××。

(4) 邮编　510810。

活动 2　准备验证所需仪器与药品

仪器：pH 计、电导仪、烧瓶、量筒、量杯、量瓶、移液管等。

药品：溴麝香草酚蓝、10%氯化钾溶液、0.1%二苯胺硫酸溶液、标准硝酸盐溶液、碱性碘化汞钾试液等。

活动 3　0.5t/h 一级反渗透纯水装置的验证操作

1. 预确认

(1) 整套设备配置合理，所用材质、设计、制造均符合 GMP 要求。

(2) 工艺流程图：原水→机械过滤→活性炭过滤→精密过滤→保安过滤→一级反渗透（内有流量表、压力表、电导率仪）→一级淡水罐→混合床（离子交换树脂）→纯水罐→紫外灯→泵→终端过滤→使用点。

(3) 系统设有自动控制系统，采用 PLC 可编程控制器控制，可保证系统稳定工作，制水流程中流量、压力、电导率等都可进行在线控制。

(4) 贮罐及纯化水泵的材质均为 304 不锈钢。

(5) 管道及阀门材料均为卫生级不锈钢。

(6) 备品配件　配用品、配件符合标准要求。

(7) 供应商要求　供应商能及时供货并提供培训，价格适中。

综合以上要求，选用广州××制药设备有限公司 0.5t/h 一级反渗透纯水装置。

2. 安装确认

(1) 检查并确认系统中所有设备使用的材质应符合 GMP 要求。

(2) 检查并确认所有设备均安装稳固。

(3) 检查并确认所有单体设备无外观缺陷和损坏。

(4) 检查并确认控制面板与控制仪表连接正确。

(5) 检查并确认可拆卸的工作部件可拆卸、装配。

(6) 检查并确认纯水罐装有空气呼吸器。

(7) 检查并确认工程安装正确：全电源与控制面板及系统设备连接正确，并符合规范要求，检查并确认所有马达（电机）旋转方向正确。

(8) 检查并确认所有仪器、仪表经过校正并合格，且在有效期内。

(9) 检查并确认管道分配系统：循环布置、水平布置的安装角度，循环布置经清洗和消毒处理。

(10) 确认使用的连接阀门是卫生级，若为焊接必须是氩弧焊并经抛光。

(11) 检查并确认管道系统安装有取样阀且布局合理。

(12) 确认主要技术参数

① 纯化水产量：0.5t/h。

② 一级纯化水电导率：1～50μS/cm。

3. 运行确认

(1) 检查系统各个设备运行情况符合要求。

(2) 检查各个容器、管线、管件的密封情况及各泵的运行情况符合设计要求，无泄漏现象。

(3) 检查系统可实现自动控制；检查各项技术指标符合设计要求。

(4) 检查水泵按规定方向运转。

(5) 检查阀门和控制装置工作正常。

(6) 仪器仪表工作状况检查：检查仪器、仪表工作情况是否正常。

(7) 清洗干净所有贮罐，检查并确认无泄漏。

(8) 检查原水及纯水箱液位控制功能正常。

(9) 检查机械过滤器运行、冲洗、反冲功能正常。

(10) 检查活性炭滤器运行、冲洗、反冲功能正常。

(11) 检查复合床运行、冲洗、反冲功能正常。

(12) 检查一级反渗透运行、冲洗、洗药功能符合要求。

(13) 检查确认控制系统的功能符合设计要求。

4. 性能确认

(1) 检测并确认各参数符合设计要求。

(2) 检测系统三个星期持续使用情况，并进行水质检验。

① 取样点及取样频率

a. 纯水贮水罐：天天取样。

b. 总送水口：天天取样。

c. 总回水口：天天取样。

d. 各使用点：每个星期一次（可轮流取样，但需保证每个用水点每月不少于一次）。

② 重新取样（当出现个别点水质不合格时）

a. 在不合格使用点再取样一次。

b. 重新化验不合格指标。

c. 检验项目（化学指标）：pH 值、硝酸盐、亚硝酸盐、氨、电导率、铝盐、总有机碳、易氧化物、不挥发物、重金属、微生物限度检查。

(3) 操作、清洗、装拆情况测试。

5. 验证周期

(1) 系统新建成或改建后必须验证。

(2) 正常运作后，循环水泵不得停止工作，若较长时间停用，在正式生产前三个星期开启系统，并做三个星期的监控。

6. 记录

验证过程中应及时、真实、完整、正确地填写各类验证记录（表 13-4～表 13-17、表 13-18～表 13-23）。

表 13-4　验证项目小组人员组成表

职　　务	姓　　名	所在部门
组　长		工程部
组　员		质量保证部
组　员		中心化验室
组　员		工程部
组　员		固体制剂车间

表 13-5　验证证书

设备编号： 设备名称： 型号： 验证报告名称： 验证报告编号： 验证完成日期： 有效期： 验证工作领导小组 年　月　日

备注：

(1) 设备应在当前条件下使用，使用条件发生变更应报验证工作领导小组审核，必要时重新验证。

(2) 应按批准的标准规程对设备进行操作、维护和保养。

表 13-6 ________设备验证报告书

<table>
<tr><td>编　　号</td><td colspan="2"></td><td>验证日期</td><td></td></tr>
<tr><td colspan="5">验证组长：
组　　员：</td></tr>
<tr><td rowspan="8">验证情况</td><td colspan="2">验　证　项　目</td><td colspan="2">验　证　结　果</td></tr>
<tr><td colspan="2"></td><td colspan="2"></td></tr>
<tr><td colspan="2"></td><td colspan="2"></td></tr>
<tr><td colspan="2"></td><td colspan="2"></td></tr>
<tr><td colspan="2"></td><td colspan="2"></td></tr>
<tr><td colspan="2"></td><td colspan="2"></td></tr>
<tr><td colspan="2"></td><td colspan="2"></td></tr>
<tr><td colspan="2"></td><td colspan="2"></td></tr>
<tr><td colspan="5">评价和建议：</td></tr>
<tr><td colspan="5">最终结论：</td></tr>
<tr><td rowspan="6">审核人</td><td>所在部门</td><td colspan="2">签　名</td><td>日　期</td></tr>
<tr><td>质量保证部</td><td colspan="2"></td><td>年　月　日</td></tr>
<tr><td>中心化验室</td><td colspan="2"></td><td>年　月　日</td></tr>
<tr><td>生产技术部</td><td colspan="2"></td><td>年　月　日</td></tr>
<tr><td>工程部</td><td colspan="2"></td><td>年　月　日</td></tr>
<tr><td>固体制剂车间</td><td colspan="2"></td><td>年　月　日</td></tr>
<tr><td colspan="2">起草人：

年　月　日</td><td colspan="3">批准人：

年　月　日</td></tr>
</table>

表 13-7 验证项目计划书

单位名称：　　　　　　　　　　　　　　　　　　　　　　记录编号：

<table>
<tr><td colspan="2">验 证 题 目</td><td colspan="4"></td></tr>
<tr><td colspan="2">目 的 概 要</td><td colspan="4"></td></tr>
<tr><td colspan="2">验证小组组员</td><td colspan="4">组长：
组员：</td></tr>
<tr><td colspan="2">期待结果</td><td colspan="4"></td></tr>
<tr><td colspan="2">验证方法</td><td colspan="4"></td></tr>
<tr><td colspan="2">超过容许值的应对措施</td><td colspan="4"></td></tr>
<tr><td colspan="2">验证实验时间</td><td colspan="4"></td></tr>
<tr><td colspan="2">小组负责人</td><td colspan="4"></td></tr>
<tr><td>起草人</td><td></td><td>审核人</td><td></td><td>批准人</td><td></td></tr>
<tr><td>起草时间</td><td></td><td>审核时间</td><td></td><td>批准时间</td><td></td></tr>
</table>

表 13-8　验证项目申请单

单位名称：　　　　　　　　　　　　　　　　　　　　　　　　记录编号：

验证项目	
目　　的	
小组成员	组长： 组员：
要求完成时间	年　月　日
提出部门：	批准部门：
签名： 年　月　日	签名： 年　月　日
备　注：	

表 13-9　＿＿＿＿＿设备安装环境及位置检查记录

单位名称：　　　　　　　　　　　　　　　　　　　　　　　　记录编号：

项　　目	要　　求	安装情况
安装地点		合格□　不合格□
洁净级别		合格□　不合格□
温　　度		合格□　不合格□
湿　　度		合格□　不合格□
四周与墙距离		合格□　不合格□
检查人	检查日期：　年　月　日	
复检人	复核日期：　年　月　日	
备　注：		

表 13-10　＿＿＿＿＿安装确认检查记录

单位名称：　　　　　　　　　　　　　　　　　　　　　　　　记录编号：

主要部件名称	要　　求	是否符合要求
		是□　否□
		是□　否□
		是□　否□
		是□　否□
		是□　否□
		是□　否□
检查人	检查日期：　年　月　日	
复检人	复核日期：　年　月　日	
备　注：		

表 13-11 ______设备公用介质连接检查记录

单位名称： 记录编号：

设计参数	设计要求	是否符合
		符合□ 不符合□
		符合□ 不符合□
		符合□ 不符合□
		符合□ 不符合□
		符合□ 不符合□
检查人	检查日期： 年 月 日	
复检人	复核日期： 年 月 日	
备 注		

表 13-12 ______设备仪器仪表检查记录

单位名称： 记录编号：

仪表名称	编 号	校正周期	校正结果	备 注
			符合□ 不符合□	
			符合□ 不符合□	
			符合□ 不符合□	
			符合□ 不符合□	
检查人：		检查日期： 年 月 日		
复核人：		复核日期： 年 月 日		

表 13-13 ______设备主要技术参数检查记录

单位名称： 记录编号：

主要技术参数	设计要求	是否符合要求
		符合□ 不符合□
		符合□ 不符合□
		符合□ 不符合□
		符合□ 不符合□
		符合□ 不符合□
		符合□ 不符合□
		符合□ 不符合□
		符合□ 不符合□
检查人	检查日期： 年 月 日	
复检人	复核日期： 年 月 日	
备 注		

表 13-14　＿＿＿＿设备文件检查记录

单位名称：　　　　　　　　　　　　　　　　　　　　　　　　记录编号：

设备编号		设备名称	
设备型号			
文件名称	份数	存放地点	备　注
使用说明书			
出厂合格证			
设备装箱单			
备品备件清单			
标准操作规程			
维护保养规程			
2010 版 GMP			
检查人：		检查日期：　年　月　日	
复核人：		复核日期：　年　月　日	

表 13-15　＿＿＿＿设备开机、停机平稳性检查记录

单位名称：　　　　　　　　　　　　　　　　　　　　　　　　记录编号：

检查项目	要　求	实　际　结　果
电源开关		符合□　不符合□
		符合□　不符合□
		符合□　不符合□
		符合□　不符合□
		符合□　不符合□
		符合□　不符合□
		符合□　不符合□
		符合□　不符合□
检查人：	检查日期：　年　月　日	
复核人：	复核日期：　年　月　日	

表 13-16　＿＿＿＿设备空运转检查记录

单位名称：　　　　　　　　　　　　　　　　　　　　　　　　记录编号：

项　目	要　求	检查结果
安装稳固性		符合□　不符合□
各　仪　表		符合□　不符合□
各　按　钮		符合□　不符合□
		符合□　不符合□
		符合□　不符合□
		符合□　不符合□
检查人：	检查日期：　年　月　日	
复核人：	复核日期：　年　月　日	

表 13-17 ________设备仪表工作情况检查记录

单位名称： 记录编号：

检查项目	要 求	检查结果
		符合□ 不符合□
		符合□ 不符合□
		符合□ 不符合□
		符合□ 不符合□
		符合□ 不符合□
		符合□ 不符合□
检查人：	检查日期： 年 月 日	
复核人：	复核日期： 年 月 日	

表 13-18 颗粒含量均匀度检查记录

单位名称： 记录编号：

试验物料			理论含量		
取样时间 检验结果					
取样点 1					
取样点 2					
取样点 3					
取样点 4					
取样点 5					
验证结论					
取样人			取样日期： 年 月 日		
检验人			检验时间： 年 月 日		
复核人			复核时间： 年 月 日		
备 注					

表 13-19 片剂质量检查记录

单位名称： 记录编号：

试验物料					
取样时间 理论值 化验结果					
片重差异					
厚度					
崩解度					
脆碎度					
硬度					

续表

试验物料					
取样时间 / 理论值 / 化验结果					
验证结论					
取样人			取样日期：　年　月　日		
检验人			检验时间：　年　月　日		
复核人			复核时间：　年　月　日		
备　注					

表 13-20　反渗透运行记录

单位名称：　　　　　　　　　　　　　　　　　　　　　　　　　　记录编号：

时间	RO								回收率/%	脱盐率/%
	入水口				浓缩水		渗透水			
	温度/℃	压力/MPa	流量/(t/h)	电导率/(μS/cm)	压力/MPa	流量/(t/h)	压力/MPa	流量/(t/h)		
检查人：				复核人：						

表 13-21　系统水质取样监测表

单位名称：　　　　　　　　　　　　　　　　　　　　　　　　　　记录编号：

测试内容	工作状况说明
按纯化水质量标准监测纯化水水质，共 3 个周期。每周期 7 天	第一周期：1　2　3　4　5　6　7
	纯化水罐：
	总送水口：
	总回水口：
	第二周期：1　2　3　4　5　6　7
	纯化水罐：
	总送水口：

续表

测试内容	工作状况说明
按纯化水质量标准监测纯化水水质，共3个周期。每周期7天	总回水口：
	第三周期：1　2　3　4　5　6　7
	纯化水罐：
	总送水口：
	总回水口：
	使用点：1　2　3　4　5　6　7
	第一次：
	第二次：
	第三次：

表 13-22　水样检查报告

取样点位置：　　　　　　　　　　　　　　　取样日期：　　年　月　日

测定项目	分析限度	结果	化验员签名	日　期

表 13-23　__________设备操作、清洁、装拆、保养情况检查记录

单位名称：　　　　　　　　　　　　　　　记录编号：

项　目	要　求	检 查 结 果
操作情况		符合□　不符合□
清洁情况		符合□　不符合□
装拆情况		符合□　不符合□
保养情况		符合□　不符合□
润滑油情况		符合□　不符合□
检查人：	检查日期：　年　月　日	
复核人：	复核日期：　年　月　日	

附　录

药品生产质量管理规范（2010年修订）

中华人民共和国卫生部　令

第79号

《药品生产质量管理规范（2010年修订）》已于2010年10月19日经卫生部部务会议审议通过，现予以发布，自2011年3月1日起施行。

部长　陈　竺

二〇一一年一月十七日

第一章　总　　则

第一条　为规范药品生产质量管理，根据《中华人民共和国药品管理法》、《中华人民共和国药品管理法实施条例》，制定本规范。

第二条　企业应当建立药品质量管理体系。该体系应当涵盖影响药品质量的所有因素，包括确保药品质量符合预定用途的有组织、有计划的全部活动。

第三条　本规范作为质量管理体系的一部分，是药品生产管理和质量控制的基本要求，旨在最大限度地降低药品生产过程中污染、交叉污染以及混淆、差错等风险，确保持续稳定地生产出符合预定用途和注册要求的药品。

第四条　企业应当严格执行本规范，坚持诚实守信，禁止任何虚假、欺骗行为。

第二章　质量管理

第一节　原　　则

第五条　企业应当建立符合药品质量管理要求的质量目标，将药品注册的有关安全、有效和质量可控的所有要求，系统地贯彻到药品生产、控制及产品放行、贮存、发运的全过程中，确保所生产的药品符合预定用途和注册要求。

第六条　企业高层管理人员应当确保实现既定的质量目标，不同层次的人员以及供应商、经销商应当共同参与并承担各自的责任。

第七条　企业应当配备足够的、符合要求的人员、厂房、设施和设备，为实现质量目标提供必要的条件。

第二节　质量保证

第八条　质量保证是质量管理体系的一部分。企业必须建立质量保证系统，同时建立完整的文件体系，以保证系统有效运行。

第九条　质量保证系统应当确保：

（一）药品的设计与研发体现本规范的要求；

（二）生产管理和质量控制活动符合本规范的要求；

（三）管理职责明确；

（四）采购和使用的原辅料和包装材料正确无误；

（五）中间产品得到有效控制；

（六）确认、验证的实施；

（七）严格按照规程进行生产、检查、检验和复核；
（八）每批产品经质量受权人批准后方可放行；
（九）在贮存、发运和随后的各种操作过程中有保证药品质量的适当措施；
（十）按照自检操作规程，定期检查评估质量保证系统的有效性和适用性。

第十条 药品生产质量管理的基本要求：
（一）制定生产工艺，系统地回顾并证明其可持续稳定地生产出符合要求的产品；
（二）生产工艺及其重大变更均经过验证；
（三）配备所需的资源，至少包括：
1. 具有适当的资质并经培训合格的人员；
2. 足够的厂房和空间；
3. 适用的设备和维修保障；
4. 正确的原辅料、包装材料和标签；
5. 经批准的工艺规程和操作规程；
6. 适当的贮运条件。
（四）应当使用准确、易懂的语言制定操作规程；
（五）操作人员经过培训，能够按照操作规程正确操作；
（六）生产全过程应当有记录，偏差均经过调查并记录；
（七）批记录和发运记录应当能够追溯批产品的完整历史，并妥善保存、便于查阅；
（八）降低药品发运过程中的质量风险；
（九）建立药品召回系统，确保能够召回任何一批已发运销售的产品；
（十）调查导致药品投诉和质量缺陷的原因，并采取措施，防止类似质量缺陷再次发生。

第三节 质量控制

第十一条 质量控制包括相应的组织机构、文件系统以及取样、检验等，确保物料或产品在放行前完成必要的检验，确认其质量符合要求。

第十二条 质量控制的基本要求：

（一）应当配备适当的设施、设备、仪器和经过培训的人员，有效、可靠地完成所有质量控制的相关活动；

（二）应当有批准的操作规程，用于原辅料、包装材料、中间产品、待包装产品和成品的取样、检查、检验以及产品的稳定性考察，必要时进行环境监测，以确保符合本规范的要求；

（三）由经授权的人员按照规定的方法对原辅料、包装材料、中间产品、待包装产品和成品取样；

（四）检验方法应当经过验证或确认；

（五）取样、检查、检验应当有记录，偏差应当经过调查并记录；

（六）物料、中间产品、待包装产品和成品必须按照质量标准进行检查和检验，并有记录；

（七）物料和最终包装的成品应当有足够的留样，以备必要的检查或检验；除最终包装容器过大的成品外，成品的留样包装应当与最终包装相同。

第四节 质量风险管理

第十三条 质量风险管理是在整个产品生命周期中采用前瞻或回顾的方式，对质量风险进行评估、控制、沟通、审核的系统过程。

第十四条 应当根据科学知识及经验对质量风险进行评估，以保证产品质量。

第十五条 质量风险管理过程所采用的方法、措施、形式及形成的文件应当与存在风险的级别相适应。

第三章 机构与人员

第一节 原 则

第十六条 企业应当建立与药品生产相适应的管理机构，并有组织机构图。

企业应当设立独立的质量管理部门，履行质量保证和质量控制的职责。质量管理部门可以分别设立质量保证部门和质量控制部门。

第十七条 质量管理部门应当参与所有与质量有关的活动，负责审核所有与本规范有关的文件。质量管理部门人员不得将职责委托给其他部门的人员。

第十八条 企业应当配备足够数量并具有适当资质（含学历、培训和实践经验）的管理和操作人员，应当明确规定每个部门和每个岗位的职责。岗位职责不得遗漏，交叉的职责应当有明确规定。每个人所承担的职责不应当过多。

所有人员应当明确并理解自己的职责，熟悉与其职责相关的要求，并接受必要的培训，包括上岗前培训和继续培训。

第十九条 职责通常不得委托给他人。确需委托的，其职责可委托给具有相当资质的指定人员。

第二节 关键人员

第二十条 关键人员应当为企业的全职人员，至少应当包括企业负责人、生产管理负责人、质量管理负责人和质量受权人。

质量管理负责人和生产管理负责人不得互相兼任。质量管理负责人和质量受权人可以兼任。应当制定操作规程确保质量受权人独立履行职责，不受企业负责人和其他人员的干扰。

第二十一条 企业负责人

企业负责人是药品质量的主要责任人，全面负责企业日常管理。为确保企业实现质量目标并按照本规范要求生产药品，企业负责人应当负责提供必要的资源，合理计划、组织和协调，保证质量管理部门独立履行其职责。

第二十二条 生产管理负责人

（一）资质：

生产管理负责人应当至少具有药学或相关专业本科学历（或中级专业技术职称或执业药师资格），具有至少三年从事药品生产和质量管理的实践经验，其中至少有一年的药品生产管理经验，接受过与所生产产品相关的专业知识培训。

（二）主要职责：

1. 确保药品按照批准的工艺规程生产、贮存，以保证药品质量；

2. 确保严格执行与生产操作相关的各种操作规程；

3. 确保批生产记录和批包装记录经过指定人员审核并送交质量管理部门；

4. 确保厂房和设备的维护保养，以保持其良好的运行状态；

5. 确保完成各种必要的验证工作；

6. 确保生产相关人员经过必要的上岗前培训和继续培训，并根据实际需要调整培训内容。

第二十三条 质量管理负责人

（一）资质：

质量管理负责人应当至少具有药学或相关专业本科学历（或中级专业技术职称或执业药师资格），具有至少五年从事药品生产和质量管理的实践经验，其中至少一年的药品质量管理经验，接受过与所生产产品相关的专业知识培训。

（二）主要职责：

1. 确保原辅料、包装材料、中间产品、待包装产品和成品符合经注册批准的要求和质量标准；

2. 确保在产品放行前完成对批记录的审核；

3. 确保完成所有必要的检验；

4. 批准质量标准、取样方法、检验方法和其他质量管理的操作规程；

5. 审核和批准所有与质量有关的变更；

6. 确保所有重大偏差和检验结果超标已经过调查并得到及时处理；

7. 批准并监督委托检验；

8. 监督厂房和设备的维护，以保持其良好的运行状态；

9. 确保完成各种必要的确认或验证工作，审核和批准确认或验证方案和报告；

10. 确保完成自检；

11. 评估和批准物料供应商；

12. 确保所有与产品质量有关的投诉已经过调查，并得到及时、正确的处理；

13. 确保完成产品的持续稳定性考察计划，提供稳定性考察的数据；

14. 确保完成产品质量回顾分析；

15. 确保质量控制和质量保证人员都已经过必要的上岗前培训和继续培训，并根据实际需要调整培训内容。

第二十四条 生产管理负责人和质量管理负责人通常有下列共同的职责：

（一）审核和批准产品的工艺规程、操作规程等文件；

（二）监督厂区卫生状况；

（三）确保关键设备经过确认；

（四）确保完成生产工艺验证；

（五）确保企业所有相关人员都已经过必要的上岗前培训和继续培训，并根据实际需要调整培训内容；

（六）批准并监督委托生产；

（七）确定和监控物料和产品的贮存条件；

（八）保存记录；

（九）监督本规范执行状况；

（十）监控影响产品质量的因素。

第二十五条 质量受权人

（一）资质：

质量受权人应当至少具有药学或相关专业本科学历（或中级专业技术职称或执业药师资格），具有至少五年从事药品生产和质量管理的实践经验，从事过药品生产过程控制和质量检验工作。

质量受权人应当具有必要的专业理论知识，并经过与产品放行有关的培训，方能独立履行其职责。

（二）主要职责：

1. 参与企业质量体系建立、内部自检、外部质量审计、验证以及药品不良反应报告、产品召回等质量管理活动；

2. 承担产品放行的职责，确保每批已放行产品的生产、检验均符合相关法规、药品注册要求和质量标准；

3. 在产品放行前，质量受权人必须按照上述第 2 项的要求出具产品放行审核记录，并纳入批记录。

第三节　培　　训

第二十六条　企业应当指定部门或专人负责培训管理工作，应当有经生产管理负责人或质量管理负责人审核或批准的培训方案或计划，培训记录应当予以保存。

第二十七条　与药品生产、质量有关的所有人员都应当经过培训，培训的内容应当与岗位的要求相适应。除进行本规范理论和实践的培训外，还应当有相关法规、相应岗位的职责、技能的培训，并定期评估培训的实际效果。

第二十八条　高风险操作区（如：高活性、高毒性、传染性、高致敏性物料的生产区）的工作人员应当接受专门的培训。

第四节　人员卫生

第二十九条　所有人员都应当接受卫生要求的培训，企业应当建立人员卫生操作规程，最大限度地降低人员对药品生产造成污染的风险。

第三十条　人员卫生操作规程应当包括与健康、卫生习惯及人员着装相关的内容。生产区和质量控制区的人员应当正确理解相关的人员卫生操作规程。企业应当采取措施确保人员卫生操作规程的执行。

第三十一条　企业应当对人员健康进行管理，并建立健康档案。直接接触药品的生产人员上岗前应当接受健康检查，以后每年至少进行一次健康检查。

第三十二条　企业应当采取适当措施，避免体表有伤口、患有传染病或其他可能污染药品疾病的人员从事直接接触药品的生产。

第三十三条　参观人员和未经培训的人员不得进入生产区和质量控制区，特殊情况确需进入的，应当事先对个人卫生、更衣等事项进行指导。

第三十四条　任何进入生产区的人员均应当按照规定更衣。工作服的选材、式样及穿戴方式应当与所从事的工作和空气洁净度级别要求相适应。

第三十五条　进入洁净生产区的人员不得化妆和佩戴饰物。

第三十六条　生产区、仓储区应当禁止吸烟和饮食，禁止存放食品、饮料、香烟和个人用药品等非生产用物品。

第三十七条　操作人员应当避免裸手直接接触药品、与药品直接接触的包装材料和设备表面。

第四章　厂房与设施

第一节　原　　则

第三十八条　厂房的选址、设计、布局、建造、改造和维护必须符合药品生产要求，应当能够最大限度地避免污染、交叉污染、混淆和差错，便于清洁、操作和维护。

第三十九条　应当根据厂房及生产防护措施综合考虑选址，厂房所处的环境应当能够最大限度地降低物料或产品遭受污染的风险。

第四十条　企业应当有整洁的生产环境；厂区的地面、路面及运输等不应当对药品的生产造成污染；生产、行政、生活和辅助区的总体布局应当合理，不得互相妨碍；厂区和厂房内的人、物流走向应当合理。

第四十一条　应当对厂房进行适当维护，并确保维修活动不影响药品的质量。应当按照详细的书面操作规程对厂房进行清洁或必要的消毒。

第四十二条　厂房应当有适当的照明、温度、湿度和通风，确保生产和贮存的产品质量以及相关设备性能不会直接或间接地受到影响。

第四十三条　厂房、设施的设计和安装应当能够有效防止昆虫或其他动物进入。应当采取必要的措施，避免所使用的灭鼠药、杀虫剂、烟熏剂等对设备、物料、产品造成污染。

第四十四条 应当采取适当措施，防止未经批准人员的进入。生产、贮存和质量控制区不应当作为非本区工作人员的直接通道。

第四十五条 应当保存厂房、公用设施、固定管道建造或改造后的竣工图纸。

第二节 生 产 区

第四十六条 为降低污染和交叉污染的风险，厂房、生产设施和设备应当根据所生产药品的特性、工艺流程及相应洁净度级别要求合理设计、布局和使用，并符合下列要求：

（一）应当综合考虑药品的特性、工艺和预定用途等因素，确定厂房、生产设施和设备多产品共用的可行性，并有相应评估报告；

（二）生产特殊性质的药品，如高致敏性药品（如青霉素类）或生物制品（如卡介苗或其他用活性微生物制备而成的药品），必须采用专用和独立的厂房、生产设施和设备。青霉素类药品产尘量大的操作区域应当保持相对负压，排至室外的废气应当经过净化处理并符合要求，排风口应当远离其他空气净化系统的进风口；

（三）生产β-内酰胺结构类药品、性激素类避孕药品必须使用专用设施（如独立的空气净化系统）和设备，并与其他药品生产区严格分开；

（四）生产某些激素类、细胞毒性类、高活性化学药品应当使用专用设施（如独立的空气净化系统）和设备；特殊情况下，如采取特别防护措施并经过必要的验证，上述药品制剂则可通过阶段性生产方式共用同一生产设施和设备；

（五）用于上述第（二）、（三）、（四）项的空气净化系统，其排风应当经过净化处理；

（六）药品生产厂房不得用于生产对药品质量有不利影响的非药用产品。

第四十七条 生产区和贮存区应当有足够的空间，确保有序地存放设备、物料、中间产品、待包装产品和成品，避免不同产品或物料的混淆、交叉污染，避免生产或质量控制操作发生遗漏或差错。

第四十八条 应当根据药品品种、生产操作要求及外部环境状况等配置空调净化系统，使生产区有效通风，并有温度、湿度控制和空气净化过滤，保证药品的生产环境符合要求。

洁净区与非洁净区之间、不同级别洁净区之间的压差应当不低于10帕斯卡。必要时，相同洁净度级别的不同功能区域（操作间）之间也应当保持适当的压差梯度。

口服液体和固体制剂、腔道用药（含直肠用药）、表皮外用药品等非无菌制剂生产的暴露工序区域及其直接接触药品的包装材料最终处理的暴露工序区域，应当参照“无菌药品”附录中D级洁净区的要求设置，企业可根据产品的标准和特性对该区域采取适当的微生物监控措施。

第四十九条 洁净区的内表面（墙壁、地面、天棚）应当平整光滑、无裂缝、接口严密、无颗粒物脱落，避免积尘，便于有效清洁，必要时应当进行消毒。

第五十条 各种管道、照明设施、风口和其他公用设施的设计和安装应当避免出现不易清洁的部位，应当尽可能在生产区外部对其进行维护。

第五十一条 排水设施应当大小适宜，并安装防止倒灌的装置。应当尽可能避免明沟排水；不可避免时，明沟宜浅，以方便清洁和消毒。

第五十二条 制剂的原辅料称量通常应当在专门设计的称量室内进行。

第五十三条 产尘操作间（如干燥物料或产品的取样、称量、混合、包装等操作间）应当保持相对负压或采取专门的措施，防止粉尘扩散、避免交叉污染并便于清洁。

第五十四条 用于药品包装的厂房或区域应当合理设计和布局，以避免混淆或交叉污染。如同一区域内有数条包装线，应当有隔离措施。

第五十五条 生产区应当有适度的照明，目视操作区域的照明应当满足操作要求。

第五十六条　生产区内可设中间控制区域，但中间控制操作不得给药品带来质量风险。

第三节　仓　储　区

第五十七条　仓储区应当有足够的空间，确保有序存放待验、合格、不合格、退货或召回的原辅料、包装材料、中间产品、待包装产品和成品等各类物料和产品。

第五十八条　仓储区的设计和建造应当确保良好的仓储条件，并有通风和照明设施。仓储区应当能够满足物料或产品的贮存条件（如温湿度、避光）和安全贮存的要求，并进行检查和监控。

第五十九条　高活性的物料或产品以及印刷包装材料应当贮存于安全的区域。

第六十条　接收、发放和发运区域应当能够保护物料、产品免受外界天气（如雨、雪）的影响。接收区的布局和设施应当能够确保到货物料在进入仓储区前可对外包装进行必要的清洁。

第六十一条　如采用单独的隔离区域贮存待验物料，待验区应当有醒目的标识，且只限于经批准的人员出入。

不合格、退货或召回的物料或产品应当隔离存放。

如果采用其他方法替代物理隔离，则该方法应当具有同等的安全性。

第六十二条　通常应当有单独的物料取样区。取样区的空气洁净度级别应当与生产要求一致。如在其他区域或采用其他方式取样，应当能够防止污染或交叉污染。

第四节　质量控制区

第六十三条　质量控制实验室通常应当与生产区分开。生物检定、微生物和放射性同位素的实验室还应当彼此分开。

第六十四条　实验室的设计应当确保其适用于预定的用途，并能够避免混淆和交叉污染，应当有足够的区域用于样品处置、留样和稳定性考察样品的存放以及记录的保存。

第六十五条　必要时，应当设置专门的仪器室，使灵敏度高的仪器免受静电、震动、潮湿或其他外界因素的干扰。

第六十六条　处理生物样品或放射性样品等特殊物品的实验室应当符合国家的有关要求。

第六十七条　实验动物房应当与其他区域严格分开，其设计、建造应当符合国家有关规定，并设有独立的空气处理设施以及动物的专用通道。

第五节　辅　助　区

第六十八条　休息室的设置不应当对生产区、仓储区和质量控制区造成不良影响。

第六十九条　更衣室和盥洗室应当方便人员进出，并与使用人数相适应。盥洗室不得与生产区和仓储区直接相通。

第七十条　维修间应当尽可能远离生产区。存放在洁净区内的维修用备件和工具，应当放置在专门的房间或工具柜中。

第五章　设　　备

第一节　原　　则

第七十一条　设备的设计、选型、安装、改造和维护必须符合预定用途，应当尽可能降低产生污染、交叉污染、混淆和差错的风险，便于操作、清洁、维护，以及必要时进行的消毒或灭菌。

第七十二条　应当建立设备使用、清洁、维护和维修的操作规程，并保存相应的操作记录。

第七十三条　应当建立并保存设备采购、安装、确认的文件和记录。

第二节 设计和安装

第七十四条 生产设备不得对药品质量产生任何不利影响。与药品直接接触的生产设备表面应当平整、光洁、易清洗或消毒、耐腐蚀，不得与药品发生化学反应、吸附药品或向药品中释放物质。

第七十五条 应当配备有适当量程和精度的衡器、量具、仪器和仪表。

第七十六条 应当选择适当的清洗、清洁设备，并防止这类设备成为污染源。

第七十七条 设备所用的润滑剂、冷却剂等不得对药品或容器造成污染，应当尽可能使用食用级或级别相当的润滑剂。

第七十八条 生产用模具的采购、验收、保管、维护、发放及报废应当制定相应操作规程，设专人专柜保管，并有相应记录。

第三节 维护和维修

第七十九条 设备的维护和维修不得影响产品质量。

第八十条 应当制定设备的预防性维护计划和操作规程，设备的维护和维修应当有相应的记录。

第八十一条 经改造或重大维修的设备应当进行再确认，符合要求后方可用于生产。

第四节 使用和清洁

第八十二条 主要生产和检验设备都应当有明确的操作规程。

第八十三条 生产设备应当在确认的参数范围内使用。

第八十四条 应当按照详细规定的操作规程清洁生产设备。

生产设备清洁的操作规程应当规定具体而完整的清洁方法、清洁用设备或工具、清洁剂的名称和配制方法、去除前一批次标识的方法、保护已清洁设备在使用前免受污染的方法、已清洁设备最长的保存时限、使用前检查设备清洁状况的方法，使操作者能以可重现的、有效的方式对各类设备进行清洁。

如需拆装设备，还应当规定设备拆装的顺序和方法；如需对设备消毒或灭菌，还应当规定消毒或灭菌的具体方法、消毒剂的名称和配制方法。必要时，还应当规定设备生产结束至清洁前所允许的最长间隔时限。

第八十五条 已清洁的生产设备应当在清洁、干燥的条件下存放。

第八十六条 用于药品生产或检验的设备和仪器，应当有使用日志，记录内容包括使用、清洁、维护和维修情况以及日期、时间、所生产及检验的药品名称、规格和批号等。

第八十七条 生产设备应当有明显的状态标识，标明设备编号和内容物（如名称、规格、批号）；没有内容物的应当标明清洁状态。

第八十八条 不合格的设备如有可能应当搬出生产和质量控制区，未搬出前，应当有醒目的状态标识。

第八十九条 主要固定管道应当标明内容物名称和流向。

第五节 校 准

第九十条 应当按照操作规程和校准计划定期对生产和检验用衡器、量具、仪表、记录和控制设备以及仪器进行校准和检查，并保存相关记录。校准的量程范围应当涵盖实际生产和检验的使用范围。

第九十一条 应当确保生产和检验使用的关键衡器、量具、仪表、记录和控制设备以及仪器经过校准，所得出的数据准确、可靠。

第九十二条 应当使用计量标准器具进行校准，且所用计量标准器具应当符合国家有关规定。校准记录应当标明所用计量标准器具的名称、编号、校准有效期和计量合格证明编号，确保记录的可追溯性。

第九十三条 衡器、量具、仪表、用于记录和控制的设备以及仪器应当有明显的标识，标明其校准有效期。

第九十四条 不得使用未经校准、超过校准有效期、失准的衡器、量具、仪表以及用于记录和控制的设备、仪器。

第九十五条 在生产、包装、仓储过程中使用自动或电子设备的，应当按照操作规程定期进行校准和检查，确保其操作功能正常。校准和检查应当有相应的记录。

第六节 制药用水

第九十六条 制药用水应当适合其用途，并符合《中华人民共和国药典》的质量标准及相关要求。制药用水至少应当采用饮用水。

第九十七条 水处理设备及其输送系统的设计、安装、运行和维护应当确保制药用水达到设定的质量标准。水处理设备的运行不得超出其设计能力。

第九十八条 纯化水、注射用水储罐和输送管道所用材料应当无毒、耐腐蚀；储罐的通气口应当安装不脱落纤维的疏水性除菌滤器；管道的设计和安装应当避免死角、盲管。

第九十九条 纯化水、注射用水的制备、贮存和分配应当能够防止微生物的滋生。纯化水可采用循环，注射用水可采用70℃以上保温循环。

第一百条 应当对制药用水及原水的水质进行定期监测，并有相应的记录。

第一百零一条 应当按照操作规程对纯化水、注射用水管道进行清洗消毒，并有相关记录。发现制药用水微生物污染达到警戒限度、纠偏限度时应当按照操作规程处理。

第六章 物料与产品

第一节 原 则

第一百零二条 药品生产所用的原辅料、与药品直接接触的包装材料应当符合相应的质量标准。药品上直接印字所用油墨应当符合食用标准要求。

进口原辅料应当符合国家相关的进口管理规定。

第一百零三条 应当建立物料和产品的操作规程，确保物料和产品的正确接收、贮存、发放、使用和发运，防止污染、交叉污染、混淆和差错。

物料和产品的处理应当按照操作规程或工艺规程执行，并有记录。

第一百零四条 物料供应商的确定及变更应当进行质量评估，并经质量管理部门批准后方可采购。

第一百零五条 物料和产品的运输应当能够满足其保证质量的要求，对运输有特殊要求的，其运输条件应当予以确认。

第一百零六条 原辅料、与药品直接接触的包装材料和印刷包装材料的接收应当有操作规程，所有到货物料均应当检查，以确保与订单一致，并确认供应商已经质量管理部门批准。

物料的外包装应当有标签，并注明规定的信息。必要时，还应当进行清洁，发现外包装损坏或其他可能影响物料质量的问题，应当向质量管理部门报告并进行调查和记录。

每次接收均应当有记录，内容包括：

（一）交货单和包装容器上所注物料的名称；

（二）企业内部所用物料名称和（或）代码；

（三）接收日期；

（四）供应商和生产商（如不同）的名称；

（五）供应商和生产商（如不同）标识的批号；

（六）接收总量和包装容器数量；

（七）接收后企业指定的批号或流水号；

（八）有关说明（如包装状况）。

第一百零七条 物料接收和成品生产后应当及时按照待验管理，直至放行。

第一百零八条 物料和产品应当根据其性质有序分批贮存和周转，发放及发运应当符合先进先出和近效期先出的原则。

第一百零九条 使用计算机化仓储管理的，应当有相应的操作规程，防止因系统故障、停机等特殊情况而造成物料和产品的混淆和差错。

使用完全计算机化仓储管理系统进行识别的，物料、产品等相关信息可不必以书面可读的方式标出。

第二节 原 辅 料

第一百一十条 应当制定相应的操作规程，采取核对或检验等适当措施，确认每一包装内的原辅料正确无误。

第一百一十一条 一次接收数个批次的物料，应当按批取样、检验、放行。

第一百一十二条 仓储区内的原辅料应当有适当的标识，并至少标明下述内容：

（一）指定的物料名称和企业内部的物料代码；

（二）企业接收时设定的批号；

（三）物料质量状态（如待验、合格、不合格、已取样）；

（四）有效期或复验期。

第一百一十三条 只有经质量管理部门批准放行并在有效期或复验期内的原辅料方可使用。

第一百一十四条 原辅料应当按照有效期或复验期贮存。贮存期内，如发现对质量有不良影响的特殊情况，应当进行复验。

第一百一十五条 应当由指定人员按照操作规程进行配料，核对物料后，精确称量或计量，并作好标识。

第一百一十六条 配制的每一物料及其重量或体积应当由他人独立进行复核，并有复核记录。

第一百一十七条 用于同一批药品生产的所有配料应当集中存放，并作好标识。

第三节 中间产品和待包装产品

第一百一十八条 中间产品和待包装产品应当在适当的条件下贮存。

第一百一十九条 中间产品和待包装产品应当有明确的标识，并至少标明下述内容：

（一）产品名称和企业内部的产品代码；

（二）产品批号；

（三）数量或重量（如毛重、净重等）；

（四）生产工序（必要时）；

（五）产品质量状态（必要时，如待验、合格、不合格、已取样）。

第四节 包 装 材 料

第一百二十条 与药品直接接触的包装材料和印刷包装材料的管理和控制要求与原辅料相同。

第一百二十一条 包装材料应当由专人按照操作规程发放，并采取措施避免混淆和差错，确保用于药品生产的包装材料正确无误。

第一百二十二条 应当建立印刷包装材料设计、审核、批准的操作规程，确保印刷包装材料印制的内容与药品监督管理部门核准的一致，并建立专门的文档，保存经签名批准的印刷包装材料原版实样。

第一百二十三条　印刷包装材料的版本变更时，应当采取措施，确保产品所用印刷包装材料的版本正确无误。宜收回作废的旧版印刷模版并予以销毁。

第一百二十四条　印刷包装材料应当设置专门区域妥善存放，未经批准人员不得进入。切割式标签或其他散装印刷包装材料应当分别置于密闭容器内储运，以防混淆。

第一百二十五条　印刷包装材料应当由专人保管，并按照操作规程和需求量发放。

第一百二十六条　每批或每次发放的与药品直接接触的包装材料或印刷包装材料，均应当有识别标志，标明所用产品的名称和批号。

第一百二十七条　过期或废弃的印刷包装材料应当予以销毁并记录。

第五节　成　品

第一百二十八条　成品放行前应当待验贮存。

第一百二十九条　成品的贮存条件应当符合药品注册批准的要求。

第六节　特殊管理的物料和产品

第一百三十条　麻醉药品、精神药品、医疗用毒性药品（包括药材）、放射性药品、药品类易制毒化学品及易燃、易爆和其他危险品的验收、贮存、管理应当执行国家有关的规定。

第七节　其　他

第一百三十一条　不合格的物料、中间产品、待包装产品和成品的每个包装容器上均应当有清晰醒目的标志，并在隔离区内妥善保存。

第一百三十二条　不合格的物料、中间产品、待包装产品和成品的处理应当经质量管理负责人批准，并有记录。

第一百三十三条　产品回收需经预先批准，并对相关的质量风险进行充分评估，根据评估结论决定是否回收。回收应当按照预定的操作规程进行，并有相应记录。回收处理后的产品应当按照回收处理中最早批次产品的生产日期确定有效期。

第一百三十四条　制剂产品不得进行重新加工。不合格的制剂中间产品、待包装产品和成品一般不得进行返工。只有不影响产品质量、符合相应质量标准，且根据预定、经批准的操作规程以及对相关风险充分评估后，才允许返工处理。返工应当有相应记录。

第一百三十五条　对返工或重新加工或回收合并后生产的成品，质量管理部门应当考虑需要进行额外相关项目的检验和稳定性考察。

第一百三十六条　企业应当建立药品退货的操作规程，并有相应的记录，内容至少应当包括：产品名称、批号、规格、数量、退货单位及地址、退货原因及日期、最终处理意见。

同一产品同一批号不同渠道的退货应当分别记录、存放和处理。

第一百三十七条　只有经检查、检验和调查，有证据证明退货质量未受影响，且经质量管理部门根据操作规程评价后，方可考虑将退货重新包装、重新发运销售。评价考虑的因素至少应当包括药品的性质、所需的贮存条件、药品的现状、历史，以及发运与退货之间的间隔时间等因素。不符合贮存和运输要求的退货，应当在质量管理部门监督下予以销毁。对退货质量存有怀疑时，不得重新发运。

对退货进行回收处理的，回收后的产品应当符合预定的质量标准和第一百三十三条的要求。

退货处理的过程和结果应当有相应记录。

第七章　确认与验证

第一百三十八条　企业应当确定需要进行的确认或验证工作，以证明有关操作的关键要素能够得到有效控制。确认或验证的范围和程度应当经过风险评估来确定。

第一百三十九条 企业的厂房、设施、设备和检验仪器应当经过确认，应当采用经过验证的生产工艺、操作规程和检验方法进行生产、操作和检验，并保持持续的验证状态。

第一百四十条 应当建立确认与验证的文件和记录，并能以文件和记录证明达到以下预定的目标：

（一）设计确认应当证明厂房、设施、设备的设计符合预定用途和本规范要求；

（二）安装确认应当证明厂房、设施、设备的建造和安装符合设计标准；

（三）运行确认应当证明厂房、设施、设备的运行符合设计标准；

（四）性能确认应当证明厂房、设施、设备在正常操作方法和工艺条件下能够持续符合标准；

（五）工艺验证应当证明一个生产工艺按照规定的工艺参数能够持续生产出符合预定用途和注册要求的产品。

第一百四十一条 采用新的生产处方或生产工艺前，应当验证其常规生产的适用性。生产工艺在使用规定的原辅料和设备条件下，应当能够始终生产出符合预定用途和注册要求的产品。

第一百四十二条 当影响产品质量的主要因素，如原辅料、与药品直接接触的包装材料、生产设备、生产环境（或厂房）、生产工艺、检验方法等发生变更时，应当进行确认或验证。必要时，还应当经药品监督管理部门批准。

第一百四十三条 清洁方法应当经过验证，证实其清洁的效果，以有效防止污染和交叉污染。清洁验证应当综合考虑设备使用情况、所使用的清洁剂和消毒剂、取样方法和位置以及相应的取样回收率、残留物的性质和限度、残留物检验方法的灵敏度等因素。

第一百四十四条 确认和验证不是一次性的行为。首次确认或验证后，应当根据产品质量回顾分析情况进行再确认或再验证。关键的生产工艺和操作规程应当定期进行再验证，确保其能够达到预期结果。

第一百四十五条 企业应当制定验证总计划，以文件形式说明确认与验证工作的关键信息。

第一百四十六条 验证总计划或其他相关文件中应当作出规定，确保厂房、设施、设备、检验仪器、生产工艺、操作规程和检验方法等能够保持持续稳定。

第一百四十七条 应当根据确认或验证的对象制定确认或验证方案，并经审核、批准。确认或验证方案应当明确职责。

第一百四十八条 确认或验证应当按照预先确定和批准的方案实施，并有记录。确认或验证工作完成后，应当写出报告，并经审核、批准。确认或验证的结果和结论（包括评价和建议）应当有记录并存档。

第一百四十九条 应当根据验证的结果确认工艺规程和操作规程。

第八章 文件管理

第一节 原 则

第一百五十条 文件是质量保证系统的基本要素。企业必须有内容正确的书面质量标准、生产处方和工艺规程、操作规程以及记录等文件。

第一百五十一条 企业应当建立文件管理的操作规程，系统地设计、制定、审核、批准和发放文件。与本规范有关的文件应当经质量管理部门的审核。

第一百五十二条 文件的内容应当与药品生产许可、药品注册等相关要求一致，并有助于追溯每批产品的历史情况。

第一百五十三条 文件的起草、修订、审核、批准、替换或撤销、复制、保管和销毁等应当按照操作规程管理，并有相应的文件分发、撤销、复制、销毁记录。

第一百五十四条 文件的起草、修订、审核、批准均应当由适当的人员签名并注明日期。

第一百五十五条 文件应当标明题目、种类、目的以及文件编号和版本号。文字应当确切、清晰、易懂，不能模棱两可。

第一百五十六条 文件应当分类存放、条理分明，便于查阅。

第一百五十七条 原版文件复制时，不得产生任何差错；复制的文件应当清晰可辨。

第一百五十八条 文件应当定期审核、修订；文件修订后，应当按照规定管理，防止旧版文件的误用。分发、使用的文件应当为批准的现行文本，已撤销的或旧版文件除留档备查外，不得在工作现场出现。

第一百五十九条 与本规范有关的每项活动均应当有记录，以保证产品生产、质量控制和质量保证等活动可以追溯。记录应当留有填写数据的足够空格。记录应当及时填写，内容真实，字迹清晰、易读，不易擦除。

第一百六十条 应当尽可能采用生产和检验设备自动打印的记录、图谱和曲线图等，并标明产品或样品的名称、批号和记录设备的信息，操作人应当签注姓名和日期。

第一百六十一条 记录应当保持清洁，不得撕毁和任意涂改。记录填写的任何更改都应当签注姓名和日期，并使原有信息仍清晰可辨，必要时，应当说明更改的理由。记录如需重新誊写，则原有记录不得销毁，应当作为重新誊写记录的附件保存。

第一百六十二条 每批药品应当有批记录，包括批生产记录、批包装记录、批检验记录和药品放行审核记录等与本批产品有关的记录。批记录应当由质量管理部门负责管理，至少保存至药品有效期后一年。

质量标准、工艺规程、操作规程、稳定性考察、确认、验证、变更等其他重要文件应当长期保存。

第一百六十三条 如使用电子数据处理系统、照相技术或其他可靠方式记录数据资料，应当有所用系统的操作规程；记录的准确性应当经过核对。

使用电子数据处理系统的，只有经授权的人员方可输入或更改数据，更改和删除情况应当有记录；应当使用密码或其他方式来控制系统的登录；关键数据输入后，应当由他人独立进行复核。

用电子方法保存的批记录，应当采用磁带、缩微胶卷、纸质副本或其他方法进行备份，以确保记录的安全，且数据资料在保存期内便于查阅。

第二节 质量标准

第一百六十四条 物料和成品应当有经批准的现行质量标准；必要时，中间产品或待包装产品也应当有质量标准。

第一百六十五条 物料的质量标准一般应当包括：

（一）物料的基本信息：

1. 企业统一指定的物料名称和内部使用的物料代码；

2. 质量标准的依据；

3. 经批准的供应商；

4. 印刷包装材料的实样或样稿。

（二）取样、检验方法或相关操作规程编号；

（三）定性和定量的限度要求；

（四）贮存条件和注意事项；

（五）有效期或复验期。

第一百六十六条 外购或外销的中间产品和待包装产品应当有质量标准；如果中间产品

的检验结果用于成品的质量评价，则应当制定与成品质量标准相对应的中间产品质量标准。

第一百六十七条 成品的质量标准应当包括：

（一）产品名称以及产品代码；

（二）对应的产品处方编号（如有）；

（三）产品规格和包装形式；

（四）取样、检验方法或相关操作规程编号；

（五）定性和定量的限度要求；

（六）贮存条件和注意事项；

（七）有效期。

第三节 工艺规程

第一百六十八条 每种药品的每个生产批量均应当有经企业批准的工艺规程，不同药品规格的每种包装形式均应当有各自的包装操作要求。工艺规程的制定应当以注册批准的工艺为依据。

第一百六十九条 工艺规程不得任意更改。如需更改，应当按照相关的操作规程修订、审核、批准。

第一百七十条 制剂的工艺规程的内容至少应当包括：

（一）生产处方：

1. 产品名称和产品代码；

2. 产品剂型、规格和批量；

3. 所用原辅料清单（包括生产过程中使用，但不在成品中出现的物料），阐明每一物料的指定名称、代码和用量；如原辅料的用量需要折算时，还应当说明计算方法。

（二）生产操作要求：

1. 对生产场所和所用设备的说明（如操作间的位置和编号、洁净度级别、必要的温湿度要求、设备型号和编号等）；

2. 关键设备的准备（如清洗、组装、校准、灭菌等）所采用的方法或相应操作规程编号；

3. 详细的生产步骤和工艺参数说明（如物料的核对、预处理、加入物料的顺序、混合时间、温度等）；

4. 所有中间控制方法及标准；

5. 预期的最终产量限度，必要时，还应当说明中间产品的产量限度，以及物料平衡的计算方法和限度；

6. 待包装产品的贮存要求，包括容器、标签及特殊贮存条件；

7. 需要说明的注意事项。

（三）包装操作要求：

1. 以最终包装容器中产品的数量、重量或体积表示的包装形式；

2. 所需全部包装材料的完整清单，包括包装材料的名称、数量、规格、类型以及与质量标准有关的每一包装材料的代码；

3. 印刷包装材料的实样或复制品，并标明产品批号、有效期打印位置；

4. 需要说明的注意事项，包括对生产区和设备进行的检查，在包装操作开始前，确认包装生产线的清场已经完成等；

5. 包装操作步骤的说明，包括重要的辅助性操作和所用设备的注意事项、包装材料使用前的核对；

6. 中间控制的详细操作，包括取样方法及标准；

7. 待包装产品、印刷包装材料的物料平衡计算方法和限度。

第四节　批生产记录

第一百七十一条　每批产品均应当有相应的批生产记录，可追溯该批产品的生产历史以及与质量有关的情况。

第一百七十二条　批生产记录应当依据现行批准的工艺规程的相关内容制定。记录的设计应当避免填写差错。批生产记录的每一页应当标注产品的名称、规格和批号。

第一百七十三条　原版空白的批生产记录应当经生产管理负责人和质量管理负责人审核和批准。批生产记录的复制和发放均应当按照操作规程进行控制并有记录，每批产品的生产只能发放一份原版空白批生产记录的复制件。

第一百七十四条　在生产过程中，进行每项操作时应当及时记录，操作结束后，应当由生产操作人员确认并签注姓名和日期。

第一百七十五条　批生产记录的内容应当包括：

（一）产品名称、规格、批号；

（二）生产以及中间工序开始、结束的日期和时间；

（三）每一生产工序的负责人签名；

（四）生产步骤操作人员的签名；必要时，还应当有操作（如称量）复核人员的签名；

（五）每一原辅料的批号以及实际称量的数量（包括投入的回收或返工处理产品的批号及数量）；

（六）相关生产操作或活动、工艺参数及控制范围，以及所用主要生产设备的编号；

（七）中间控制结果的记录以及操作人员的签名；

（八）不同生产工序所得产量及必要时的物料平衡计算；

（九）对特殊问题或异常事件的记录，包括对偏离工艺规程的偏差情况的详细说明或调查报告，并经签字批准。

第五节　批包装记录

第一百七十六条　每批产品或每批中部分产品的包装，都应当有批包装记录，以便追溯该批产品包装操作以及与质量有关的情况。

第一百七十七条　批包装记录应当依据工艺规程中与包装相关的内容制定。记录的设计应当注意避免填写差错。批包装记录的每一页均应当标注所包装产品的名称、规格、包装形式和批号。

第一百七十八条　批包装记录应当有待包装产品的批号、数量以及成品的批号和计划数量。原版空白的批包装记录的审核、批准、复制和发放的要求与原版空白的批生产记录相同。

第一百七十九条　在包装过程中，进行每项操作时应当及时记录，操作结束后，应当由包装操作人员确认并签注姓名和日期。

第一百八十条　批包装记录的内容包括：

（一）产品名称、规格、包装形式、批号、生产日期和有效期；

（二）包装操作日期和时间；

（三）包装操作负责人签名；

（四）包装工序的操作人员签名；

（五）每一包装材料的名称、批号和实际使用的数量；

（六）根据工艺规程所进行的检查记录，包括中间控制结果；

（七）包装操作的详细情况，包括所用设备及包装生产线的编号；

（八）所用印刷包装材料的实样，并印有批号、有效期及其他打印内容；不易随批包装记录归档的印刷包装材料可采用印有上述内容的复制品；

（九）对特殊问题或异常事件的记录，包括对偏离工艺规程的偏差情况的详细说明或调查报告，并经签字批准；

（十）所有印刷包装材料和待包装产品的名称、代码，以及发放、使用、销毁或退库的数量、实际产量以及物料平衡检查。

第六节 操作规程和记录

第一百八十一条 操作规程的内容应当包括：题目、编号、版本号、颁发部门、生效日期、分发部门以及制定人、审核人、批准人的签名并注明日期，标题、正文及变更历史。

第一百八十二条 厂房、设备、物料、文件和记录应当有编号（或代码），并制定编制编号（或代码）的操作规程，确保编号（或代码）的唯一性。

第一百八十三条 下述活动也应当有相应的操作规程，其过程和结果应当有记录：

（一）确认和验证；

（二）设备的装配和校准；

（三）厂房和设备的维护、清洁和消毒；

（四）培训、更衣及卫生等与人员相关的事宜；

（五）环境监测；

（六）虫害控制；

（七）变更控制；

（八）偏差处理；

（九）投诉；

（十）药品召回；

（十一）退货。

第九章 生产管理

第一节 原 则

第一百八十四条 所有药品的生产和包装均应当按照批准的工艺规程和操作规程进行操作并有相关记录，以确保药品达到规定的质量标准，并符合药品生产许可和注册批准的要求。

第一百八十五条 应当建立划分产品生产批次的操作规程，生产批次的划分应当能够确保同一批次产品质量和特性的均一性。

第一百八十六条 应当建立编制药品批号和确定生产日期的操作规程。每批药品均应当编制唯一的批号。除另有法定要求外，生产日期不得迟于产品成型或灌装（封）前经最后混合的操作开始日期，不得以产品包装日期作为生产日期。

第一百八十七条 每批产品应当检查产量和物料平衡，确保物料平衡符合设定的限度。如有差异，必须查明原因，确认无潜在质量风险后，方可按照正常产品处理。

第一百八十八条 不得在同一生产操作间同时进行不同品种和规格药品的生产操作，除非没有发生混淆或交叉污染的可能。

第一百八十九条 在生产的每一阶段，应当保护产品和物料免受微生物和其他污染。

第一百九十条 在干燥物料或产品，尤其是高活性、高毒性或高致敏性物料或产品的生产过程中，应当采取特殊措施，防止粉尘的产生和扩散。

第一百九十一条 生产期间使用的所有物料、中间产品或待包装产品的容器及主要设备、必要的操作室应当贴签标识或以其他方式标明生产中的产品或物料名称、规格和批号，如有必要，还应当标明生产工序。

第一百九十二条　容器、设备或设施所用标识应当清晰明了，标识的格式应当经企业相关部门批准。除在标识上使用文字说明外，还可采用不同的颜色区分被标识物的状态（如待验、合格、不合格或已清洁等）。

第一百九十三条　应当检查产品从一个区域输送至另一个区域的管道和其他设备连接，确保连接正确无误。

第一百九十四条　每次生产结束后应当进行清场，确保设备和工作场所没有遗留与本次生产有关的物料、产品和文件。下次生产开始前，应当对前次清场情况进行确认。

第一百九十五条　应当尽可能避免出现任何偏离工艺规程或操作规程的偏差。一旦出现偏差，应当按照偏差处理操作规程执行。

第一百九十六条　生产厂房应当仅限于经批准的人员出入。

第二节　防止生产过程中的污染和交叉污染

第一百九十七条　生产过程中应当尽可能采取措施，防止污染和交叉污染，如：

（一）在分隔的区域内生产不同品种的药品；

（二）采用阶段性生产方式；

（三）设置必要的气锁间和排风；空气洁净度级别不同的区域应当有压差控制；

（四）应当降低未经处理或未经充分处理的空气再次进入生产区导致污染的风险；

（五）在易产生交叉污染的生产区内，操作人员应当穿戴该区域专用的防护服；

（六）采用经过验证或已知有效的清洁和去污染操作规程进行设备清洁；必要时，应当对与物料直接接触的设备表面的残留物进行检测；

（七）采用密闭系统生产；

（八）干燥设备的进风应当有空气过滤器，排风应当有防止空气倒流装置；

（九）生产和清洁过程中应当避免使用易碎、易脱屑、易发霉器具；使用筛网时，应当有防止因筛网断裂而造成污染的措施；

（十）液体制剂的配制、过滤、灌封、灭菌等工序应当在规定时间内完成；

（十一）软膏剂、乳膏剂、凝胶剂等半固体制剂以及栓剂的中间产品应当规定贮存期和贮存条件。

第一百九十八条　应当定期检查防止污染和交叉污染的措施并评估其适用性和有效性。

第三节　生产操作

第一百九十九条　生产开始前应当进行检查，确保设备和工作场所没有上批遗留的产品、文件或与本批产品生产无关的物料，设备处于已清洁及待用状态。检查结果应当有记录。

生产操作前，还应当核对物料或中间产品的名称、代码、批号和标识，确保生产所用物料或中间产品正确且符合要求。

第二百条　应当进行中间控制和必要的环境监测，并予以记录。

第二百零一条　每批药品的每一生产阶段完成后必须由生产操作人员清场，并填写清场记录。清场记录内容包括：操作间编号、产品名称、批号、生产工序、清场日期、检查项目及结果、清场负责人及复核人签名。清场记录应当纳入批生产记录。

第四节　包装操作

第二百零二条　包装操作规程应当规定降低污染和交叉污染、混淆或差错风险的措施。

第二百零三条　包装开始前应当进行检查，确保工作场所、包装生产线、印刷机及其他设备已处于清洁或待用状态，无上批遗留的产品、文件或与本批产品包装无关的物料。检查结果应当有记录。

第二百零四条　包装操作前，还应当检查所领用的包装材料正确无误，核对待包装产品和所用包装材料的名称、规格、数量、质量状态，且与工艺规程相符。

第二百零五条 每一包装操作场所或包装生产线，应当有标识标明包装中的产品名称、规格、批号和批量的生产状态。

第二百零六条 有数条包装线同时进行包装时，应当采取隔离或其他有效防止污染、交叉污染或混淆的措施。

第二百零七条 待用分装容器在分装前应当保持清洁，避免容器中有玻璃碎屑、金属颗粒等污染物。

第二百零八条 产品分装、封口后应当及时贴签。未能及时贴签时，应当按照相关的操作规程操作，避免发生混淆或贴错标签等差错。

第二百零九条 单独打印或包装过程中在线打印的信息（如产品批号或有效期）均应当进行检查，确保其正确无误，并予以记录。如手工打印，应当增加检查频次。

第二百一十条 使用切割式标签或在包装线以外单独打印标签，应当采取专门措施，防止混淆。

第二百一十一条 应当对电子读码机、标签计数器或其他类似装置的功能进行检查，确保其准确运行。检查应当有记录。

第二百一十二条 包装材料上印刷或模压的内容应当清晰，不易褪色和擦除。

第二百一十三条 包装期间，产品的中间控制检查应当至少包括下述内容：

（一）包装外观；

（二）包装是否完整；

（三）产品和包装材料是否正确；

（四）打印信息是否正确；

（五）在线监控装置的功能是否正常。

样品从包装生产线取走后不应当再返还，以防止产品混淆或污染。

第二百一十四条 因包装过程产生异常情况而需要重新包装产品的，必须经专门检查、调查并由指定人员批准。重新包装应当有详细记录。

第二百一十五条 在物料平衡检查中，发现待包装产品、印刷包装材料以及成品数量有显著差异时，应当进行调查，未得出结论前，成品不得放行。

第二百一十六条 包装结束时，已打印批号的剩余包装材料应当由专人负责全部计数销毁，并有记录。如将未打印批号的印刷包装材料退库，应当按照操作规程执行。

第十章　质量控制与质量保证

第一节　质量控制实验室管理

第二百一十七条 质量控制实验室的人员、设施、设备应当与产品性质和生产规模相适应。

企业通常不得进行委托检验，确需委托检验的，应当按照第十一章中委托检验部分的规定，委托外部实验室进行检验，但应当在检验报告中予以说明。

第二百一十八条 质量控制负责人应当具有足够的管理实验室的资质和经验，可以管理同一企业的一个或多个实验室。

第二百一十九条 质量控制实验室的检验人员至少应当具有相关专业中专或高中以上学历，并经过与所从事的检验操作相关的实践培训且通过考核。

第二百二十条 质量控制实验室应当配备药典、标准图谱等必要的工具书，以及标准品或对照品等相关的标准物质。

第二百二十一条 质量控制实验室的文件应当符合第八章的原则，并符合下列要求：

（一）质量控制实验室应当至少有下列详细文件：

1. 质量标准；

2. 取样操作规程和记录；

3. 检验操作规程和记录（包括检验记录或实验室工作记事簿）；

4. 检验报告或证书；

5. 必要的环境监测操作规程、记录和报告；

6. 必要的检验方法验证报告和记录；

7. 仪器校准和设备使用、清洁、维护的操作规程及记录。

（二）每批药品的检验记录应当包括中间产品、待包装产品和成品的质量检验记录，可追溯该批药品所有相关的质量检验情况；

（三）宜采用便于趋势分析的方法保存某些数据（如检验数据、环境监测数据、制药用水的微生物监测数据）；

（四）除与批记录相关的资料信息外，还应当保存其他原始资料或记录，以方便查阅。

第二百二十二条　取样应当至少符合以下要求：

（一）质量管理部门的人员有权进入生产区和仓储区进行取样及调查；

（二）应当按照经批准的操作规程取样，操作规程应当详细规定：

1. 经授权的取样人；

2. 取样方法；

3. 所用器具；

4. 样品量；

5. 分样的方法；

6. 存放样品容器的类型和状态；

7. 取样后剩余部分及样品的处置和标识；

8. 取样注意事项，包括为降低取样过程产生的各种风险所采取的预防措施，尤其是无菌或有害物料的取样以及防止取样过程中污染和交叉污染的注意事项；

9. 贮存条件；

10. 取样器具的清洁方法和贮存要求。

（三）取样方法应当科学、合理，以保证样品的代表性；

（四）留样应当能够代表被取样批次的产品或物料，也可抽取其他样品来监控生产过程中最重要的环节（如生产的开始或结束）；

（五）样品的容器应当贴有标签，注明样品名称、批号、取样日期、取自哪一包装容器、取样人等信息；

（六）样品应当按照规定的贮存要求保存。

第二百二十三条　物料和不同生产阶段产品的检验应当至少符合以下要求：

（一）企业应当确保药品按照注册批准的方法进行全项检验；

（二）符合下列情形之一的，应当对检验方法进行验证：

1. 采用新的检验方法；

2. 检验方法需变更的；

3. 采用《中华人民共和国药典》及其他法定标准未收载的检验方法；

4. 法规规定的其他需要验证的检验方法。

（三）对不需要进行验证的检验方法，企业应当对检验方法进行确认，以确保检验数据准确、可靠；

（四）检验应当有书面操作规程，规定所用方法、仪器和设备，检验操作规程的内容应当与经确认或验证的检验方法一致；

（五）检验应当有可追溯的记录并应当复核，确保结果与记录一致。所有计算均应当严格核对；

（六）检验记录应当至少包括以下内容：

1. 产品或物料的名称、剂型、规格、批号或供货批号，必要时注明供应商和生产商（如不同）的名称或来源；

2. 依据的质量标准和检验操作规程；

3. 检验所用的仪器或设备的型号和编号；

4. 检验所用的试液和培养基的配制批号、对照品或标准品的来源和批号；

5. 检验所用动物的相关信息；

6. 检验过程，包括对照品溶液的配制、各项具体的检验操作、必要的环境温湿度；

7. 检验结果，包括观察情况、计算和图谱或曲线图，以及依据的检验报告编号；

8. 检验日期；

9. 检验人员的签名和日期；

10. 检验、计算复核人员的签名和日期。

（七）所有中间控制（包括生产人员所进行的中间控制），均应当按照经质量管理部门批准的方法进行，检验应当有记录；

（八）应当对实验室容量分析用玻璃仪器、试剂、试液、对照品以及培养基进行质量检查；

（九）必要时应当将检验用实验动物在使用前进行检验或隔离检疫。饲养和管理应当符合相关的实验动物管理规定。动物应当有标识，并应当保存使用的历史记录。

第二百二十四条　质量控制实验室应当建立检验结果超标调查的操作规程。任何检验结果超标都必须按照操作规程进行完整的调查，并有相应的记录。

第二百二十五条　企业按规定保存的、用于药品质量追溯或调查的物料、产品样品为留样。用于产品稳定性考察的样品不属于留样。

留样应当至少符合以下要求：

（一）应当按照操作规程对留样进行管理；

（二）留样应当能够代表被取样批次的物料或产品；

（三）成品的留样：

1. 每批药品均应当有留样；如果一批药品分成数次进行包装，则每次包装至少应当保留一件最小市售包装的成品；

2. 留样的包装形式应当与药品市售包装形式相同，原料药的留样如无法采用市售包装形式的，可采用模拟包装；

3. 每批药品的留样数量一般至少应当能够确保按照注册批准的质量标准完成两次全检（无菌检查和热原检查等除外）；

4. 如果不影响留样的包装完整性，保存期间内至少应当每年对留样进行一次目检观察，如有异常，应当进行彻底调查并采取相应的处理措施；

5. 留样观察应当有记录；

6. 留样应当按照注册批准的贮存条件至少保存至药品有效期后一年；

7. 如企业终止药品生产或关闭的，应当将留样转交受权单位保存，并告知当地药品监督管理部门，以便在必要时可随时取得留样。

（四）物料的留样：

1. 制剂生产用每批原辅料和与药品直接接触的包装材料均应当有留样。与药品直接接触的包装材料（如输液瓶），如成品已有留样，可不必单独留样；

2. 物料的留样量应当至少满足鉴别的需要；

3. 除稳定性较差的原辅料外，用于制剂生产的原辅料（不包括生产过程中使用的溶剂、气体或制药用水）和与药品直接接触的包装材料的留样应当至少保存至产品放行后二年。如果物料的有效期较短，则留样时间可相应缩短；

4. 物料的留样应当按照规定的条件贮存，必要时还应当适当包装密封。

第二百二十六条　试剂、试液、培养基和检定菌的管理应当至少符合以下要求：

（一）试剂和培养基应当从可靠的供应商处采购，必要时应当对供应商进行评估；

（二）应当有接收试剂、试液、培养基的记录，必要时，应当在试剂、试液、培养基的容器上标注接收日期；

（三）应当按照相关规定或使用说明配制、贮存和使用试剂、试液和培养基。特殊情况下，在接收或使用前，还应当对试剂进行鉴别或其他检验；

（四）试液和已配制的培养基应当标注配制批号、配制日期和配制人员姓名，并有配制（包括灭菌）记录。不稳定的试剂、试液和培养基应当标注有效期及特殊贮存条件。标准液、滴定液还应当标注最后一次标化的日期和校正因子，并有标化记录；

（五）配制的培养基应当进行适用性检查，并有相关记录。应当有培养基使用记录；

（六）应当有检验所需的各种检定菌，并建立检定菌保存、传代、使用、销毁的操作规程和相应记录；

（七）检定菌应当有适当的标识，内容至少包括菌种名称、编号、代次、传代日期、传代操作人；

（八）检定菌应当按照规定的条件贮存，贮存的方式和时间不应当对检定菌的生长特性有不利影响。

第二百二十七条　标准品或对照品的管理应当至少符合以下要求：

（一）标准品或对照品应当按照规定贮存和使用；

（二）标准品或对照品应当有适当的标识，内容至少包括名称、批号、制备日期（如有）、有效期（如有）、首次开启日期、含量或效价、贮存条件；

（三）企业如需自制工作标准品或对照品，应当建立工作标准品或对照品的质量标准以及制备、鉴别、检验、批准和贮存的操作规程，每批工作标准品或对照品应当用法定标准品或对照品进行标化，并确定有效期，还应当通过定期标化证明工作标准品或对照品的效价或含量在有效期内保持稳定。标化的过程和结果应当有相应的记录。

第二节　物料和产品放行

第二百二十八条　应当分别建立物料和产品批准放行的操作规程，明确批准放行的标准、职责，并有相应的记录。

第二百二十九条　物料的放行应当至少符合以下要求：

（一）物料的质量评价内容应当至少包括生产商的检验报告、物料包装完整性和密封性的检查情况和检验结果；

（二）物料的质量评价应当有明确的结论，如批准放行、不合格或其他决定；

（三）物料应当由指定人员签名批准放行。

第二百三十条　产品的放行应当至少符合以下要求：

（一）在批准放行前，应当对每批药品进行质量评价，保证药品及其生产应当符合注册和本规范要求，并确认以下各项内容：

1. 主要生产工艺和检验方法经过验证；

2. 已完成所有必需的检查、检验，并综合考虑实际生产条件和生产记录；

3. 所有必需的生产和质量控制均已完成并经相关主管人员签名；

4. 变更已按照相关规程处理完毕，需要经药品监督管理部门批准的变更已得到批准；

5. 对变更或偏差已完成所有必要的取样、检查、检验和审核；

6. 所有与该批产品有关的偏差均已有明确的解释或说明，或者已经过彻底调查和适当处理；如偏差还涉及其他批次产品，应当一并处理。

（二）药品的质量评价应当有明确的结论，如批准放行、不合格或其他决定；

（三）每批药品均应当由质量受权人签名批准放行；

（四）疫苗类制品、血液制品、用于血源筛查的体外诊断试剂以及国家食品药品监督管理局规定的其他生物制品放行前还应当取得批签发合格证明。

第三节　持续稳定性考察

第二百三十一条　持续稳定性考察的目的是在有效期内监控已上市药品的质量，以发现药品与生产相关的稳定性问题（如杂质含量或溶出度特性的变化），并确定药品能够在标示的贮存条件下，符合质量标准的各项要求。

第二百三十二条　持续稳定性考察主要针对市售包装药品，但也需兼顾待包装产品。例如，当待包装产品在完成包装前，或从生产厂运输到包装厂，还需要长期贮存时，应当在相应的环境条件下，评估其对包装后产品稳定性的影响。此外，还应当考虑对贮存时间较长的中间产品进行考察。

第二百三十三条　持续稳定性考察应当有考察方案，结果应当有报告。用于持续稳定性考察的设备（尤其是稳定性试验设备或设施）应当按照第七章和第五章的要求进行确认和维护。

第二百三十四条　持续稳定性考察的时间应当涵盖药品有效期，考察方案应当至少包括以下内容：

（一）每种规格、每个生产批量药品的考察批次数；

（二）相关的物理、化学、微生物和生物学检验方法，可考虑采用稳定性考察专属的检验方法；

（三）检验方法依据；

（四）合格标准；

（五）容器密封系统的描述；

（六）试验间隔时间（测试时间点）；

（七）贮存条件（应当采用与药品标示贮存条件相对应的《中华人民共和国药典》规定的长期稳定性试验标准条件）；

（八）检验项目，如检验项目少于成品质量标准所包含的项目，应当说明理由。

第二百三十五条　考察批次数和检验频次应当能够获得足够的数据，以供趋势分析。通常情况下，每种规格、每种内包装形式的药品，至少每年应当考察一个批次，除非当年没有生产。

第二百三十六条　某些情况下，持续稳定性考察中应当额外增加批次数，如重大变更或生产和包装有重大偏差的药品应当列入稳定性考察。此外，重新加工、返工或回收的批次，也应当考虑列入考察，除非已经过验证和稳定性考察。

第二百三十七条　关键人员，尤其是质量受权人，应当了解持续稳定性考察的结果。当持续稳定性考察不在待包装产品和成品的生产企业进行时，则相关各方之间应当有书面协议，且均应当保存持续稳定性考察的结果以供药品监督管理部门审查。

第二百三十八条　应当对不符合质量标准的结果或重要的异常趋势进行调查。对任何已确认的不符合质量标准的结果或重大不良趋势，企业都应当考虑是否可能对已上市药品造成影响，必要时应当实施召回，调查结果以及采取的措施应当报告当地药品监督管理部门。

第二百三十九条 应当根据所获得的全部数据资料，包括考察的阶段性结论，撰写总结报告并保存。应当定期审核总结报告。

第四节 变更控制

第二百四十条 企业应当建立变更控制系统，对所有影响产品质量的变更进行评估和管理。需要经药品监督管理部门批准的变更应当在得到批准后方可实施。

第二百四十一条 应当建立操作规程，规定原辅料、包装材料、质量标准、检验方法、操作规程、厂房、设施、设备、仪器、生产工艺和计算机软件变更的申请、评估、审核、批准和实施。质量管理部门应当指定专人负责变更控制。

第二百四十二条 变更都应当评估其对产品质量的潜在影响。企业可以根据变更的性质、范围、对产品质量潜在影响的程度将变更分类（如主要、次要变更）。判断变更所需的验证、额外的检验以及稳定性考察应当有科学依据。

第二百四十三条 与产品质量有关的变更由申请部门提出后，应当经评估、制定实施计划并明确实施职责，最终由质量管理部门审核批准。变更实施应当有相应的完整记录。

第二百四十四条 改变原辅料、与药品直接接触的包装材料、生产工艺、主要生产设备以及其他影响药品质量的主要因素时，还应当对变更实施后最初至少三个批次的药品质量进行评估。如果变更可能影响药品的有效期，则质量评估还应当包括对变更实施后生产的药品进行稳定性考察。

第二百四十五条 变更实施时，应当确保与变更相关的文件均已修订。

第二百四十六条 质量管理部门应当保存所有变更的文件和记录。

第五节 偏差处理

第二百四十七条 各部门负责人应当确保所有人员正确执行生产工艺、质量标准、检验方法和操作规程，防止偏差的产生。

第二百四十八条 企业应当建立偏差处理的操作规程，规定偏差的报告、记录、调查、处理以及所采取的纠正措施，并有相应的记录。

第二百四十九条 任何偏差都应当评估其对产品质量的潜在影响。企业可以根据偏差的性质、范围、对产品质量潜在影响的程度将偏差分类（如重大、次要偏差），对重大偏差的评估还应当考虑是否需要对产品进行额外的检验以及对产品有效期的影响，必要时，应当对涉及重大偏差的产品进行稳定性考察。

第二百五十条 任何偏离生产工艺、物料平衡限度、质量标准、检验方法、操作规程等的情况均应当有记录，并立即报告主管人员及质量管理部门，应当有清楚的说明，重大偏差应当由质量管理部门会同其他部门进行彻底调查，并有调查报告。偏差调查报告应当由质量管理部门的指定人员审核并签字。

企业还应当采取预防措施有效防止类似偏差的再次发生。

第二百五十一条 质量管理部门应当负责偏差的分类，保存偏差调查、处理的文件和记录。

第六节 纠正措施和预防措施

第二百五十二条 企业应当建立纠正措施和预防措施系统，对投诉、召回、偏差、自检或外部检查结果、工艺性能和质量监测趋势等进行调查并采取纠正和预防措施。调查的深度和形式应当与风险的级别相适应。纠正措施和预防措施系统应当能够增进对产品和工艺的理解，改进产品和工艺。

第二百五十三条 企业应当建立实施纠正和预防措施的操作规程，内容至少包括：

（一）对投诉、召回、偏差、自检或外部检查结果、工艺性能和质量监测趋势以及其他来源的质量数据进行分析，确定已有和潜在的质量问题。必要时，应当采用适当的统计学方法；

（二）调查与产品、工艺和质量保证系统有关的原因；

（三）确定所需采取的纠正和预防措施，防止问题的再次发生；

（四）评估纠正和预防措施的合理性、有效性和充分性；

（五）对实施纠正和预防措施过程中所有发生的变更应当予以记录；

（六）确保相关信息已传递到质量受权人和预防问题再次发生的直接负责人；

（七）确保相关信息及其纠正和预防措施已通过高层管理人员的评审。

第二百五十四条 实施纠正和预防措施应当有文件记录，并由质量管理部门保存。

第七节 供应商的评估和批准

第二百五十五条 质量管理部门应当对所有生产用物料的供应商进行质量评估，会同有关部门对主要物料供应商（尤其是生产商）的质量体系进行现场质量审计，并对质量评估不符合要求的供应商行使否决权。

主要物料的确定应当综合考虑企业所生产的药品质量风险、物料用量以及物料对药品质量的影响程度等因素。

企业法定代表人、企业负责人及其他部门的人员不得干扰或妨碍质量管理部门对物料供应商独立作出质量评估。

第二百五十六条 应当建立物料供应商评估和批准的操作规程，明确供应商的资质、选择的原则、质量评估方式、评估标准、物料供应商批准的程序。

如质量评估需采用现场质量审计方式的，还应当明确审计内容、周期、审计人员的组成及资质。需采用样品小批量试生产的，还应当明确生产批量、生产工艺、产品质量标准、稳定性考察方案。

第二百五十七条 质量管理部门应当指定专人负责物料供应商质量评估和现场质量审计，分发经批准的合格供应商名单。被指定的人员应当具有相关的法规和专业知识，具有足够的质量评估和现场质量审计的实践经验。

第二百五十八条 现场质量审计应当核实供应商资质证明文件和检验报告的真实性，核实是否具备检验条件。应当对其人员机构、厂房设施和设备、物料管理、生产工艺流程和生产管理、质量控制实验室的设备、仪器、文件管理等进行检查，以全面评估其质量保证系统。现场质量审计应当有报告。

第二百五十九条 必要时，应当对主要物料供应商提供的样品进行小批量试生产，并对试生产的药品进行稳定性考察。

第二百六十条 质量管理部门对物料供应商的评估至少应当包括：供应商的资质证明文件、质量标准、检验报告、企业对物料样品的检验数据和报告。如进行现场质量审计和样品小批量试生产的，还应当包括现场质量审计报告，以及小试产品的质量检验报告和稳定性考察报告。

第二百六十一条 改变物料供应商，应当对新的供应商进行质量评估；改变主要物料供应商的，还需要对产品进行相关的验证及稳定性考察。

第二百六十二条 质量管理部门应当向物料管理部门分发经批准的合格供应商名单，该名单内容至少包括物料名称、规格、质量标准、生产商名称和地址、经销商（如有）名称等，并及时更新。

第二百六十三条 质量管理部门应当与主要物料供应商签订质量协议，在协议中应当明确双方所承担的质量责任。

第二百六十四条 质量管理部门应当定期对物料供应商进行评估或现场质量审计，回顾分析物料质量检验结果、质量投诉和不合格处理记录。如物料出现质量问题或生产条件、工艺、质量标准和检验方法等可能影响质量的关键因素发生重大改变时，还应当尽快进行相关的现场质量审计。

第二百六十五条 企业应当对每家物料供应商建立质量档案，档案内容应当包括供应商的资质证明文件、质量协议、质量标准、样品检验数据和报告、供应商的检验报告、现场质量审计报告、产品稳定性考察报告、定期的质量回顾分析报告等。

第八节 产品质量回顾分析

第二百六十六条 应当按照操作规程，每年对所有生产的药品按品种进行产品质量回顾分析，以确认工艺稳定可靠，以及原辅料、成品现行质量标准的适用性，及时发现不良趋势，确定产品及工艺改进的方向。应当考虑以往回顾分析的历史数据，还应当对产品质量回顾分析的有效性进行自检。

当有合理的科学依据时，可按照产品的剂型分类进行质量回顾，如固体制剂、液体制剂和无菌制剂等。

回顾分析应当有报告。

企业至少应当对下列情形进行回顾分析：

（一）产品所用原辅料的所有变更，尤其是来自新供应商的原辅料；

（二）关键中间控制点及成品的检验结果；

（三）所有不符合质量标准的批次及其调查；

（四）所有重大偏差及相关的调查、所采取的整改措施和预防措施的有效性；

（五）生产工艺或检验方法等的所有变更；

（六）已批准或备案的药品注册所有变更；

（七）稳定性考察的结果及任何不良趋势；

（八）所有因质量原因造成的退货、投诉、召回及调查；

（九）与产品工艺或设备相关的纠正措施的执行情况和效果；

（十）新获批准和有变更的药品，按照注册要求上市后应当完成的工作情况；

（十一）相关设备和设施，如空调净化系统、水系统、压缩空气等的确认状态；

（十二）委托生产或检验的技术合同履行情况。

第二百六十七条 应当对回顾分析的结果进行评估，提出是否需要采取纠正和预防措施或进行再确认或再验证的评估意见及理由，并及时、有效地完成整改。

第二百六十八条 药品委托生产时，委托方和受托方之间应当有书面的技术协议，规定产品质量回顾分析中各方的责任，确保产品质量回顾分析按时进行并符合要求。

第九节 投诉与不良反应报告

第二百六十九条 应当建立药品不良反应报告和监测管理制度，设立专门机构并配备专职人员负责管理。

第二百七十条 应当主动收集药品不良反应，对不良反应应当详细记录、评价、调查和处理，及时采取措施控制可能存在的风险，并按照要求向药品监督管理部门报告。

第二百七十一条 应当建立操作规程，规定投诉登记、评价、调查和处理的程序，并规定因可能的产品缺陷发生投诉时所采取的措施，包括考虑是否有必要从市场召回药品。

第二百七十二条 应当有专人及足够的辅助人员负责进行质量投诉的调查和处理，所有投诉、调查的信息应当向质量受权人通报。

第二百七十三条 所有投诉都应当登记与审核，与产品质量缺陷有关的投诉，应当详细记录投诉的各个细节，并进行调查。

第二百七十四条 发现或怀疑某批药品存在缺陷，应当考虑检查其他批次的药品，查明其是否受到影响。

第二百七十五条 投诉调查和处理应当有记录，并注明所查相关批次产品的信息。

第二百七十六条 应当定期回顾分析投诉记录，以便发现需要警觉、重复出现以及可能需要从市场召回药品的问题，并采取相应措施。

第二百七十七条 企业出现生产失误、药品变质或其他重大质量问题，应当及时采取相应措施，必要时还应当向当地药品监督管理部门报告。

第十一章 委托生产与委托检验

第一节 原 则

第二百七十八条 为确保委托生产产品的质量和委托检验的准确性和可靠性，委托方和受托方必须签订书面合同，明确规定各方责任、委托生产或委托检验的内容及相关的技术事项。

第二百七十九条 委托生产或委托检验的所有活动，包括在技术或其他方面拟采取的任何变更，均应当符合药品生产许可和注册的有关要求。

第二节 委 托 方

第二百八十条 委托方应当对受托方进行评估，对受托方的条件、技术水平、质量管理情况进行现场考核，确认其具有完成受托工作的能力，并能保证符合本规范的要求。

第二百八十一条 委托方应当向受托方提供所有必要的资料，以使受托方能够按照药品注册和其他法定要求正确实施所委托的操作。

委托方应当使受托方充分了解与产品或操作相关的各种问题，包括产品或操作对受托方的环境、厂房、设备、人员及其他物料或产品可能造成的危害。

第二百八十二条 委托方应当对受托生产或检验的全过程进行监督。

第二百八十三条 委托方应当确保物料和产品符合相应的质量标准。

第三节 受 托 方

第二百八十四条 受托方必须具备足够的厂房、设备、知识和经验以及人员，满足委托方所委托的生产或检验工作的要求。

第二百八十五条 受托方应当确保所收到委托方提供的物料、中间产品和待包装产品适用于预定用途。

第二百八十六条 受托方不得从事对委托生产或检验的产品质量有不利影响的活动。

第四节 合 同

第二百八十七条 委托方与受托方之间签订的合同应当详细规定各自的产品生产和控制职责，其中的技术性条款应当由具有制药技术、检验专业知识和熟悉本规范的主管人员拟订。委托生产及检验的各项工作必须符合药品生产许可和药品注册的有关要求并经双方同意。

第二百八十八条 合同应当详细规定质量受权人批准放行每批药品的程序，确保每批产品都已按照药品注册的要求完成生产和检验。

第二百八十九条 合同应当规定何方负责物料的采购、检验、放行、生产和质量控制（包括中间控制），还应当规定何方负责取样和检验。

在委托检验的情况下，合同应当规定受托方是否在委托方的厂房内取样。

第二百九十条 合同应当规定由受托方保存的生产、检验和发运记录及样品，委托方应当能够随时调阅或检查；出现投诉、怀疑产品有质量缺陷或召回时，委托方应当能够方便地查阅所有与评价产品质量相关的记录。

第二百九十一条 合同应当明确规定委托方可以对受托方进行检查或现场质量审计。

第二百九十二条 委托检验合同应当明确受托方有义务接受药品监督管理部门检查。

第十二章 产品发运与召回

第一节 原 则

第二百九十三条 企业应当建立产品召回系统，必要时可迅速、有效地从市场召回任何一批存在安全隐患的产品。

第二百九十四条 因质量原因退货和召回的产品，均应当按照规定监督销毁，有证据证明退货产品质量未受影响的除外。

第二节 发 运

第二百九十五条 每批产品均应当有发运记录。根据发运记录，应当能够追查每批产品的销售情况，必要时应当能够及时全部追回，发运记录内容应当包括：产品名称、规格、批号、数量、收货单位和地址、联系方式、发货日期、运输方式等。

第二百九十六条 药品发运的零头包装只限两个批号为一个合箱，合箱外应当标明全部批号，并建立合箱记录。

第二百九十七条 发运记录应当至少保存至药品有效期后一年。

第三节 召 回

第二百九十八条 应当制定召回操作规程，确保召回工作的有效性。

第二百九十九条 应当指定专人负责组织协调召回工作，并配备足够数量的人员。产品召回负责人应当独立于销售和市场部门；如产品召回负责人不是质量受权人，则应当向质量受权人通报召回处理情况。

第三百条 召回应当能够随时启动，并迅速实施。

第三百零一条 因产品存在安全隐患决定从市场召回的，应当立即向当地药品监督管理部门报告。

第三百零二条 产品召回负责人应当能够迅速查阅到药品发运记录。

第三百零三条 已召回的产品应当有标识，并单独、妥善贮存，等待最终处理决定。

第三百零四条 召回的进展过程应当有记录，并有最终报告。产品发运数量、已召回数量以及数量平衡情况应当在报告中予以说明。

第三百零五条 应当定期对产品召回系统的有效性进行评估。

第十三章 自 检

第一节 原 则

第三百零六条 质量管理部门应当定期组织对企业进行自检，监控本规范的实施情况，评估企业是否符合本规范要求，并提出必要的纠正和预防措施。

第二节 自 检

第三百零七条 自检应当有计划，对机构与人员、厂房与设施、设备、物料与产品、确认与验证、文件管理、生产管理、质量控制与质量保证、委托生产与委托检验、产品发运与召回等项目定期进行检查。

第三百零八条 应当由企业指定人员进行独立、系统、全面的自检，也可由外部人员或专家进行独立的质量审计。

第三百零九条 自检应当有记录。自检完成后应当有自检报告，内容至少包括自检过程中观察到的所有情况、评价的结论以及提出纠正和预防措施的建议。自检情况应当报告企业高层管理人员。

第十四章　附　　则

第三百一十条　本规范为药品生产质量管理的基本要求。对无菌药品、生物制品、血液制品等药品或生产质量管理活动的特殊要求，由国家食品药品监督管理局以附录方式另行制定。

第三百一十一条　企业可以采用经过验证的替代方法，达到本规范的要求。

第三百一十二条　本规范下列术语（按汉语拼音排序）的含义是：

（一）包装

待包装产品变成成品所需的所有操作步骤，包括分装、贴签等。但无菌生产工艺中产品的无菌灌装，以及最终灭菌产品的灌装等不视为包装。

（二）包装材料

药品包装所用的材料，包括与药品直接接触的包装材料和容器、印刷包装材料，但不包括发运用的外包装材料。

（三）操作规程

经批准用来指导设备操作、维护与清洁、验证、环境控制、取样和检验等药品生产活动的通用性文件，也称标准操作规程。

（四）产品

包括药品的中间产品、待包装产品和成品。

（五）产品生命周期

产品从最初的研发、上市直至退市的所有阶段。

（六）成品

已完成所有生产操作步骤和最终包装的产品。

（七）重新加工

将某一生产工序生产的不符合质量标准的一批中间产品或待包装产品的一部分或全部，采用不同的生产工艺进行再加工，以符合预定的质量标准。

（八）待包装产品

尚未进行包装但已完成所有其他加工工序的产品。

（九）待验

指原辅料、包装材料、中间产品、待包装产品或成品，采用物理手段或其他有效方式将其隔离或区分，在允许用于投料生产或上市销售之前贮存、等待作出放行决定的状态。

（十）发放

指生产过程中物料、中间产品、待包装产品、文件、生产用模具等在企业内部流转的一系列操作。

（十一）复验期

原辅料、包装材料贮存一定时间后，为确保其仍适用于预定用途，由企业确定的需重新检验的日期。

（十二）发运

指企业将产品发送到经销商或用户的一系列操作，包括配货、运输等。

（十三）返工

将某一生产工序生产的不符合质量标准的一批中间产品或待包装产品、成品的一部分或全部返回到之前的工序，采用相同的生产工艺进行再加工，以符合预定的质量标准。

（十四）放行

对一批物料或产品进行质量评价，作出批准使用或投放市场或其他决定的操作。

（十五）高层管理人员

在企业内部最高层指挥和控制企业、具有调动资源的权力和职责的人员。

（十六）工艺规程

为生产特定数量的成品而制定的一个或一套文件，包括生产处方、生产操作要求和包装操作要求，规定原辅料和包装材料的数量、工艺参数和条件、加工说明（包括中间控制）、注意事项等内容。

（十七）供应商

指物料、设备、仪器、试剂、服务等的提供方，如生产商、经销商等。

（十八）回收

在某一特定的生产阶段，将以前生产的一批或数批符合相应质量要求的产品的一部分或全部，加入到另一批次中的操作。

（十九）计算机化系统

用于报告或自动控制的集成系统，包括数据输入、电子处理和信息输出。

（二十）交叉污染

不同原料、辅料及产品之间发生的相互污染。

（二十一）校准

在规定条件下，确定测量、记录、控制仪器或系统的示值（尤指称量）或实物量具所代表的量值，与对应的参照标准量值之间关系的一系列活动。

（二十二）阶段性生产方式

指在共用生产区内，在一段时间内集中生产某一产品，再对相应的共用生产区、设施、设备、工器具等进行彻底清洁，更换生产另一种产品的方式。

（二十三）洁净区

需要对环境中尘粒及微生物数量进行控制的房间（区域），其建筑结构、装备及其使用应当能够减少该区域内污染物的引入、产生和滞留。

（二十四）警戒限度

系统的关键参数超出正常范围，但未达到纠偏限度，需要引起警觉，可能需要采取纠正措施的限度标准。

（二十五）纠偏限度

系统的关键参数超出可接受标准，需要进行调查并采取纠正措施的限度标准。

（二十六）检验结果超标

检验结果超出法定标准及企业制定标准的所有情形。

（二十七）批

经一个或若干加工过程生产的、具有预期均一质量和特性的一定数量的原辅料、包装材料或成品。为完成某些生产操作步骤，可能有必要将一批产品分成若干亚批，最终合并成为一个均一的批。在连续生产情况下，批必须与生产中具有预期均一特性的确定数量的产品相对应，批量可以是固定数量或固定时间段内生产的产品量。

例如：口服或外用的固体、半固体制剂在成型或分装前使用同一台混合设备一次混合所生产的均质产品为一批；口服或外用的液体制剂以灌装（封）前经最后混合的药液所生产的均质产品为一批。

（二十八）批号

用于识别一个特定批的具有唯一性的数字和（或）字母的组合。

（二十九）批记录

用于记述每批药品生产、质量检验和放行审核的所有文件和记录，可追溯所有与成品质量有关的历史信息。

（三十）气锁间

设置于两个或数个房间之间（如不同洁净度级别的房间之间）的具有两扇或多扇门的隔离空间。设置气锁间的目的是在人员或物料出入时，对气流进行控制。气锁间有人员气锁间和物料气锁间。

（三十一）企业

在本规范中如无特别说明，企业特指药品生产企业。

（三十二）确认

证明厂房、设施、设备能正确运行并可达到预期结果的一系列活动。

（三十三）退货

将药品退还给企业的活动。

（三十四）文件

本规范所指的文件包括质量标准、工艺规程、操作规程、记录、报告等。

（三十五）物料

指原料、辅料和包装材料等。

例如：化学药品制剂的原料是指原料药；生物制品的原料是指原材料；中药制剂的原料是指中药材、中药饮片和外购中药提取物；原料药的原料是指用于原料药生产的除包装材料以外的其他物料。

（三十六）物料平衡

产品或物料实际产量或实际用量及收集到的损耗之和与理论产量或理论用量之间的比较，并考虑可允许的偏差范围。

（三十七）污染

在生产、取样、包装或重新包装、贮存或运输等操作过程中，原辅料、中间产品、待包装产品、成品受到具有化学或微生物特性的杂质或异物的不利影响。

（三十八）验证

证明任何操作规程（或方法）、生产工艺或系统能够达到预期结果的一系列活动。

（三十九）印刷包装材料

指具有特定式样和印刷内容的包装材料，如印字铝箔、标签、说明书、纸盒等。

（四十）原辅料

除包装材料之外，药品生产中使用的任何物料。

（四十一）中间产品

指完成部分加工步骤的产品，尚需进一步加工方可成为待包装产品。

（四十二）中间控制

也称过程控制，指为确保产品符合有关标准，生产中对工艺过程加以监控，以便在必要时进行调节而做的各项检查。可将对环境或设备控制视作中间控制的一部分。

第三百一十三条 本规范自2011年3月1日起施行。按照《中华人民共和国药品管理法》第九条规定，具体实施办法和实施步骤由国家食品药品监督管理局规定。

1. 无菌药品

第一章 范　围

第一条 无菌药品是指法定药品标准中列有无菌检查项目的制剂和原料药，包括无菌制剂和无菌原料药。

第二条 本附录适用于无菌制剂生产全过程以及无菌原料药的灭菌和无菌生产过程。

第二章 原 则

第三条 无菌药品的生产须满足其质量和预定用途的要求，应当最大限度降低微生物、各种微粒和热原的污染。生产人员的技能、所接受的培训及其工作态度是达到上述目标的关键因素，无菌药品的生产必须严格按照精心设计并经验证的方法及规程进行，产品的无菌或其他质量特性绝不能只依赖于任何形式的最终处理或成品检验（包括无菌检查）。

第四条 无菌药品按生产工艺可分为两类：采用最终灭菌工艺的为最终灭菌产品；部分或全部工序采用无菌生产工艺的为非最终灭菌产品。

第五条 无菌药品生产的人员、设备和物料应通过气锁间进入洁净区，采用机械连续传输物料的，应当用正压气流保护并监测压差。

第六条 物料准备、产品配制和灌装或分装等操作必须在洁净区内分区域（室）进行。

第七条 应当根据产品特性、工艺和设备等因素，确定无菌药品生产用洁净区的级别。每一步生产操作的环境都应当达到适当的动态洁净度标准，尽可能降低产品或所处理的物料被微粒或微生物污染的风险。

第三章 洁净度级别及监测

第八条 洁净区的设计必须符合相应的洁净度要求，包括达到“静态”和“动态”的标准。

第九条 无菌药品生产所需的洁净区可分为以下 4 个级别：

A 级：高风险操作区，如灌装区、放置胶塞桶和与无菌制剂直接接触的敞口包装容器的区域及无菌装配或连接操作的区域，应当用单向流操作台（罩）维持该区的环境状态。单向流系统在其工作区域必须均匀送风，风速为 0.36～0.54m/s（指导值）。应当有数据证明单向流的状态并经过验证。

在密闭的隔离操作器或手套箱内，可使用较低的风速。

B 级：指无菌配制和灌装等高风险操作 A 级洁净区所处的背景区域。

C 级和 D 级：指无菌药品生产过程中重要程度较低操作步骤的洁净区。

以上各级别空气悬浮粒子的标准规定如下表：

洁净度级别	悬浮粒子最大允许数/立方米			
	静态		动态[(3)]	
	≥0.5μm	≥5.0μm[(2)]	≥0.5μm	≥5.0μm
A 级[(1)]	3520	20	3520	20
B 级	3520	29	352000	2900
C 级	352000	2900	3520000	29000
D 级	3520000	29000	不作规定	不作规定

注：

（1）为确认 A 级洁净区的级别，每个采样点的采样量不得少于 1 立方米。A 级洁净区空气悬浮粒子的级别为 ISO 4.8，以≥5.0μm 的悬浮粒子为限度标准。B 级洁净区（静态）的空气悬浮粒子的级别为 ISO 5，同时包括表中两种粒径的悬浮粒子。对于 C 级洁净区（静态和动态）而言，空气悬浮粒子的级别分别为 ISO 7 和 ISO 8。对于 D 级洁净区（静态）空气悬浮粒子的级别为 ISO 8。测试方法可参照 ISO14644-1。

（2）在确认级别时，应当使用采样管较短的便携式尘埃粒子计数器，避免≥5.0μm 悬浮粒子在远程采样系统的长采样管中沉降。在单向流系统中，应当采用等动力学的取样头。

(3) 动态测试可在常规操作、培养基模拟灌装过程中进行，证明达到动态的洁净度级别，但培养基模拟灌装试验要求在“最差状况”下进行动态测试。

第十条 应当按以下要求对洁净区的悬浮粒子进行动态监测：

（一）根据洁净度级别和空气净化系统确认的结果及风险评估，确定取样点的位置并进行日常动态监控。

（二）在关键操作的全过程中，包括设备组装操作，应当对A级洁净区进行悬浮粒子监测。生产过程中的污染（如活生物、放射危害）可能损坏尘埃粒子计数器时，应当在设备调试操作和模拟操作期间进行测试。A级洁净区监测的频率及取样量，应能及时发现所有人为干预、偶发事件及任何系统的损坏。灌装或分装时，由于产品本身产生粒子或液滴，允许灌装点≥5.0μm的悬浮粒子出现不符合标准的情况。

（三）在B级洁净区可采用与A级洁净区相似的监测系统。可根据B级洁净区对相邻A级洁净区的影响程度，调整采样频率和采样量。

（四）悬浮粒子的监测系统应当考虑采样管的长度和弯管的半径对测试结果的影响。

（五）日常监测的采样量可与洁净度级别和空气净化系统确认时的空气采样量不同。

（六）在A级洁净区和B级洁净区，连续或有规律地出现少量≥5.0 μm的悬浮粒子时，应当进行调查。

（七）生产操作全部结束、操作人员撤出生产现场并经15～20分钟（指导值）自净后，洁净区的悬浮粒子应当达到表中的“静态”标准。

（八）应当按照质量风险管理的原则对C级洁净区和D级洁净区（必要时）进行动态监测。监控要求以及警戒限度和纠偏限度可根据操作的性质确定，但自净时间应当达到规定要求。

（九）应当根据产品及操作的性质制定温度、相对湿度等参数，这些参数不应对规定的洁净度造成不良影响。

第十一条 应当对微生物进行动态监测，评估无菌生产的微生物状况。监测方法有沉降菌法、定量空气浮游菌采样法和表面取样法（如棉签擦拭法和接触碟法）等。动态取样应当避免对洁净区造成不良影响。成品批记录的审核应当包括环境监测的结果。

对表面和操作人员的监测，应当在关键操作完成后进行。在正常的生产操作监测外，可在系统验证、清洁或消毒等操作完成后增加微生物监测。

洁净区微生物监测的动态标准(1)如下：

洁净度级别	浮游菌 cfu/m³	沉降菌(φ90mm) cfu/4小时(2)	表面微生物	
			接触(φ55mm) cfu/碟	5指手套 cfu/手套
A级	<1	<1	<1	<1
B级	10	5	5	5
C级	100	50	25	—
D级	200	100	50	—

注：

(1) 表中各数值均为平均值。

(2) 单个沉降碟的暴露时间可以少于4小时，同一位置可使用多个沉降碟连续进行监测并累积计数。

第十二条 应当制定适当的悬浮粒子和微生物监测警戒限度和纠偏限度。操作规程中应当详细说明结果超标时需采取的纠偏措施。

第十三条 无菌药品的生产操作环境可参照表格中的示例进行选择。

洁净度级别	最终灭菌产品生产操作示例
C级背景下的局部A级	高污染风险[1]的产品灌装（或灌封）
C级	1. 产品灌装（或灌封）； 2. 高污染风险[2]产品的配制和过滤； 3. 眼用制剂、无菌软膏剂、无菌混悬剂等的配制、灌装（或灌封）； 4. 直接接触药品的包装材料和器具最终清洗后的处理。
D级	1. 轧盖； 2. 灌装前物料的准备； 3. 产品配制（指浓配或采用密闭系统的配制）和过滤； 4. 直接接触药品的包装材料和器具的最终清洗。

注：

（1）此处的高污染风险是指产品容易长菌、灌装速度慢、灌装用容器为广口瓶、容器须暴露数秒后方可密封等状况；

（2）此处的高污染风险是指产品容易长菌、配制后需等待较长时间方可灭菌或不在密闭系统中配制等状况。

洁净度级别	非最终灭菌产品的无菌生产操作示例
B级背景下的A级	1. 处于未完全密封[1]状态下产品的操作和转运，如产品灌装（或灌封）、分装、压塞、轧盖[2]等； 2. 灌装前无法除菌过滤的药液或产品的配制； 3. 直接接触药品的包装材料、器具灭菌后的装配以及处于未完全密封状态下的转运和存放； 4. 无菌原料药的粉碎、过筛、混合、分装。
B级	1. 处于未完全密封[1]状态下的产品置于完全密封容器内的转运； 2 直接接触药品的包装材料、器具灭菌后处于密闭容器内的转运和存放。
C级	1. 灌装前可除菌过滤的药液或产品的配制； 2. 产品的过滤。
D级	直接接触药品的包装材料、器具的最终清洗、装配或包装、灭菌。

注：

（1）轧盖前产品视为处于未完全密封状态。

（2）根据已压塞产品的密封性、轧盖设备的设计、铝盖的特性等因素，轧盖操作可选择在C级或D级背景下的A级送风环境中进行。A级送风环境应当至少符合A级区的静态要求。

第四章　隔离操作技术

第十四条　高污染风险的操作宜在隔离操作器中完成。隔离操作器及其所处环境的设计，应当能够保证相应区域空气的质量达到设定标准。传输装置可设计成单门或双门，也可是同灭菌设备相连的全密封系统。

物品进出隔离操作器应当特别注意防止污染。

隔离操作器所处环境取决于其设计及应用，无菌生产的隔离操作器所处的环境至少应为D级洁净区。

第十五条　隔离操作器只有经过适当的确认后方可投入使用。确认时应当考虑隔离技术的所有关键因素，如隔离系统内部和外部所处环境的空气质量、隔离操作器的消毒、传递操作以及隔离系统的完整性。

第十六条　隔离操作器和隔离用袖管或手套系统应当进行常规监测，包括经常进行必要的检漏试验。

第五章　吹灌封技术

第十七条　用于生产非最终灭菌产品的吹灌封设备自身应装有A级空气风淋装置，人员着装应当符合 A/B 级洁净区的式样，该设备至少应当安装在 C 级洁净区环境中。在静态条件下，此环境的悬浮粒子和微生物均应当达到标准，在动态条件下，此环境的微生物应当达到标准。

用于生产最终灭菌产品的吹灌封设备至少应当安装在 D 级洁净区环境中。

第十八条 因吹灌封技术的特殊性，应当特别注意设备的设计和确认、在线清洁和在线灭菌的验证及结果的重现性、设备所处的洁净区环境、操作人员的培训和着装，以及设备关键区域内的操作，包括灌装开始前设备的无菌装配。

第六章 人 员

第十九条 洁净区内的人数应当严加控制，检查和监督应当尽可能在无菌生产的洁净区外进行。

第二十条 凡在洁净区工作的人员（包括清洁工和设备维修工）应当定期培训，使无菌药品的操作符合要求。培训的内容应当包括卫生和微生物方面的基础知识。未受培训的外部人员（如外部施工人员或维修人员）在生产期间需进入洁净区时，应当对他们进行特别详细的指导和监督。

第二十一条 从事动物组织加工处理的人员或者从事与当前生产无关的微生物培养的工作人员通常不得进入无菌药品生产区，不可避免时，应当严格执行相关的人员净化操作规程。

第二十二条 从事无菌药品生产的员工应当随时报告任何可能导致污染的异常情况，包括污染的类型和程度。当员工由于健康状况可能导致微生物污染风险增大时，应当由指定的人员采取适当的措施。

第二十三条 应当按照操作规程更衣和洗手，尽可能减少对洁净区的污染或将污染物带入洁净区。

第二十四条 工作服及其质量应当与生产操作的要求及操作区的洁净度级别相适应，其式样和穿着方式应当能够满足保护产品和人员的要求。各洁净区的着装要求规定如下：

D 级洁净区：应当将头发、胡须等相关部位遮盖。应当穿合适的工作服和鞋子或鞋套。应当采取适当措施，以避免带入洁净区外的污染物。

C 级洁净区：应当将头发、胡须等相关部位遮盖，应当戴口罩。应当穿手腕处可收紧的连体服或衣裤分开的工作服，并穿适当的鞋子或鞋套。工作服应当不脱落纤维或微粒。

A/B 级洁净区：应当用头罩将所有头发以及胡须等相关部位全部遮盖，头罩应当塞进衣领内，应当戴口罩以防散发飞沫，必要时戴防护目镜。应当戴经灭菌且无颗粒物（如滑石粉）散发的橡胶或塑料手套，穿经灭菌或消毒的脚套，裤腿应当塞进脚套内，袖口应当塞进手套内。工作服应为灭菌的连体工作服，不脱落纤维或微粒，并能滞留身体散发的微粒。

第二十五条 个人外衣不得带入通向 B 级或 C 级洁净区的更衣室。每位员工每次进入 A/B 级洁净区，应当更换无菌工作服；或每班至少更换一次，但应当用监测结果证明这种方法的可行性。操作期间应当经常消毒手套，并在必要时更换口罩和手套。

第二十六条 洁净区所用工作服的清洗和处理方式应当能够保证其不携带有污染物，不会污染洁净区。应当按照相关操作规程进行工作服的清洗、灭菌，洗衣间最好单独设置。

第七章 厂 房

第二十七条 洁净厂房的设计，应当尽可能避免管理或监控人员不必要的进入。B 级洁净区的设计应当能够使管理或监控人员从外部观察到内部的操作。

第二十八条 为减少尘埃积聚并便于清洁，洁净区内货架、柜子、设备等不得有难清洁的部位。门的设计应当便于清洁。

第二十九条　无菌生产的A/B级洁净区内禁止设置水池和地漏。在其他洁净区内，水池或地漏应当有适当的设计、布局和维护，并安装易于清洁且带有空气阻断功能的装置以防倒灌。同外部排水系统的连接方式应当能够防止微生物的侵入。

第三十条　应当按照气锁方式设计更衣室，使更衣的不同阶段分开，尽可能避免工作服被微生物和微粒污染。更衣室应当有足够的换气次数。更衣室后段的静态级别应当与其相应洁净区的级别相同。必要时，可将进入和离开洁净区的更衣间分开设置。一般情况下，洗手设施只能安装在更衣的第一阶段。

第三十一条　气锁间两侧的门不得同时打开。可采用连锁系统或光学或（和）声学的报警系统防止两侧的门同时打开。

第三十二条　在任何运行状态下，洁净区通过适当的送风应当能够确保对周围低级别区域的正压，维持良好的气流方向，保证有效的净化能力。

应当特别保护已清洁的与产品直接接触的包装材料和器具及产品直接暴露的操作区域。

当使用或生产某些致病性、剧毒、放射性或活病毒、活细菌的物料与产品时，空气净化系统的送风和压差应当适当调整，防止有害物质外溢。必要时，生产操作的设备及该区域的排风应当作去污染处理（如排风口安装过滤器）。

第三十三条　应当能够证明所用气流方式不会导致污染风险并有记录（如烟雾试验的录像）。

第三十四条　应设送风机组故障的报警系统。应当在压差十分重要的相邻级别区之间安装压差表。压差数据应当定期记录或者归入有关文档中。

第三十五条　轧盖会产生大量微粒，应当设置单独的轧盖区域并设置适当的抽风装置。不单独设置轧盖区域的，应当能够证明轧盖操作对产品质量没有不利影响。

第八章　设　　备

第三十六条　除传送带本身能连续灭菌（如隧道式灭菌设备）外，传送带不得在A/B级洁净区与低级别洁净区之间穿越。

第三十七条　生产设备及辅助装置的设计和安装，应当尽可能便于在洁净区外进行操作、保养和维修。需灭菌的设备应当尽可能在完全装配后进行灭菌。

第三十八条　无菌药品生产的洁净区空气净化系统应当保持连续运行，维持相应的洁净度级别。因故停机再次开启空气净化系统，应当进行必要的测试以确认仍能达到规定的洁净度级别要求。

第三十九条　在洁净区内进行设备维修时，如洁净度或无菌状态遭到破坏，应当对该区域进行必要的清洁、消毒或灭菌，待监测合格方可重新开始生产操作。

第四十条　关键设备，如灭菌柜、空气净化系统和工艺用水系统等，应当经过确认，并进行计划性维护，经批准方可使用。

第四十一条　过滤器应当尽可能不脱落纤维。严禁使用含石棉的过滤器。过滤器不得因与产品发生反应、释放物质或吸附作用而对产品质量造成不利影响。

第四十二条　进入无菌生产区的生产用气体（如压缩空气、氮气，但不包括可燃性气体）均应经过除菌过滤，应当定期检查除菌过滤器和呼吸过滤器的完整性。

第九章　消　　毒

第四十三条　应当按照操作规程对洁净区进行清洁和消毒。一般情况下，所采用消毒剂的种类应当多于一种。不得用紫外线消毒替代化学消毒。应当定期进行环境监测，及时发现耐受菌株及污染情况。

第四十四条 应当监测消毒剂和清洁剂的微生物污染状况，配制后的消毒剂和清洁剂应当存放在清洁容器内，存放期不得超过规定时限。A/B 级洁净区应当使用无菌的或经无菌处理的消毒剂和清洁剂。

第四十五条 必要时，可采用熏蒸的方法降低洁净区内卫生死角的微生物污染，应当验证熏蒸剂的残留水平。

第十章 生产管理

第四十六条 生产的每个阶段（包括灭菌前的各阶段）应当采取措施降低污染。

第四十七条 无菌生产工艺的验证应当包括培养基模拟灌装试验。

应当根据产品的剂型、培养基的选择性、澄清度、浓度和灭菌的适用性选择培养基。应当尽可能模拟常规的无菌生产工艺，包括所有对无菌结果有影响的关键操作，及生产中可能出现的各种干预和最差条件。

培养基模拟灌装试验的首次验证，每班次应当连续进行 3 次合格试验。空气净化系统、设备、生产工艺及人员重大变更后，应当重复进行培养基模拟灌装试验。培养基模拟灌装试验通常应当按照生产工艺每班次半年进行 1 次，每次至少一批。

培养基灌装容器的数量应当足以保证评价的有效性。批量较小的产品，培养基灌装的数量应当至少等于产品的批量。培养基模拟灌装试验的目标是零污染，应当遵循以下要求：

（一）灌装数量少于 5000 支时，不得检出污染品。

（二）灌装数量在 5000 至 10000 支时：

1. 有 1 支污染，需调查，可考虑重复试验；

2. 有 2 支污染，需调查后，进行再验证。

（三）灌装数量超过 10000 支时：

1. 有 1 支污染，需调查；

2. 有 2 支污染，需调查后，进行再验证。

（四）发生任何微生物污染时，均应当进行调查。

第四十八条 应当采取措施保证验证不能对生产造成不良影响。

第四十九条 无菌原料药精制、无菌药品配制、直接接触药品的包装材料和器具等最终清洗、A/B 级洁净区内消毒剂和清洁剂配制的用水应当符合注射用水的质量标准。

第五十条 必要时，应当定期监测制药用水的细菌内毒素，保存监测结果及所采取纠偏措施的相关记录。

第五十一条 当无菌生产正在进行时，应当特别注意减少洁净区内的各种活动。应当减少人员走动，避免剧烈活动散发过多的微粒和微生物。由于所穿工作服的特性，环境的温湿度应当保证操作人员的舒适性。

第五十二条 应当尽可能减少物料的微生物污染程度。必要时，物料的质量标准中应当包括微生物限度、细菌内毒素或热原检查项目。

第五十三条 洁净区内应当避免使用易脱落纤维的容器和物料；在无菌生产的过程中，不得使用此类容器和物料。

第五十四条 应当采取各种措施减少最终产品的微粒污染。

第五十五条 最终清洗后包装材料、容器和设备的处理应当避免被再次污染。

第五十六条 应当尽可能缩短包装材料、容器和设备的清洗、干燥和灭菌的间隔时间以及灭菌至使用的间隔时间。应当建立规定贮存条件下的间隔时间控制标准。

第五十七条 应当尽可能缩短药液从开始配制到灭菌（或除菌过滤）的间隔时间。应当根据产品的特性及贮存条件建立相应的间隔时间控制标准。

第五十八条 应当根据所用灭菌方法的效果确定灭菌前产品微生物污染水平的监控标准，并定期监控。必要时，还应当监控热原或细菌内毒素。

第五十九条 无菌生产所用的包装材料、容器、设备和任何其他物品都应当灭菌，并通过双扉灭菌柜进入无菌生产区，或以其他方式进入无菌生产区，但应当避免引入污染。

第六十条 除另有规定外，无菌药品批次划分的原则：

（一）大（小）容量注射剂以同一配液罐最终一次配制的药液所生产的均质产品为一批；同一批产品如用不同的灭菌设备或同一灭菌设备分次灭菌的，应当可以追溯；

（二）粉针剂以一批无菌原料药在同一连续生产周期内生产的均 质产品为一批；

（三）冻干产品以同一批配制的药液使用同一台冻干设备在同一生产周期内生产的均质产品为一批；

（四）眼用制剂、软膏剂、乳剂和混悬剂等以同一配制罐最终一次配制所生产的均质产品为一批。

第十一章 灭 菌 工 艺

第六十一条 无菌药品应当尽可能采用加热方式进行最终灭菌，最终灭菌产品中的微生物存活概率（即无菌保证水平，SAL）不得高于 10^{-6}。采用湿热灭菌方法进行最终灭菌的，通常标准灭菌时间 F_0 值应当大于 8 分钟，流通蒸汽处理不属于最终灭菌。

对热不稳定的产品，可采用无菌生产操作或过滤除菌的替代方法。

第六十二条 可采用湿热、干热、离子辐射、环氧乙烷或过滤除菌的方式进行灭菌。每一种灭菌方式都有其特定的适用范围，灭菌工艺必须与注册批准的要求相一致，且应当经过验证。

第六十三条 任何灭菌工艺在投入使用前，必须采用物理检测手段和生物指示剂，验证其对产品或物品的适用性及所有部位达到了灭菌效果。

第六十四条 应当定期对灭菌工艺的有效性进行再验证（每年至少一次）。设备重大变更后，须进行再验证。应当保存再验证记录。

第六十五条 所有的待灭菌物品均须按规定的要求处理，以获得良好的灭菌效果，灭菌工艺的设计应当保证符合灭菌要求。

第六十六条 应当通过验证确认灭菌设备腔室内待灭菌产品和物品的装载方式。

第六十七条 应当按照供应商的要求保存和使用生物指示剂，并通过阳性对照试验确认其质量。

使用生物指示剂时，应当采取严格管理措施，防止由此所致的微生物污染。

第六十八条 应当有明确区分已灭菌产品和待灭菌产品的方法。每一车（盘或其他装载设备）产品或物料均应贴签，清晰地注明品名、批号并标明是否已经灭菌。必要时，可用湿热灭菌指示带加以区分。

第六十九条 每一次灭菌操作应当有灭菌记录，并作为产品放行的依据之一。

第十二章 灭 菌 方 法

第七十条 热力灭菌通常有湿热灭菌和干热灭菌，应当符合以下要求：

（一）在验证和生产过程中，用于监测或记录的温度探头与用于控制的温度探头应当分别设置，设置的位置应当通过验证确定。每次灭菌均应记录灭菌过程的时间-温度曲线。

采用自控和监测系统的，应当经过验证，保证符合关键工艺的要求。自控和监测系统应当能够记录系统以及工艺运行过程中出现的故障，并有操作人员监控。应当定期将独立的温度显示器的读数与灭菌过程中记录获得的图谱进行对照。

（二）可使用化学或生物指示剂监控灭菌工艺，但不得替代物理测试。

（三）应当监测每种装载方式所需升温时间，且从所有被灭菌产品或物品达到设定的灭菌温度后开始计算灭菌时间。

（四）应当有措施防止已灭菌产品或物品在冷却过程中被污染。除非能证明生产过程中可剔除任何渗漏的产品或物品，任何与产品或物品相接触的冷却用介质（液体或气体）应当经过灭菌或除菌处理。

第七十一条 湿热灭菌应当符合以下要求：

（一）湿热灭菌工艺监测的参数应当包括灭菌时间、温度或压力。

腔室底部装有排水口的灭菌柜，必要时应当测定并记录该点在灭菌全过程中的温度数据。灭菌工艺中包括抽真空操作的，应当定期对腔室作检漏测试。

（二）除已密封的产品外，被灭菌物品应当用合适的材料适当包扎，所用材料及包扎方式应当有利于空气排放、蒸汽穿透并在灭菌后能防止污染。在规定的温度和时间内，被灭菌物品所有部位均应与灭菌介质充分接触。

第七十二条 干热灭菌符合以下要求：

（一）干热灭菌时，灭菌柜腔室内的空气应当循环并保持正压，阻止非无菌空气进入。进入腔室的空气应当经过高效过滤器过滤，高效过滤器应当经过完整性测试。

（二）干热灭菌用于去除热原时，验证应当包括细菌内毒素挑战试验。

（三）干热灭菌过程中的温度、时间和腔室内、外压差应当有记录。

第七十三条 辐射灭菌应当符合以下要求：

（一）经证明对产品质量没有不利影响的，方可采用辐射灭菌。辐射灭菌应当符合《中华人民共和国药典》和注册批准的相关要求。

（二）辐射灭菌工艺应当经过验证。验证方案应当包括辐射剂量、辐射时间、包装材质、装载方式，并考察包装密度变化对灭菌效果的影响。

（三）辐射灭菌过程中，应当采用剂量指示剂测定辐射剂量。

（四）生物指示剂可作为一种附加的监控手段。

（五）应当有措施防止已辐射物品与未辐射物品的混淆。在每个包装上均应有辐射后能产生颜色变化的辐射指示片。

（六）应当在规定的时间内达到总辐射剂量标准。

（七）辐射灭菌应当有记录。

第七十四条 环氧乙烷灭菌应当符合以下要求：

（一）环氧乙烷灭菌应当符合《中华人民共和国药典》和注册批准的相关要求。

（二）灭菌工艺验证应当能够证明环氧乙烷对产品不会造成破坏性影响，且针对不同产品或物料所设定的排气条件和时间，能够保证所有残留气体及反应产物降至设定的合格限度。

（三）应当采取措施避免微生物被包藏在晶体或干燥的蛋白质内，保证灭菌气体与微生物直接接触。应当确认被灭菌物品的包装材料的性质和数量对灭菌效果的影响。

（四）被灭菌物品达到灭菌工艺所规定的温、湿度条件后，应当尽快通入灭菌气体，保证灭菌效果。

（五）每次灭菌时，应当将适当的、一定数量的生物指示剂放置在被灭菌物品的不同部位，监测灭菌效果，监测结果应当纳入相应的批记录。

（六）每次灭菌记录的内容应当包括完成整个灭菌过程的时间、灭菌过程中腔室的压力、温度和湿度、环氧乙烷的浓度及总消耗量。应当记录整个灭菌过程的压力和温度，灭菌曲线应当纳入相应的批记录。

（七）灭菌后的物品应当存放在受控的通风环境中，以便将残留的气体及反应产物降至规定的限度内。

第七十五条 非最终灭菌产品的过滤除菌应当符合以下要求：

（一）可最终灭菌的产品不得以过滤除菌工艺替代最终灭菌工艺。如果药品不能在其最终包装容器中灭菌，可用0.22μm（更小或相同过滤效力）的除菌过滤器将药液滤入预先灭菌的容器内。由于除菌过滤器不能将病毒或支原体全部滤除，可采用热处理方法来弥补除菌过滤的不足。

（二）应当采取措施降低过滤除菌的风险。宜安装第二只已灭菌的除菌过滤器再次过滤药液，最终的除菌过滤滤器应当尽可能接近灌装点。

（三）除菌过滤器使用后，必须采用适当的方法立即对其完整性进行检查并记录。常用的方法有起泡点试验、扩散流试验或压力保持试验。

（四）过滤除菌工艺应当经过验证，验证中应当确定过滤一定量药液所需时间及过滤器二侧的压力。任何明显偏离正常时间或压力的情况应当有记录并进行调查，调查结果应当归入批记录。

（五）同一规格和型号的除菌过滤器使用时限应当经过验证，一般不得超过一个工作日。

第十三章 无菌药品的最终处理

第七十六条 小瓶压塞后应当尽快完成轧盖，轧盖前离开无菌操作区或房间的，应当采取适当措施防止产品受到污染。

第七十七条 无菌药品包装容器的密封性应当经过验证，避免产品遭受污染。

熔封的产品（如玻璃安瓿或塑料安瓿）应当作100%的检漏试验，其他包装容器的密封性应当根据操作规程进行抽样检查。

第七十八条 在抽真空状态下密封的产品包装容器，应当在预先确定的适当时间后，检查其真空度。

第七十九条 应当逐一对无菌药品的外部污染或其他缺陷进行检查。如采用灯检法，应当在符合要求的条件下进行检查，灯检人员连续灯检时间不宜过长。应当定期检查灯检人员的视力。如果采用其他检查方法，该方法应当经过验证，定期检查设备的性能并记录。

第十四章 质量控制

第八十条 无菌检查的取样计划应当根据风险评估结果制定，样品应当包括微生物污染风险最大的产品。无菌检查样品的取样至少应当符合以下要求：

（一）无菌灌装产品的样品必须包括最初、最终灌装的产品以及灌装过程中发生较大偏差后的产品；

（二）最终灭菌产品应当从可能的灭菌冷点处取样；

（三）同一批产品经多个灭菌设备或同一灭菌设备分次灭菌的，样品应当从各个/次灭菌设备中抽取。

第十五章 术 语

第八十一条 下列术语含义是：

（一）吹灌封设备

指将热塑性材料吹制成容器并完成灌装和密封的全自动机器，可连续进行吹塑、灌装、密封（简称吹灌封）操作。

（二）动态

指生产设备按预定的工艺模式运行并有规定数量的操作人员在现场操作的状态。

（三）单向流

指空气朝着同一个方向，以稳定均匀的方式和足够的速率流动。单向流能持续清除关键操作区域的颗粒。

（四）隔离操作器

指配备B级（ISO 5级）或更高洁净度级别的空气净化装置，并能使其内部环境始终与外界环境（如其所在洁净室和操作人员）完全隔离的装置或系统。

（五）静态

指所有生产设备均已安装就绪，但没有生产活动且无操作人员在场的状态。

（六）密封

指将容器或器具用适宜的方式封闭，以防止外部微生物侵入。

2. 原　料　药

第一章　范　　围

第一条　本附录适用于非无菌原料药生产及无菌原料药生产中非无菌生产工序的操作。

第二条　原料药生产的起点及工序应当与注册批准的要求一致。

第二章　厂房与设施

第三条　非无菌原料药精制、干燥、粉碎、包装等生产操作的暴露环境应当按照D级洁净区的要求设置。

第四条　质量标准中有热原或细菌内毒素等检验项目的，厂房的设计应当特别注意防止微生物污染，根据产品的预定用途、工艺要求采取相应的控制措施。

第五条　质量控制实验室通常应当与生产区分开。当生产操作不影响检验结果的准确性，且检验操作对生产也无不利影响时，中间控制实验室可设在生产区内。

第三章　设　　备

第六条　设备所需的润滑剂、加热或冷却介质等，应当避免与中间产品或原料药直接接触，以免影响中间产品或原料药的质量。当任何偏离上述要求的情况发生时，应当进行评估和恰当处理，保证对产品的质量和用途无不良影响。

第七条　生产宜使用密闭设备；密闭设备、管道可以安置于室外。使用敞口设备或打开设备操作时，应当有避免污染的措施。

第八条　使用同一设备生产多种中间体或原料药品种的，应当说明设备可以共用的合理性，并有防止交叉污染的措施。

第九条　难以清洁的设备或部件应当专用。

第十条　设备的清洁应当符合以下要求：

（一）同一设备连续生产同一原料药或阶段性生产连续数个批次时，宜间隔适当的时间对设备进行清洁，防止污染物（如降解产物、微生物）的累积。如有影响原料药质量的残留物，更换批次时，必须对设备进行彻底的清洁。

（二）非专用设备更换品种生产前，必须对设备（特别是从粗品精制开始的非专用设备）进行彻底的清洁，防止交叉污染。

（三）对残留物的可接受标准、清洁操作规程和清洁剂的选择，应当有明确规定并说明理由。

第十一条 非无菌原料药精制工艺用水至少应当符合纯化水的质量标准。

第四章 物 料

第十二条 进厂物料应当有正确标识，经取样（或检验合格）后，可与现有的库存（如储槽中的溶剂或物料）混合，经放行后混合物料方可使用。应当有防止将物料错放到现有库存中的操作规程。

第十三条 采用非专用槽车运送的大宗物料，应当采取适当措施避免来自槽车所致的交叉污染。

第十四条 大的贮存容器及其所附配件、进料管路和出料管路都应当有适当的标识。

第十五条 应当对每批物料至少做一项鉴别试验。如原料药生产企业有供应商审计系统时，供应商的检验报告可以用来替代其他项目的测试。

第十六条 工艺助剂、有害或有剧毒的原料、其他特殊物料或转移到本企业另一生产场地的物料可以免检，但必须取得供应商的检验报告，且检验报告显示这些物料符合规定的质量标准，还应当对其容器、标签和批号进行目检予以确认。免检应当说明理由并有正式记录。

第十七条 应当对首次采购的最初三批物料全检合格后，方可对后续批次进行部分项目的检验，但应当定期进行全检，并与供应商的检验报告比较。应当定期评估供应商检验报告的可靠性、准确性。

第十八条 可在室外存放的物料，应当存放在适当容器中，有清晰的标识，并在开启和使用前应当进行适当清洁。

第十九条 必要时（如长期存放或贮存在热或潮湿的环境中），应当根据情况重新评估物料的质量，确定其适用性。

第五章 验 证

第二十条 应当在工艺验证前确定产品的关键质量属性、影响产品关键质量属性的关键工艺参数、常规生产和工艺控制中的关键工艺参数范围，通过验证证明工艺操作的重现性。

关键质量属性和工艺参数通常在研发阶段或根据历史资料和数据确定。

第二十一条 验证应当包括对原料药质量（尤其是纯度和杂质等）有重要影响的关键操作。

第二十二条 验证的方式：

（一）原料药生产工艺的验证方法一般应为前验证。因原料药不经常生产、批数不多或生产工艺已有变更等原因，难以从原料药的重复性生产获得现成的数据时，可进行同步验证。

（二）如没有发生因原料、设备、系统、设施或生产工艺改变而对原料药质量有影响的重大变更时，可例外进行回顾性验证。该验证方法适用于下列情况：

1. 关键质量属性和关键工艺参数均已确定；
2. 已设定合适的中间控制项目和合格标准；
3. 除操作人员失误或设备故障外，从未出现较大的工艺或产品不合格的问题；
4. 已明确原料药的杂质情况。

（三）回顾性验证的批次应当是验证阶段中有代表性的生产批次，包括不合格批次。应当有足够多的批次数，以证明工艺的稳定。必要时，可用留样检验获得的数据作为回顾性验证的补充。

第二十三条 验证计划：

（一）应当根据生产工艺的复杂性和工艺变更的类别决定工艺验证的运行次数。前验证和同步验证通常采用连续的三个合格批次，但在某些情况下，需要更多的批次才能保证工艺的一致性（如复杂的原料药生产工艺，或周期很长的原料药生产工艺）。

（二）工艺验证期间，应当对关键工艺参数进行监控。与质量无关的参数（如与节能或设备使用相关控制的参数），无需列入工艺验证中。

（三）工艺验证应当证明每种原料药中的杂质都在规定的限度内，并与工艺研发阶段确定的杂质限度或者关键的临床和毒理研究批次的杂质数据相当。

第二十四条 清洁验证：

（一）清洁操作规程通常应当进行验证。清洁验证一般应当针对污染物、所用物料对原料药质量有最大风险的状况及工艺步骤。

（二）清洁操作规程的验证应当反映设备实际的使用情况。如果多个原料药或中间产品共用同一设备生产，且采用同一操作规程进行清洁的，则可选择有代表性的中间产品或原料药作为清洁验证的参照物。应当根据溶解度、难以清洁的程度以及残留物的限度来选择清洁参照物，而残留物的限度则需根据活性、毒性和稳定性确定。

（三）清洁验证方案应当详细描述需清洁的对象、清洁操作规程、选用的清洁剂、可接受限度、需监控的参数以及检验方法。该方案还应当说明样品类型（化学或微生物）、取样位置、取样方法和样品标识。专用生产设备且产品质量稳定的，可采用目检法确定可接受限度。

（四）取样方法包括擦拭法、淋洗法或其他方法（如直接萃取法），以对不溶性和可溶性残留物进行检验。

（五）应当采用经验证的灵敏度高的分析方法检测残留物或污染物。每种分析方法的检测限必须足够灵敏，能检测残留物或污染物的限度标准。应当确定分析方法可达到的回收率。残留物的限度标准应当切实可行，并根据最有害的残留物来确定，可根据原料药的药理、毒理或生理活性来确定，也可根据原料药生产中最有害的组分来确定。

（六）对需控制热原或细菌内毒素污染水平的生产工艺，应当在设备清洁验证文件中有详细阐述。

（七）清洁操作规程经验证后应当按验证中设定的检验方法定期进行监测，保证日常生产中操作规程的有效性。

第六章 文 件

第二十五条 企业应当根据生产工艺要求、对产品质量的影响程度、物料的特性以及对供应商的质量评估情况，确定合理的物料质量标准。

第二十六条 中间产品或原料药生产中使用的某些材料，如工艺助剂、垫圈或其他材料，可能对质量有重要影响时，也应当制定相应材料的质量标准。

第二十七条 原料药的生产工艺规程应当包括：

（一）所生产的中间产品或原料药名称。

（二）标有名称和代码的原料和中间产品的完整清单。

（三）准确陈述每种原料或中间产品的投料量或投料比，包括计量单位。如果投料量不固定，应当注明每种批量或产率的计算方法。如有正当理由，可制定投料量合理变动的范围。

（四）生产地点、主要设备（型号及材质等）。

（五）生产操作的详细说明，包括：

1. 操作顺序；

2. 所用工艺参数的范围；

3. 取样方法说明，所用原料、中间产品及成品的质量标准；

4. 完成单个步骤或整个工艺过程的时限（如适用）；

5. 按生产阶段或时限计算的预期收率范围；

6. 必要时，需遵循的特殊预防措施、注意事项或有关参照内容；

7. 可保证中间产品或原料药适用性的贮存要求，包括标签、包装材料和特殊贮存条件以及期限。

第七章　生产管理

第二十八条　生产操作：

（一）原料应当在适宜的条件下称量，以免影响其适用性。称量的装置应当具有与使用目的相适应的精度。

（二）如将物料分装后用于生产的，应当使用适当的分装容器。分装容器应当有标识并标明以下内容：

1. 物料的名称或代码；

2. 接收批号或流水号；

3. 分装容器中物料的重量或数量；

4. 必要时，标明复验或重新评估日期。

（三）关键的称量或分装操作应当有复核或有类似的控制手段。使用前，生产人员应当核实所用物料正确无误。

（四）应当将生产过程中指定步骤的实际收率与预期收率比较。预期收率的范围应当根据以前的实验室、中试或生产的数据来确定。应当对关键工艺步骤收率的偏差进行调查，确定偏差对相关批次产品质量的影响或潜在影响。

（五）应当遵循工艺规程中有关时限控制的规定。发生偏差时，应当作记录并进行评价。反应终点或加工步骤的完成是根据中间控制的取样和检验来确定的，则不适用时限控制。

（六）需进一步加工的中间产品应当在适宜的条件下存放，确保其适用性。

第二十九条　生产的中间控制和取样：

（一）应当综合考虑所生产原料药的特性、反应类型、工艺步骤对产品质量影响的大小等因素来确定控制标准、检验类型和范围。前期生产的中间控制严格程度可较低，越接近最终工序（如分离和纯化）中间控制越严格。

（二）有资质的生产部门人员可进行中间控制，并可在质量管理部门事先批准的范围内对生产操作进行必要的调整。在调整过程中发生的中间控制检验结果超标通常不需要进行调查。

（三）应当制定操作规程，详细规定中间产品和原料药的取样方法。

（四）应当按照操作规程进行取样，取样后样品密封完好，防止所取的中间产品和原料药样品被污染。

第三十条　病毒的去除或灭活：

（一）应当按照经验证的操作规程进行病毒去除和灭活。

（二）应当采取必要的措施，防止病毒去除和灭活操作后可能的病毒污染。敞口操作区应当与其他操作区分开，并设独立的空调净化系统。

（三）同一设备通常不得用于不同产品或同一产品不同阶段的纯化操作。如果使用同一设备，应当采取适当的清洁和消毒措施，防止病毒通过设备或环境由前次纯化操作带入后续纯化操作。

第三十一条 原料药或中间产品的混合：

（一）本条中的混合指将符合同一质量标准的原料药或中间产品合并，以得到均一产品的工艺过程。将来自同一批次的各部分产品（如同一结晶批号的中间产品分数次离心）在生产中进行合并，或将几个批次的中间产品合并在一起作进一步加工，可作为生产工艺的组成部分，不视为混合。

（二）不得将不合格批次与其他合格批次混合。

（三）拟混合的每批产品均应当按照规定的工艺生产、单独检验，并符合相应质量标准。

（四）混合操作可包括：

1. 将数个小批次混合以增加批量；

2. 将同一原料药的多批零头产品混合成为一个批次。

（五）混合过程应当加以控制并有完整记录，混合后的批次应当进行检验，确认其符合质量标准。

（六）混合的批记录应当能够追溯到参与混合的每个单独批次。

（七）物理性质至关重要的原料药（如用于口服固体制剂或混悬剂的原料药），其混合工艺应当进行验证，验证包括证明混合批次的质量均一性及对关键特性（如粒径分布、松密度和堆密度）的检测。

（八）混合可能对产品的稳定性产生不利影响的，应当对最终混合的批次进行稳定性考察。

（九）混合批次的有效期应当根据参与混合的最早批次产品的生产日期确定。

第三十二条 生产批次的划分原则：

（一）连续生产的原料药，在一定时间间隔内生产的在规定限度内的均质产品为一批。

（二）间歇生产的原料药，可由一定数量的产品经最后混合所得的在规定限度内的均质产品为一批。

第三十三条 污染的控制：

（一）同一中间产品或原料药的残留物带入后续数个批次中的，应当严格控制。带入的残留物不得引入降解物或微生物污染，也不得对原料药的杂质分布产生不利影响。

（二）生产操作应当能够防止中间产品或原料药被其他物料污染。

（三）原料药精制后的操作，应当特别注意防止污染。

第三十四条 原料药或中间产品的包装：

（一）容器应当能够保护中间产品和原料药，使其在运输和规定的贮存条件下不变质、不受污染。容器不得因与产品发生反应、释放物质或吸附作用而影响中间产品或原料药的质量。

（二）应当对容器进行清洁，如中间产品或原料药的性质有要求时，还应当进行消毒，确保其适用性。

（三）应当按照操作规程对可以重复使用的容器进行清洁，并去除或涂毁容器上原有的标签。

（四）应当对需外运的中间产品或原料药的容器采取适当的封装措施，便于发现封装状态的变化。

第八章 不合格中间产品或原料药的处理

第三十五条 不合格的中间产品和原料药可按第三十六条、第三十七条的要求进行返工或重新加工。不合格物料的最终处理情况应当有记录。

第三十六条　返工：

（一）不符合质量标准的中间产品或原料药可重复既定生产工艺中的步骤，进行重结晶等其他物理、化学处理，如蒸馏、过滤、层析、粉碎方法。

（二）多数批次都要进行的返工，应当作为一个工艺步骤列入常规的生产工艺中。

（三）除已列入常规生产工艺的返工外，应当对将未反应的物料返回至某一工艺步骤并重复进行化学反应的返工进行评估，确保中间产品或原料药的质量未受到生成副产物和过度反应物的不利影响。

（四）经中间控制检测表明某一工艺步骤尚未完成，仍可按正常工艺继续操作，不属于返工。

第三十七条　重新加工：

（一）应当对重新加工的批次进行评估、检验及必要的稳定性考察，并有完整的文件和记录，证明重新加工后的产品与原工艺生产的产品质量相同。可采用同步验证的方式确定重新加工的操作规程和预期结果。

（二）应当按照经验证的操作规程进行重新加工，将重新加工的每个批次的杂质分布与正常工艺生产的批次进行比较。常规检验方法不足以说明重新加工批次特性的，还应当采用其他的方法。

第三十八条　物料和溶剂的回收：

（一）回收反应物、中间产品或原料药（如从母液或滤液中回收），应当有经批准的回收操作规程，且回收的物料或产品符合与预定用途相适应的质量标准。

（二）溶剂可以回收。回收的溶剂在同品种相同或不同的工艺步骤中重新使用的，应当对回收过程进行控制和监测，确保回收的溶剂符合适当的质量标准。回收的溶剂用于其他品种的，应当证明不会对产品质量有不利影响。

（三）未使用过和回收的溶剂混合时，应当有足够的数据表明其对生产工艺的适用性。

（四）回收的母液和溶剂以及其他回收物料的回收与使用，应当有完整、可追溯的记录，并定期检测杂质。

第九章　质量管理

第三十九条　原料药质量标准应当包括对杂质的控制（如有机杂质、无机杂质、残留溶剂）。原料药有微生物或细菌内毒素控制要求的，还应当制定相应的限度标准。

第四十条　按受控的常规生产工艺生产的每种原料药应当有杂质档案。杂质档案应当描述产品中存在的已知和未知的杂质情况，注明观察到的每一杂质的鉴别或定性分析指标（如保留时间）、杂质含量范围，以及已确认杂质的类别（如有机杂质、无机杂质、溶剂）。杂质分布一般与原料药的生产工艺和所用起始原料有关，从植物或动物组织制得的原料药、发酵生产的原料药的杂质档案通常不一定有杂质分布图。

第四十一条　应当定期将产品的杂质分析资料与注册申报资料中的杂质档案，或与以往的杂质数据相比较，查明原料、设备运行参数和生产工艺的变更所致原料药质量的变化。

第四十二条　原料药的持续稳定性考察：

（一）稳定性考察样品的包装方式和包装材质应当与上市产品相同或相仿。

（二）正常批量生产的最初三批产品应当列入持续稳定性考察计划，以进一步确认有效期。

（三）有效期短的原料药，在进行持续稳定性考察时应适当增加检验频次。

第十章　采用传统发酵工艺生产原料药的特殊要求

第四十三条　采用传统发酵工艺生产原料药的应当在生产过程中采取防止微生物污染的措施。

第四十四条　工艺控制应当重点考虑以下内容：

（一）工作菌种的维护。

（二）接种和扩增培养的控制。

（三）发酵过程中关键工艺参数的监控。

（四）菌体生长、产率的监控。

（五）收集和纯化工艺过程需保护中间产品和原料药不受污染。

（六）在适当的生产阶段进行微生物污染水平监控，必要时进行细菌内毒素监测。

第四十五条　必要时，应当验证培养基、宿主蛋白、其他与工艺、产品有关的杂质和污染物的去除效果。

第四十六条　菌种的维护和记录的保存：

（一）只有经授权的人员方能进入菌种存放的场所。

（二）菌种的贮存条件应当能够保持菌种生长能力达到要求水平，并防止污染。

（三）菌种的使用和贮存条件应当有记录。

（四）应当对菌种定期监控，以确定其适用性。

（五）必要时应当进行菌种鉴别。

第四十七条　菌种培养或发酵：

（一）在无菌操作条件下添加细胞基质、培养基、缓冲液和气体，应当采用密闭或封闭系统。初始容器接种、转种或加料（培养基、缓冲液）使用敞口容器操作的，应当有控制措施避免污染。

（二）当微生物污染对原料药质量有影响时，敞口容器的操作应当在适当的控制环境下进行。

（三）操作人员应当穿着适宜的工作服，并在处理培养基时采取特殊的防护措施。

（四）应当对关键工艺参数（如温度、pH 值、搅拌速度、通气量、压力）进行监控，保证与规定的工艺一致。必要时，还应当对菌体生长、产率进行监控。

（五）必要时，发酵设备应当清洁、消毒或灭菌。

（六）菌种培养基使用前应当灭菌。

（七）应当制定监测各工序微生物污染的操作规程，并规定所采取的措施，包括评估微生物污染对产品质量的影响，确定消除污染使设备恢复到正常的生产条件。处理被污染的生产物料时，应当对发酵过程中检出的外源微生物进行鉴别，必要时评估其对产品质量的影响。

（八）应当保存所有微生物污染和处理的记录。

（九）更换品种生产时，应当对清洁后的共用设备进行必要的检测，将交叉污染的风险降低到最低程度。

第四十八条　收获、分离和纯化：

（一）收获步骤中的破碎后除去菌体或菌体碎片、收集菌体组分的操作区和所用设备的设计，应当能够将污染风险降低到最低程度。

（二）包括菌体灭活、菌体碎片或培养基组分去除在内的收获及纯化，应当制定相应的操作规程，采取措施减少产品的降解和污染，保证所得产品具有持续稳定的质量。

（三）分离和纯化采用敞口操作的，其环境应当能够保证产品质量。

（四）设备用于多个产品的收获、分离、纯化时，应当增加相应的控制措施，如使用专用的层析介质或进行额外的检验。

第十一章 术 语

第四十九条 下列术语含义是：

（一）传统发酵

指利用自然界存在的微生物或用传统方法（如辐照或化学诱变）改良的微生物来生产原料药的工艺。用“传统发酵”生产的原料药通常是小分子产品，如抗生素、氨基酸、维生素和糖类。

（二）非无菌原料药

法定药品标准中未列有无菌检查项目的原料药。

（三）关键质量属性

指某种物理、化学、生物学或微生物学的性质，应当有适当限度、范围或分布，保证预期的产品质量。

（四）工艺助剂

在原料药或中间产品生产中起辅助作用、本身不参与化学或生物学反应的物料（如助滤剂、活性炭，但不包括溶剂）。

（五）母液

结晶或分离后剩下的残留液。

3. 生物制品

第一章 范 围

第一条 生物制品的制备方法是控制产品质量的关键因素。采用下列制备方法的生物制品属本附录适用的范围：

（一）微生物和细胞培养，包括 DNA 重组或杂交瘤技术；

（二）生物组织提取；

（三）通过胚胎或动物体内的活生物体繁殖。

第二条 本附录所指生物制品包括：细菌类疫苗（含类毒素）、病毒类疫苗、抗毒素及抗血清、血液制品、细胞因子、生长因子、酶、按药品管理的体内及体外诊断制品，以及其他生物活性制剂，如毒素、抗原、变态反应原、单克隆抗体、抗原抗体复合物、免疫调节剂及微生态制剂等。

第三条 生物制品的生产和质量控制应当符合本附录要求和国家相关规定。

第二章 原 则

第四条 生物制品具有以下特殊性，应当对生物制品的生产过程和中间产品的检验进行特殊控制：

（一）生物制品的生产涉及生物过程和生物材料，如细胞培养、活生物体材料提取等。这些生产过程存在固有的可变性，因而其副产物的范围和特性也存在可变性，甚至培养过程中所用的物料也是污染微生物生长的良好培养基。

（二）生物制品质量控制所使用的生物学分析技术通常比理化测定具有更大的可变性。

（三）为提高产品效价（免疫原性）或维持生物活性，常需在成品中加入佐剂或保护剂，致使部分检验项目不能在制成成品后进行。

第三章 人 员

第五条 从事生物制品生产、质量保证、质量控制及其他相关人员（包括清洁、维修人员）均应根据其生产的制品和所从事的生产操作进行专业知识和安全防护要求的培训。

第六条 生产管理负责人、质量管理负责人和质量受权人应当具有相应的专业知识（微生物学、生物学、免疫学、生物化学、生物制品学等），并能够在生产、质量管理中履行职责。

第七条 应当对所生产品种的生物安全进行评估，根据评估结果，对生产、维修、检验、动物饲养的操作人员、管理人员接种相应的疫苗，并定期体检。

第八条 患有传染病、皮肤病以及皮肤有伤口者、对产品质量和安全性有潜在不利影响的人员，均不得进入生产区进行操作或质量检验。

未经批准的人员不得进入生产操作区。

第九条 从事卡介苗或结核菌素生产的人员应当定期进行肺部X光透视或其他相关项目健康状况检查。

第十条 生产期间，未采用规定的去污染措施，员工不得从接触活有机体或动物体的区域穿越到生产其他产品或处理不同有机体的区域中去。

第十一条 从事生产操作的人员应当与动物饲养人员分开，不得兼任。

第四章 厂房与设备

第十二条 生物制品生产环境的空气洁净度级别应当与产品和生产操作相适应，厂房与设施不应对原料、中间体和成品造成污染。

第十三条 生产过程中涉及高危因子的操作，其空气净化系统等设施还应当符合特殊要求。

第十四条 生物制品的生产操作应当在符合下表中规定的相应级别的洁净区内进行，未列出的操作可参照下表在适当级别的洁净区内进行：

洁净度级别	生物制品生产操作示例
B级背景下的局部A级	附录一无菌药品中非最终灭菌产品规定的各工序 灌装前不经除菌过滤的制品其配制、合并等
C级	体外免疫诊断试剂的阳性血清的分装、抗原与抗体的分装
D级	原料血浆的合并、组分分离、分装前的巴氏消毒 口服制剂其发酵培养密闭系统环境（暴露部分需无菌操作） 酶联免疫吸附试剂等体外免疫试剂的配液、分装、干燥、内包装

第十五条 在生产过程中使用某些特定活生物体的阶段，应当根据产品特性和设备情况，采取相应的预防交叉污染措施，如使用专用厂房和设备、阶段性生产方式、使用密闭系统等。

第十六条 灭活疫苗（包括基因重组疫苗）、类毒素和细菌提取物等产品灭活后，可交替使用同一灌装间和灌装、冻干设施。每次分装后，应当采取充分的去污染措施，必要时应当进行灭菌和清洗。

第十七条 卡介苗和结核菌素生产厂房必须与其他制品生产厂房严格分开，生产中涉及活生物的生产设备应当专用。

第十八条 致病性芽孢菌操作直至灭活过程完成前应当使用专用设施。炭疽杆菌、肉毒中药饮片的质量。

第四十三条　中药提取的委托生产还应当注意以下事项，并在委托生产合同中确认：

（一）所使用中药饮片的质量标准。

（二）中药提取物的质量标准，该标准应当至少包括提取物的含量测定或指纹图谱以及允许波动范围。

（三）中药提取物的收率范围。

（四）中药提取物的包装容器、贮存条件、贮存期限。

（五）中药提取物的运输条件：

1. 中药提取物运输包装容器的材质、规格；

2. 防止运输中质量改变的措施。

（六）中药提取物交接的确认事项：

1. 每批提取物的交接记录；

2. 受托人应当向委托人提供每批中药提取物的生产记录。

（七）中药提取物的收率范围、包装容器、贮存条件、贮存期限、运输条件以及运输包装容器的材质、规格应当进行确认或验证。

第十章　术　语

第四十四条　下列术语含义是：

原药材

指未经前处理加工或未经炮制的中药材。

参 考 文 献

［1］ 中华人民共和国卫生部药典委员会主编．中华人民共和国药典2010版一部、二部．北京：中国医药科技出版社，2010.

［2］ 国家医药管理局编．中华人民共和国工人技术等级标准．北京：中国医药科技出版社，1996.

［3］ 中华人民共和国卫生部．药品生产质量管理规范（2010年修订）．2011.

［4］ 中华人民共和国劳动部编．中华人民共和国工种分类目录．北京：中国劳动出版社，1992.